Monika Krämer

Siege werden im Stall errungen

Das Anti-Aging-Programm für Sport- und Freizeitpferde

FNverlag

der Deutschen
Reiterlichen Vereinigung GmbH
Warendorf

Bibliographische Information der Deutschen Bibliothek

Die Deutsche Information verzeichnet diese Publikationen in der Deutschen Nationalbibliographie; detaillierte bibliographische Daten sind im Internet über http://dnb.ddb.de abrufbar.

Fachlektorat:
Eva Lempa-Röller, Deutsche Reiterliche Vereinigung e.V. (FN), Warendorf
—Bereich Sport, Abteilung Ausbildung —
Dr. med.vet. Michael Düe, Deutsche Reiterliche Vereinigung e.V. (FN), Warendorf
—Abteilung Veterinärmedizin —
Gerlinde Hoffmann, Deutsche Reiterliche Vereinigung e.V. (FN), Warendorf
—Abteilung Umwelt und Pferdehaltung —

Lektorat:
Dr. Carla Mattis, FN*verlag*, Warendorf

Korrektorat:
Stephanie Vennemeyer, Ahlen

Titelfoto:
Tierfotografie Neddens, Wuppertal (unten)
Peter Prohn, Barmstedt (oben)

Fotos Inhalt:
siehe Quellenangabe jeweiliges Foto

Grafiken/Illustrationen©:
S. 149 (EquiTerr, Ritter GmbH)
Alle anderen: Monika Krämer, Ibiza (Spanien). Die wichtigsten, von der Autorin herangezogenen Quellen für die anatomischen Grafiken: S. 34 (Deegen: Praxisorientierte Anatomie und Propädeutik des Pferdes); S. 38, 66, 155 (Riegel/Hakola: Bild-Text-Atlas zur Anatomie und Klinik des Pferdes); S. 44 (Loeffler: Anatomie und Physiologie der Haustiere); S. 47 (Meyer: Pferdefütterung); S. 55 (Glenk/Neu: Enzyme — Die Bausteine des Lebens); S. 238, 147, 228 (Zeitler-Feicht: Handbuch Pferdeverhalten); siehe zu den Quellenangaben Literaturverzeichnis im Anhang

Gesamtgestaltung:
mf-graphics, Marianne Fietzeck, Gütersloh

Digitale Bogenmontage, Druck, Verarbeitung:
Media-Print Informationstechnologie, Paderborn

ISBN 3-88542-392-8

WENN TRÄUME BADEN GEHN

„Ein Pferd! Ein Pferd! Mein Königreich für ein Pferd!" Zwar half Shakespeares legendärer Ruf Richard nicht aus der Bredouille, weil es ihm trotzdem an den Kragen ging, dafür avancierte das generöse Gebot in die Top Ten der bekanntesten Zitate. Heute werden für Pferde keine Königreiche mehr gezahlt, weil diese etwas rar geworden sind, doch in Relation zum Bankkonto kommt es beinahe auf eins raus. Weniger, weil die Rösser ihren Besitzern die Haare vom Kopf fressen, sondern weil es noch nie so viele chronisch kranke Pferde gab, so viel Geld für sinnvolle wie sinnlose Behandlungsmethoden auf den Tisch geblättert wurde. Nun ist Reiten und erst recht die Haltung eigener Pferde ohnehin kein preiswertes Vergnügen, in Kombination mit chronischen Leiden wird es jedoch geradezu ruinös. Im Unterhalt kostet ein krankes oder dauerhaft unreitbares Ross nicht weniger als ein gesundes, plus medizinischer Versorgung: Spritzen, Medikamente, operative Eingriffe oder der regelmäßig anfallende Spezialbeschlag beim Schmied. Und das eventuell für viele, viele Jahre.

Dabei ist die finanzielle Belastung nur ein Aspekt. Oft wiegt die Enttäuschung über die verpatzten Träume, die mit diesem Pferd verbunden sind, genauso schwer. Und noch ekelhafter wird es, wenn man dahinter kommt, dass sich die meisten Krankheiten mit etwas Überlegung hätten vermeiden lassen. Schließlich gibt es neben dem eigenen kränkelnden Unglücksraben genügend Pferde, die bis ins hohe Alter so fit und hochmotiviert bleiben, dass sie das wohlverdiente Altenteil verweigern. Liegt es an der Rasse, an der Reitweise vielleicht? Haben die Reiter dieser Veteranen einen Jungbrunnen entdeckt, von dem andere nichts wissen?

Möglicherweise, obwohl, so jung ist der Brunnen nicht. Jeder, der sich intensiv mit Pferden beschäftigt, kennt die Wechselwirkung zwischen Training, Pflege, Haltung und Gesundheit. Das an sich ist nichts Neues, auch die einzelnen Techniken sind bekannt - aber wie immens das Leistungspotenzial allein über die Haltung gesteigert werden kann, wird selbst im Hochleistungssport teilweise noch unterschätzt. Denn gräbt man etwas tiefer, stolpert man unweigerlich über Präventivmedizin und natürliche Hormonsteuerung. Dem begehrten Jugendelixier, nach dem weltweit alle Orthomolekularbiologen fieberhaft forschen.

Im Gegensatz zur Damen- und Herrenwelt ist Anti-Aging im Pferdesport kein brandaktuelles Thema. Zu Unrecht, denn welcher Pferdebesitzer schiebt nicht gerne einen Leistungsabbau seines Pferdes hinaus oder verzichtet freiwillig auf ein robustes Immunsystem, das Schäden weitgehend selbstständig zu reparieren vermag? Wenn es ohne Pillen, Pülverchen und Spritzen zu bewerkstelligen ist?

Monika Krämer

Das Pferd als Partner

**Manche mögens heiß.
Deshalb gehen immer mehr Pferde immer früher in Rente.
Alles nur eine Frage der Gene?**

**Inhalt:
Verschleiß vorprogrammiert?
Hormone stellen die innere Uhr zurück**

Foto: Neddens

Verschleiß vorprogrammiert?

Als Hannoveranerwallach Keno unter Ruth Giffels fliegende Galoppwechsel à tempi lernte, war er bereits greis und grau, aber topfit. Um es genau zu sagen: 26 Jahre! Essex, unvergessenes Lehrpferd des Reitzentrums Reken starb mit 32 Jahren im Schuldienst. Nicht, weil man ihm das Altenteil verwehrte, sondern weil er auf demselben — trotz der gewohnten Umgebung und seiner Herdenkumpane — so unglücklich war, dass er schleunigst wieder in leichten Dienst gestellt werden musste, um seinen endgültigen Verfall zu verhindern. Sioux, erfolgreiches Militarypferd unter Horst Karsten (Olympia-teilnehmer 1972 in München) arbeitete nach seiner aktiven Laufbahn noch viele Jahre in der Westfälischen Reit- und Fahrschule als Lehrpferd und wurde dort 28 Jahre. Fast so alt wie ein anderer prominenter Stallkollege der Schule, Fortunat, der es gar auf 30 Jahre brachte. Isländer Frosti stellte mit 22 Jahren unter Vera Reber einen Weltrekord im Pass auf, und Topreiter wie die Brüder Whitaker oder die Pessoas wissen ihre Pferde so per-fekt zu managen, dass sie selbst mit 20 Jahren erfolgreich einer Konkurrenz die Hinter-hufe zeigen, die knapp die Hälfte ihres Alters auf dem Buckel hat.

Ein biologischer Prozess

„Altern ist ein biologischer Prozess und als solcher sicher auch modulierbar. Er ist von physiologischen Veränderungen begleitet, die nicht monokausal erklärbar sind. Altern ist das komplexe Zusammenspiel ver-schiedener Systeme und unter-liegt den Gesetzmäßigkeiten offener biologischer Systeme. Funktionieren die Synergien der vielfach vernetzten Regelkreise nicht mehr, tritt der physiologi-sche Zelltod ein."

Dr. med. Wolf-Dieter Beßing, in der „Naturheilpraxis"

Reife Leistung: Gut gymnastizierte und sich rundum wohl fühlende Pferde bleiben lange leistungsfähig und wollen arbeiten. Richard Hinrichs mit Schimmelhengst. Foto: Lenz

Umgekehrt werden die Pferde auf den Gnadenhöfen immer jünger. Das beginnt mit zwei Jahren und zieht sich quer durch alle Altersklassen. Das Gros der Rentner zählt zwi-schen 3 und 15 Lenzen, am seltensten vertreten sind dagegen die wirklich alten Käm-pen, die man dort vermutet.

Alles nur eine Frage der Gene?

Könnte man meinen. Schließlich ist Altern ein unaufhaltsamer Prozess. Kaum ist der Or-ganismus fortpflanzungsfähig, hat sich mehr oder weniger erfolgreich um seinen Le-bensraum gekeilt und Nachkommen gezeugt, baut er auch schon wieder ab. Wie lange die innere Uhr tickt, hängt von der Spezies und ihrem Stoffwechsel ab. Es gibt Pflanzen, die bringen es auf etliche tausend Jahre, bei Eintagsfliegen beträgt sie gerade mal einen

Girlande für Sioux zum 25. Geburtstag im alten Stall der ehemaligen Westfälischen Reit- und Fahrschule. Der Schimmel starb mit 28 Jahren. Foto: Putz

Tag. Fadenwürmer schaffen immerhin schon 9 Tage, bei Katzen und Hunden schwankt die Lebensspanne zwischen 10 und 25 Jahren, bei Pferden dagegen im Schnitt zwischen 25 und 35 Jahren, rechnet man die wenigen Methusalems über 40 heraus.

Andererseits hinderte die biologische Vorgabe den Menschen nicht daran, seine Lebenserwartung zu verdoppeln. Statt mit Fünfzig zum alten Eisen zu zählen und im Lehnstuhl friedlich vor sich hin zu dösen, hält er inzwischen 90 Jahre für normal und giert nach der Unsterblichkeit. Freilich unter der Voraussetzung körperlicher und geistiger Vitalität, denn was nutzt ein langes Leben, wenn´s an allen Enden zwickt und zwackt? Diesen lästigen Verschleiß so lange wie möglich hinauszuschieben und die Erneuerungsfähigkeit der Zellen so auszureizen, dass sie ihre biologische Uhr vergessen, gilt das Hauptinteresse der Orthomolekular-Mediziner. Immerhin zahlt der Mensch für die ewige Jugend bereitwillig ein Vermögen, und auch bei zwei- und vierbeinigen Spitzensportlern wird Leistungserhaltung in Gold aufgewogen.

ORTHOMOLEKULARE MEDIZIN

Der Begriff „orthomolekular" ist eine Zusammensetzung aus dem griechischen Wort „ortho" (richtig, gut) und dem lateinischen Wort „Molekül" (kleinste Bausteine von Stoffen bzw. Substanzen). Geprägt wurde der Begriff durch den 1996 verstorbenen Biochemiker und Nobelpreisträger Prof. Dr. Linus Carl Pauling. Dahinter steht die Erkenntnis, dass sich Gesundheit nicht auf das Fehlen von Krankheiten beschränken lässt, sondern ein im Mikrobereich bestens versorgter Organismus selbstständig in der Lage ist, vorzeitige Alterung, aber auch den Ausbruch von Krankheiten zu verhüten bzw. Schäden bis zu einem gewissen Grad zu beheben. Entsprechend dieser Auffassung sehen Orthomolekularmediziner ihre Hauptaufgabe darin, dem Körper die für seine Reparaturarbeiten benötigten Grundsubstanzen in der optimalen Menge und Zusammensetzung zuzuführen, die er nicht oder nur teilweise selbst bilden kann, wie Vitamine, Mineralstoffe, Spurenelemente, Aminosäuren und Fettsäuren. Da jedoch die physische Ausgeglichenheit in direktem Bezug zur seelischen Ausgeglichenheit steht und umgekehrt, wird sich eine ganzheitliche Gesundheit langfristig nur dann stabil einpendeln, wenn auch Bewegung oder Umweltreize berücksichtigt und krankmachende Faktoren eliminiert bzw. auf ein für den Organismus erträgliches Maß reduziert werden.

Hormone stellen die biologische Uhr zurück

Altern ist in erster Linie eine Frage des Hormonhaushalts, sagen Endokrinologen, die den potenten Aktivisten mit den unaussprechlichen Namen auf der Spur sind. Hormone sind biochemische Botenstoffe, die die Interaktion der Körperzellen steuern. Sie werden hauptsächlich in Drüsen, aber auch im Gewebe produziert, erreichen ihre Zielorte über Nerven, Blutbahnen und Lymphwege, flitzen als Neurotransmitter durchs Gehirn, schlüpfen durch Zellwände oder docken an Zellmembranen an. Ohne diese Kommunikation würde jeder Organismus schlichtweg kollabieren, ob Mensch, Nager oder Pferd. Denn Hormone wachen nicht allein darüber, dass sich Hoden und Eierstöcke gemäß Bauplan entwickeln und die Geschlechter zueinander finden, sie greifen in alle Stoffwechselfunktionen ein, von der Verdauung bis zur Muskelbildung.

Hormone lassen Haare sprießen, betätigen sich als Abfangjäger von Krankheitserregern, stimulieren die Regeneration verletzten Gewebes und können selbst das Schmerzempfinden beeinflussen. Außerdem steuern sie Emotionen: Unter ihrem Einfluss verwandeln sich Männer in eitle Gockel und Mütter in Glucken oder Furien. Die Tausendsassas wecken die Neugier im Kind, überfluten uns mit Glück und überschäumender Fröhlichkeit, aber auch mit Angst, Wut und Aggression bei Gefahr für Leib und Leben.

Leider arbeiten die Hormonfabriken nur bis zum Abschluss der Pubertät auf Hochtouren, um Körper und Gehirn anzuregen, all die Eigenschaften zu entwickeln und Fähigkeiten zu trainieren, die der Organismus zum Überleben braucht. Noch dümmer ist, dass ausgerechnet die so begehrten, wachstumsstimulierenden Hormone mit zunehmendem Alter spärlicher sprudeln. Dann werden die Haare schütter oder grau, Muskelmasse und Libido bauen ab, die Zellwände werden dick und undurchlässig und die Knochen spröde. Ergo, folgerten die Altersforscher: Hebt man den Hormonspiegel auf jugendliche Werte

Geheimnisvoll

„Alles Leben ist ein stets neu zu erwerbendes, dauernd bedrohtes Gleichgewicht, das sich ständig neuen Umständen anzupassen hat. Das Lebendige bleibt ein Geheimnis, auch wenn wir ständig neue Aspekte seiner staunenswerten Organisation und seiner ungeahnten Regulationsfähigkeit entdecken."

PROF. DR. ADOLF FALLER,
AUS „DER KÖRPER DES MENSCHEN"

Kaum ausgewachsen, geht es auch schon wieder abwärts. Mit zunehmendem Alter sprudeln die Wachstumshormone spärlicher. Foto: Neddens

an, wird die Zellprogrammierung ausgetrickst. Statt nach 50 bis 150 Teilungen das Zeitliche zu segnen, reproduzieren sich die Zellen munter weiter und reparieren, angestachelt durch die kleinen Helferlein, fleißig alle sicht- und fühlbaren Verschleißerscheinungen.

DAS ENDOKRINE SYSTEM

Zum endokrinen System zählen Drüsen mit innerer Sekretion sowie hormonbildende Gewebe (Gewebshormone). Die unterschiedlichen biochemischen Botenstoffe, die sowohl hemmend wie erregend wirken können, regeln die Zusammenarbeit der einzelnen Organe. Ein ungestörter Informationsfluss ist für den Organismus so wichtig, dass er bei Überproduktion, Fehlsteuerung oder Hormonmangel krank wird oder sogar stirbt, wenn zum Beispiel bestimmte Teile des Gehirns oder der Nebennieren versagen. Weitere wichtige Hormonfabriken befinden sich in der Schild- und Bauchspeicheldrüse sowie in den männlichen und weiblichen Keimdrüsen.

Oberste Instanz des Kommunikationsnetzes ist das Hypothalamus-Hypophysen-System. Der Hypothalamus ist die Steuerzentrale des Nerven- und Hormonsystems im Zwischenhirn, der eng mit der Hirnanhangdrüse, der Hypophyse verbunden ist. Von dieser Schaltstelle aus werden andere hormonbildende Drüsen aktiviert, die der Situation entsprechenden Wirkstoffe auszuschütten und an ihre Zielorte weiterzuleiten, wo sie die Zellen zu bestimmten Tätigkeiten anregen. Damit jeder Bote seine spezielle Zielzelle erreicht, funktioniert die Schaltung nach dem Schlüssel-Schloss-Prinzip: Nur wenn das Schloss frei ist und der Schlüssel passt, wird die Verbindung hergestellt. Sind genügend Hormone im Umlauf oder ändert sich die Situation, wird auf ein entsprechendes Feedback der Organe die Hormonproduktion umgestellt. Entsprechend ihrer molekularen Struktur lassen sich Hormone in verschiedene Gruppen einteilen:
- Peptid- und Proteinhormone, z.B. Thyreotropin, Insulin oder Glukagon
- Steroidhormone, z.B. Testosteron, Östradiol oder das Stresshormon Cortisol.
- Aus Aminosäuren gebildete Hormone, wie Adrenalin/Noradrenalin oder Schilddrüsenhormone.
- Aus Fettsäuren gebildete Hormone, z.B. Prostaglandine.

Manche wirken schon ab einem Billiardstel Gramm je Gramm Blut

Im Humanbereich gibt es dabei zwei Ansätze: Die zwar immens teure, aber scheinbar bequemste Lösung ist die Hormon-Substitution, bei der Hormone künstlich zugeführt werden. Tatsächlich erwiesen sich Versuche mit Ratten und Mäusen im Dienste der Jugend zunächst mehr als vielversprechend. Der Einsatz von Testosteron und Östrogen, Melatonin, Somatotropin, Dehydroepiandrosteron und etlichen anderen Hormonen und Hormönchen brachte selbst greise Schnurrbartträger dazu, sich wie Speedy Gonzales in seinen besten Zeiten aufzuführen. Freilich ist es auch ein ziemlich gefährliches Spiel, weil längst noch nicht alle Geheimnisse des Endokrinen Systems bekannt sind. Außerdem wirken manche Hormone schon ab einem Billiardstel Gramm je Gramm Blut — und was in so winzigen Mengen Reaktionen auslöst, hat bei falscher Dosierung naturgemäß extreme Nebenwirkungen. Der Preis für die verlängerte Jugend und Spannkraft heißt Krebs, rächt sich mit dem Versagen lebenswichtiger Organe oder Akromegalie, einem nachträglichen Wachstum der Extremitäten und vergröberten Zügen.
Dieser Weg ist also eine Sackgasse.

Bei Pferden erst recht. Zum einen aufgrund der Dopinggesetze, zum anderen, weil Hormonlehre in der Veterinärmedizin immer noch ein Schattendasein führt, sieht man von der Embryologie ab. In Deutschland gibt es gerade mal einen einzigen offiziellen Lehrstuhl für chemische Analytik und Endokrinologie. Und der scheint Tierärzte nicht davon abzuhalten, Goethes Zauberlehrling nachzueifern. Nur dass sie statt Besen eine Hormonspritze schwingen. Mit dem Erfolg, dass mickrige Renner und zickige Stuten kurzfristig bombig funktionieren, langfristig jedoch vor die Hunde gehen. Hormonspezialist Professor Hans-Otto Hoppen, von der Tierärztlichen Hochschule Hannover, weiß darüber mehr als ihm lieb ist: „Der unüberlegte oder übertriebene Einsatz bringt den Hormonhaushalt der Tiere so durcheinander, dass zum Schluss gar nichts mehr klappt."

Anders sieht es dagegen mit der natürlichen Hormonsteuerung aus. Sie hat zwar nicht so spektakuläre Effekte, mobilisiert aber innere Power und die Selbstheilungskräfte des Körpers zuverlässiger als jeder Zaubertrank. Und sie ist garantiert frei von Nebenwirkungen. Denn Hormone sind ja körpereigene Stoffe. Das heißt, ein gesunder Organismus kann sie auch ohne chemische Unterstützung bilden, wenn man ihn bei der Produktion gezielt unterstützt und gesundheitsabträgliche Faktoren eliminiert.

Wenn Pferde sinnlos verheizt werden, versagt das beste Anti-Aging-Rezept

Das Rezept der Anti-Aging-Spezialisten, die diese Linie vertreten, und ihre Effizienz an Beispielen und Fakten zur Genüge belegen können, ist so simpel, dass man es, speziell als Reiter, kaum glaubt:

- Gesunde Ernährung, mit allen notwendigen Vitalstoffen,
- viel Bewegung in frischer Luft,
- ungestörte Erholung nach anstrengender Arbeit,
- kein Dauerstress sowie
- Zuwendung und Lebensfreude.

Regulieren statt Reparieren

„Die Domäne der modernen Medizin liegt in der Behandlung schwerer Krankheitsbilder. Sie kommt zum Einsatz, wenn die körpereigenen Regulations- und Heilungsmechanismen nicht mehr in der Lage sind, den Körper aus eigener Kraft zu heilen. Man bezeichnet die moderne Medizin daher häufig auch als Reparaturmedizin. Eine alternative Art der Medizin, die so genannte Regulationsmedizin, setzt hingegen viel früher an und schafft die Voraussetzungen für einen im Kern bis in die kleinste Zelle hinein gesunden Körper und Geist."

DR. GEORG KELLER, DR. ULRIKE NOVOTNY, DR. MARKUS WIESENAUER, AUS „12 SALZE, 12 TYPEN"

Gesunde Ernährung, ausreichend Bewegung, ungestörte Erholung und sehr viel Zuwendung ist das ganze Geheimnis eines langen, zufriedenen Pferdelebens. Foto: Neddens

HORMONGESTEUERT

■ **Zwischenhirnboden (Hypothalamus):** In diesem Teil des Zwischenhirns werden einlaufende Informationen von Nervenzellen anderer Gehirnzentren oder aus dem inneren Milieu miteinander verglichen. Durch Freisetzung stimulierender Botenstoffe (Releasinghormone, Liberine) oder hemmender Botenstoffe (Inhibitinghormone, Statine) an die darunter liegende Hypophyse wird der Hormonhaushalt reguliert.

■ **Hirnanhangdrüse (Hypophyse):** Regt auf ein Signal des Hypothalamus die Freisetzung weiterer Hormone im Körper an. Zu den von der Hypophyse kontrollierten Hormondrüsen gehören z.B. Schilddrüse, Nebennierenrinde, Eierstöcke und Hoden.

■ **Zirbeldrüse (Glandula pinealis, Epiphysis cerebri):** Reguliert den Tag-Nacht- und saisonalen Jahresrhythmus; sorgt für den pünktlichen Fellwechsel, das Einsetzen der Rosse im Frühjahr und Erholung der Keimdrüsen im Winter. Bildungsstätte von Melatonin, wichtig z.B. für ein aktives Immunsystem.

■ **Schilddrüse (Glandula thyreoidea):** Bildungsort der für Entwicklung, Wachstum und Stoffwechsel wichtigen Schilddrüsenhormone. Das in den Nebenschilddrüsen (Glandulae parathyreoideae) gebildete Parathormon dagegen steuert Calcium- und Phosphorspiegel des Blutplasmas.

■ **Bauchspeicheldrüse (Pancreas):** Die aus den Langerhansschen Inseln freigesetzten Hormone Glukagon und Insulin regulieren hauptsächlich den Blutzuckerspiegel. Die Bauchspeicheldrüse arbeitet weitgehend ohne hierarchische Kontrolle, kann allerdings durch das vegetative Nervensystem beeinflusst werden.

Hormone sorgen nicht nur dafür, dass Hengst und Stute zueinander finden – sie greifen in alle Stoffwechselfunktionen ein. Foto: Slawik

- **Nebennieren (Glandulae suprarenales), bestehend aus Mark und Rinde:** Die von der Nebennierenrinde (NNR) gebildeten Hormone sind Steroide, die als Kortikoide z.B. den Kohlehydrat- oder Mineralstoffwechsel regulieren sowie in geringem Umfang männliche und weibliche Geschlechtshormone. Zu den bekanntesten, im Nebennierenmark (NNM) gebildeten Hormonen zählen Adrenalin und Noradrenalin, die bei emotionaler Erregung in verschiedene Stoffwechselfunktionen eingreifen.

- **Keimdrüsen (Gonaden):** Jedes Wirbeltier unterliegt sowohl dem Einfluss männlicher wie weiblicher Geschlechtshormone, den Gonadotropinen; sie werden lediglich in unterschiedlicher Menge gebildet (unter anderem auch in der Hypophyse und in der Nebennierenrinde):
  Eierstöcke/Gebärmutter: Hauptbildungsort weiblicher Geschlechtshormone, wie Östrogene und Progesteron; beeinflussen z.B. Brunftverhalten, Eisprung, Sekretion der Uterusdrüsen oder Milchdrüsenfunktion.
  Hoden: Hauptbildungsort männlicher Geschlechtshormone, der Androgene, wie Androstendion/Testosteron, beeinflussen z.B. Muskel- und Knochenstoffwechsel und steuern das Sexualverhalten.

- **Gewebshormone (Lokalhormone, aglanduläre Hormone):** Gewebshormone werden nicht in speziellen Drüsen, sondern in bestimmten Gewebsbezirken gebildet und wirken meist in der Nähe ihres Bildungsortes; z.B. Gewebshormone des Magen-Darm-Kanals, des Zentralen Nervensystems oder des Bindegewebes. Eine weitere Gruppe sind die hormonähnlichen Prostaglandine, die u.a. die Schmerzrezeptoren beeinflussen.

Es scheint den Rössern auf den Leib geschneidert. Doch wenn das alles ist, woher dann die vielen chronisch kranken Pferde? Woher die vielen Allergiker? Die schon fast extreme Kolikanfälligkeit? Die degenerativen Verschleißerscheinungen? Eigentlich dürfte es sie ja gar nicht geben?

Die Fragen sind berechtigt — aber nicht, weil die natürliche Hormonsteuerung versagt, sondern weil viele Reiter einem Denkfehler aufsitzen. Sie beurteilen nämlich alles nach menschlichem Empfinden, weil sie nie gelernt haben, Krankmacher aus Sicht des Pferdes zu erkennen. Doch damit läuft man Gefahr, wie Don Quichotte gegen Windmühlen zu kämpfen. Und genau das tun diese Reiter dann mit Akribie.

Vorweg: Die meisten chronischen Krankheiten sind heute haltungsbedingt. Die meisten dieser Krankheiten lassen sich auch über Haltungsbedingungen heilen oder deutlich verbessern. Aber eben nicht alle. Denn wenn das Pferd schon marode in den Stall kommt oder sinnlos verheizt wird, greift das beste Anti-Aging-Rezept bestenfalls als Schadensbegrenzung. „Pferde verschleißen am schnellsten", sagt Petra Roth-Leckebusch, Pferdewirtschaftsmeisterin und Ausbilderin von Westernpferden unmissverständlich, „wenn sie sich verspannen. Ein lockeres, entspanntes Pferd gebraucht sich in der Regel so, wie es für das jeweilige Pferd am günstigsten ist. Wenn man aber gegen die Veranlagung eines Pferdes reitet, wenn die Haltungsbedingungen nicht stimmen, wenn ein ehrgeiziger Reiter mehr verlangt, als das Pferd geben kann — dann verschleißen sie."

Management statt Jugendwahn

Gebäudemängel, Gendefekte, falsche Aufzucht oder Schnellausbildung. Damit stehen die Chancen für ein langes Pferdeleben schlecht.

Foto: Neddens

Jugendsünden rächen sich im Alter

Auf der Wunschliste vieler Manager stehen junge, dynamische, bis in die Haarspitzen motivierte Mitarbeiter, mit erstklassigem Hochschulabschluss und zwanzigjähriger Berufserfahrung. Mindestens. Ihr Pech ist nur, dass sie die nicht kriegen. Auf der Wunschliste vieler Reiter stehen Pferde, mit dem Elan eines Vierjährigen, dem Ausbildungsstand eines Achtjährigen und der Erfahrung eines altgedienten Veteranen. Nur kriegen sie die genauso wenig. Dabei, was soll eigentlich der Jugendwahn? Interessant ist ein blendend präsentierter, aber krank gezüchteter oder über sein Alter hinaus ausgebildeter Youngster doch nur für den Verkauf. Und genau diese Falle, in Bezug auf spätere Belastbarkeit und Gesundheit des Pferdes, wird häufig gar nicht registriert.

Hoffnungsträger: Blendend präsentiert lassen Auktionspferde die Kassen klingeln.
Foto: Ernst

Gesunde Eltern

Unabhängig, ob mit oder ohne ellenlangen Stammbaum hat ein Fohlen, das bereits mit erblich bedingten Macken auf die Welt kommt, von Anfang an schlechte Karten — egal, wie talentiert, hübsch oder niedlich es sein mag.

Krumme Haxen, schwache Gelenke oder ein langer weicher Rücken sind bei Belastung zwangsläufig anfälliger als das Exterieur robuster gestrickter Kollegen. Zweitens gilt immer noch die Lehndorff'sche Maxime, dass 1. Gesundheit, 2. Gesundheit und 3. Gesundheit das Wichtigste jeder erfolgreichen Pferdezucht ist — und die scheint im Zeitalter von künstlicher Besamung und Embryotransfer erheblich an Attraktivität eingebüßt zu haben. Ins Kreuzfeuer der Kritik geraten mit schöner Regelmäßigkeit nämlich nicht nur mopsgedackelte Windhunde, die sich schon auf den ersten Blick als Liebling der Pharmaindustrie outen, auch großen Zuchtverbänden wird vorgehalten, dass sie gerne ein Auge zudrücken.

Messlatte hoch hängen

„Maßstab für die Beurteilung der Qualität eines Pferdes ist nicht allein eine gute oder überdurchschnittliche Leistung, sondern er spiegelt sich vor allem auch durch die Kontinuität dieser gezeigten Leistung in einer langen Nutzungsdauer wieder."

Prof. Dr. Erich Bruns, Institut für Tierzucht und Haustiergenetik der Georg-August-Universität Göttingen, aus „Göttinger Pferdetage"

Was vor der Geburt und in den ersten Lebensjahren verbockt wird, lässt sich kaum noch korrigieren

„Züchterisch ist bisher wenig getan worden zur systematischen Verbesserung der Gesundheit von Pferden im Rahmen von Zuchtprogrammen", klagte der schwedische Zuchtexperte Prof. Jan Philipsson auf den Göttinger Pferdetagen 1999. „Tatsächlich ist es überraschend, dass eine routinemäßige Erfassung von Defekten und Schädigungen kaum vorgenommen wird".

Es war nicht die erste und wird nicht die letzte Warnung bleiben, solange marktpolitische Interessen die Zuchtpolitik beherrschen. Denn während sportliche Erfolge, Rittigkeit, Gangveranlagung, rassetypisches Exterieur oder Farbvererbung sehr genau verfolgt und durch Untersuchungen belegt werden, sitzt beim Blick ins Innenleben das Geld längst nicht so locker. Nicht für Schäden, die erst nach Jahren zutage treten und schon gar nicht bei stark frequentierten Deckhengsten, die Gefahr laufen könnten, von der Zucht ausgeschlossen zu werden. Was allerdings so gut wie nie passiert, im Zweifelsfall gilt meist: Talent vor Gesundheit.

Gesunder Nachwuchs: Verantwortungsgefühl, Weitsicht und sehr viel Pferdeverstand ist beim Züchten absolutes Muss. Foto: Slawik

Verkappte Gendefekte wüten wie ein Virus im Computernetz

Mit dem Erfolg, dass die Nachkommen zwar optisch bestechen, höher springen, die Beine weiter schmeißen oder schneller spurten können — und gleichzeitig alte, kerngesunde Zuchtlinien mit Schwachstellen infiltrieren, die ihr zerstörerisches Potenzial ebenso ungeniert verbreiten wie ein heimtückischer Virus im Computernetz. Und genau so schwer zu eliminieren sind, wenn die „Hoffnungsträger" zur Verbesserung bestimmter

Merkmale in andere Rassen eingekreuzt wurden. Ein Risiko, dessen sich Dr. Hanfried Haring von der Deutschen Reiterlichen Vereinigung durchaus bewusst ist, „denn das Problem liegt darin", gibt er zu bedenken, „dass ein Hengst durch künstliche Besamung im Jahr immerhin 500 Nachkommen zeugen kann.

Dabei müssen die Folgen noch nicht einmal so katastrophal sein, wie beim tödlichen Weißfaktor OLWS oder der ebenso tödlichen Immunschwäche SCID, um misstrauische Zeitgenossen aufhorchen zu lassen. Seit Molekularbiologen den DNA-Code von Equiden immer weiter aufdröseln, seit trotz akuter Finanznöte mehr geröntgt und mehr geforscht wird, geraten auch immer mehr tickende Zeitbomben ins Visier: Die Anfälligkeit für Ekzeme, Nasenbluten, Kehlkopfpfeifen, Hufrollen- oder Atemwegerkrankungen, zum Beispiel, die mögliche genetische Verbindung einer schweren Stoffwechselstörung, die bislang mit „Kreuzverschlag" und „Tying-up" in einen Topf geworfen wurde, oder die Neigung zur Osteochondrose — einer Störung der Skelettentwicklung, die zum Absplittern von Knorpel- oder Knochenfragmenten führen kann. Jenen fiesen, hinterhältigen und allseits gefürchteten Chips oder Gelenkmäusen, die, je nach Lage, wo sie sich einnisten, ein Gelenk komplett lahmlegen können.

In einem höchst umstrittenen Versuch im holländischen Lelystad, bei dem 43 Fohlen im Dienste der Wissenschaft getötet wurden, erhärtete die Untersuchung an dieser Krankheit jedoch einmal mehr den Verdacht, dass Vererbung eine Sache ist — Fohlenaufzucht aber eine ganz andere.

Keine Frage der Ästhetik

„Exterieurzucht ist keine Frage der Ästhetik, sondern hat was mit Haltbarkeit zu tun, speziell wenn wir über Fragen des Fundaments diskutieren."

WERNER SCHOCKEMÖHLE, NACH GABRIELE MOHRMANN-POCHHAMMER/ DIRK WILLEM ROSIE, AUS „DAS PFERD IM ZWANZIGSTEN JAHRHUNDERT"

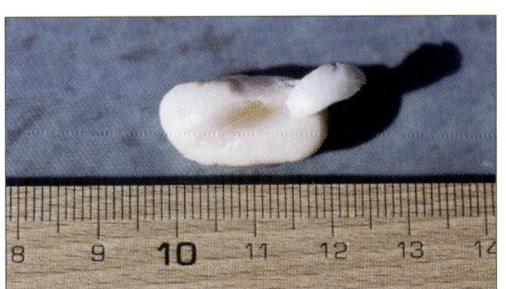

Fürchten Pferdebesitzer, wie der Teufel das Weihwasser: Abgesprengte Knochen- oder Knorpelteilchen, die sich in Gelenken einnisten und den Bewegungsapparat des Pferdes ruinieren können. Die Veranlagung zu Osteochondrose ist erblich, Chips und Gelenkmäuse können aber auch bei gesunden Pferden durch unsachgemäße Aufzucht oder übermäßige, punktuelle Belastung schnell zu einem Störfall werden.
Foto: Prohn

GENDEFEKTE UNDERCOVER

Lediglich 5 % aller Gene des Pferdes weichen von den Leistungsparametern einer Rasse ab, aber die haben es in sich, denn darunter fallen auch angeborene Defekte und Erbkrankheiten. Fatal bei Erbkrankheiten ist, dass sie nicht nur dominant, sondern auch rezessiv, also verdeckt weitergegeben werden können. Einzelträger dieser Gene wirken äußerlich vollkommen gesund, sodass die Anfälligkeit für bestimmte Erkrankungen oft erst Generationen später erkannt wird, wenn beide Eltern dem Fohlen das rezessive Gen vererben. Einige markante Gendefekte:

■ **CID oder SCID (Combined Immunodefficeny):** Tödlich verlaufende Immunschwäche, die bisher nur beim Arabischen Vollblut und Kreuzungsprodukten mit Arabern festgestellt wurde. Erben Fohlen den Gendefekt von beiden Elternteilen, sterben sie innerhalb der ersten 50 Tage; Gentest möglich.

■ **EPSM oder PSSM (Equine Polysaccharide Storage Myopathie):** Schwere Stoffwechselstörung, mit einer unkontrollierten Blutzuckeransammlung im Muskel, die vorwiegend bei Quarter Horses, Kaltblütern und Kaltblutkreuzungen festgestellt wurde. Dagegen wird beim RER (Recurrent exertional rhabdomyolysis), das bei Englischen und Arabischen Vollblütern gefunden wurde, ein gestörter Calcium-Stoffwechsel verantwortlich gemacht. Obwohl das Krankheitsbild mit plötzlicher Steifheit der Hinterhand, Bewegungsstörungen und schmerzhafter Muskelverhärtung dem aus dem Renn- und Vielseitigkeitssport bekannten „Sporadischen Tying-up" oder dem „Kreuzverschlag" bei Arbeitspferden ähnelt, wird EPSM und RER nicht durch Überforderung ausgelöst. Die mögliche genetische Veranlagung wird erst seit kurzem erforscht.

■ **HYPP (Hyperkalemische Periodische Paralyse):** Stoffwechselstörung, die sich in Muskelkrämpfen äußert und zu tödlichen Lähmungen führen kann. Die Krankheit kann zwar durch Medikamente gemildert, aber nicht geheilt werden. Sie wurde über den hoch frequentierten Quarterhengst Impressive in die Zuchtlinien fast aller Westernpferde eingeschleust; Gentest möglich.

■ **OLWS oder LOW (Overo Lethal White Syndrom):** Mit einer Pigmentstörung gekoppelter Darmdefekt, der in allen Rassen auftreten kann, in denen Overo-Schecken auch nur kurzzeitig eingesetzt wurden. Davon betroffene Fohlen werden weiß oder fast weiß geboren und müssen kurz nach der Geburt eingeschläfert werden, um ihnen die qualvollen, immer tödlich endenden Koliken zu ersparen. Als besonders heikel gilt die Anpaarung von zwei Frame-Overos, mit rund 25 % erkrankten Nachkommen; Gentest möglich.

Gendefekt möglich:
Als besonders heikel gilt die Anpaarung
von zwei Frame-Overos
Foto: Slawik

Robuste Aufzucht

Pferde haben das Pech, dass sie, ob im Januar oder Juni geboren, altersmäßig nach ihrem Jahrgang klassifiziert werden — und es mit dem Größerwerden so eilig haben, dass sie im ersten halben Jahr wie Unkraut nach einem warmen Frühlingsregen sprießen. Fohlen

- werden mit rund 60 % ihrer endgültigen Widerristhöhe geboren und messen nach sechs Monaten schon 80 % des Endmaßes; Zunahme im Schnitt 20 %.
- haben bei der Geburt ca. 43 % ihrer Rumpflänge und legen in sechs Monaten ungefähr 30 % auf über 70 % ihrer Endlänge zu.
- wiegen bei der Geburt etwa 9 % ihrer ausgewachsenen Lebendmasse und süffeln sich in sechs Monaten, bei einem mittleren Wachstumsverlauf, satte 35 % mehr auf die Rippen.

Einen derart rasanten Entwicklungsschub werden sie ihrem ganzen Leben nie wieder durchmachen. Das kann Züchter, die auf Fohlenauktionen, Zuchtbucheintragungen oder einen möglichst frühen sportlichen Einsatz spekulieren zu Manipulationen verleiten. Am Geburtstermin, zum Beispiel: Im Rennsport sind Januarfohlen seit eh und je Tradition, aber nicht nur Vollblutzüchter favorisieren frühe Fohlen. Unvernünftig, finden Zuchtexperten, weil der scheinbare Vorteil auf Kosten der Tiere geht. Gefrorene Böden oder extreme Wetterverhältnisse führen dazu, dass auch im Februar oder März geborene Fohlen in nördlichen Breitengraden zwangsläufig viel Zeit im Stall verbringen. Das heißt, sie haben zu wenig Licht, zu wenig frische Luft, zu wenig Sonne und vor allem viel zu wenig Bewegung — und das in genau der Lebensphase, in der die Anpassung auf die spätere Belastung stattfindet.

Knubbelig und nett sind dicke Fohlengelenke nur, wenn sie sich zu trockenen, belastbaren Pferdebeinen auswachsen. Foto: Neddens

Bewegungsmuss

Bei Fohlen, die sich zu wenig bewegen, erleidet der Gliedmaßenapparat Schaden. Hier gibt es ein Bewegungsmuss. Deshalb ist es ratsam, Fohlen schon auf der Weide zu fordern, z.B. durch das Hinlegen von Baumstämmen, über die die Fohlen beim Spiel springen. Das Pferd muss Stabilität entwickeln. Deshalb müssen Sehnen, Bänder und Gelenke trainiert werden.

Dr. Karl Blobel

DIE FOHLEN VON LELYSTAD

Eine niederländische Nachkommenuntersuchung und die Vermutung, dass rund 30 % aller jungen, westeuropäischen Warmblutpferde in irgendeiner Form an Osteochondrose erkranken, gaben den Startschuss für ein Mammutprojekt, das im August 94 in der holländischen Versuchsanstalt Lelystad begann, an der Universität in Utrecht ausgewertet wurde, rund 40 in- und ausländische Wissenschaftler verschiedener Fakultäten beschäftigte und den Forschern nicht nur Anerkennung, sondern auch Tierschützer in Rage brachte. Denn um messbare Untersuchungsresultate vorlegen zu können, mussten die Fohlen mit fünf beziehungsweise 11 Monaten eingeschläfert werden.

Für den Versuch wurden 50 Warmblutstuten von acht an Osteochondrose erkrankten Warmbluthengsten gedeckt. Es wurden 43 Fohlen geboren, die in den ersten fünf Lebensmonaten in drei Gruppen mit unterschiedlich viel Bewegung aufgeteilt wurden:

- 14 Fohlen wurden ausschließlich in der Box aufgezogen,
- 14 Fohlen blieben zwar im Stall, wurden aber täglich auf einem Laufband trainiert,
- 15 Fohlen hatten permanenten Weidegang.

Alle drei Gruppen wurden denselben Beobachtungen unterzogen. Nach dem Absetzen im Alter von 5 Monaten wurde ein Teil der Fohlen getötet, um Knochen, Gelenke, Blutgefäße, Muskeln und andere Organe untersuchen zu können. Die anderen kamen für weitere sechs Monate in einen großen gemeinsamen Laufstall und freier Bewegung im Paddock. Durch diese einheitliche Haltung wollten die Forscher herausfinden, ob bestimmte Prozesse endgültig sind oder später korrigiert werden können. Mit elf Monaten wurden auch diese Fohlen eingeschläfert und untersucht.

Einige Erkenntnisse dieses Versuchs: Osteochondrose ist erblich, aber Röntgenbilder allein reichen nicht aus, um die Disposition zu belegen, da die Umbauprozesse auch zum Entwicklungsverlauf gesunder Fohlen gehören. Sicher ist dagegen, dass rund 70 bis 90 % der bleibenden Schäden auf Kappe der Aufzuchtbedingungen gehen. Je mehr Bewegungsspielraum die Tiere hatten, umso fester war das Gewebe, umso stabiler Knochen, Sehnen und Bänder und um so elastischer die Knorpel.

Das Schlusslicht der Untersuchungsergebnisse stellten die Boxenfohlen, am besten schnitten die Weidefohlen ab, die Trainingsgruppe lag in der Mitte. Doch obwohl die Trainingsgruppe den fehlenden Weidegang der ersten fünf Monate im gemeinsamen Laufstall scheinbar wieder aufholte, täuschte der erste Eindruck. Unter dem Mikroskop wirkten ihre Knorpelzellen im Gegensatz zu den Weidefohlen wie ausgebrannt; so, als ob sie ihre Reservekapazität verloren hätten und sich nicht weiter stimulieren ließen. Das Fazit der Wissenschaftler: Um gesund und belastungsfähig aufzuwachsen, gehören Fohlen vom ersten Tag an auf die Weide, möglichst rund um die Uhr und in Gesellschaft Gleichaltriger. Ein im ersten Jahr entstandener Rückstand ist nie mehr aufzuholen.

Spielen rund um die Uhr und viele wechselnde Außenreize machen Fohlen gesund und stressresistent.
Fotos: Neddens

Fohlen wachsen im ersten halben Jahr wie Unkraut

Speziell zwischen dem vierten und fünften Lebensmonat schuften die Wachstumshormone wie verrückt, was zu einer erheblichen statischen Veränderung des Skeletts führt. Das ist ungefähr der Zeitpunkt, an dem die jungen Hüpfer, strotzend vor Kraft, in die grüne Freiheit entlassen werden. Bei diesem schlagartig ungehemmten Herumtoben, an das sich der Organismus selbst in großen Laufställen nicht anpassen konnte, werden die gerade im Umbau begriffenen Strukturen über ihre Belastungsgrenze hinaus beansprucht und stellen damit die Basis für viele Schäden, die dem erwachsenen Reitpferd das Leben sauer machen. Unter anderem für die bereits erwähnten, alles andere als niedlichen Gelenkmäuse.

„Mangel an Bewegung ist bei jungen Fohlen sehr schwer durch Training zu kompensieren, da die noch weichen Extremitäten schnell überlastet werden", fasst Johan Knaap seine Erfahrungen aus dem Osteochondrose-Projekt zusammen, seinerzeit Leiter des niederländischen Versuchsgutes Lelystad. „Viel bequemer und bei weitem das Beste ist es, wenn die Fohlen zur in der Natur üblichen Jahreszeit auf die Welt kommen. Auf der Weide dosieren die Fohlen selbst ihre Bewegung. Glücklicherweise wies die Untersuchung aus, dass natürliche Bewegung auf der Weide das Optimale für Fohlen ist. Und die muss doch jeder Züchter verschaffen können."

Reizarmut und zu abruptes Absetzen fördern Stressanfälligkeit

Dabei sind optimale Bewegung, Licht und Luft in Hülle und Fülle nur einige Aspekte einer gesunden Fohlenaufzucht. Ein weiterer Nachteil der Stallhaltung ist die reizarme Umgebung. Das hat zur Folge, dass selbst Fohlen mit einem von Natur aus stabilen Nervenkostüm (bei dem ebenfalls eine erbliche Komponente angenommen wird) stressanfälliger als normal reagieren, dass sie langsamer begreifen, weniger Selbstbewusstsein zeigen oder sich leicht zu sozialen Problemkandidaten auswachsen. Im Gegensatz zu den Rabauken, die vom ersten Tag an Mamas Seite die Umgebung erkunden und Sozialverhalten in der Herde trainieren dürfen. Lernen sie obendrein „pferdefressende Monster", wie Biker, Spaziergänger, kläffende Hunde oder Autoverkehr angstfrei in ihr Weltbild zu integrieren, umso besser. Denn nicht die Gehirnmasse allein entscheidet über Intelligenz, sondern die Verästelungen ihrer Nervenzellen, der Dendriten, die die grauen Zellen — und zwar hauptsächlich in der ersten Zeit nach der Geburt — zu einem individuell gestrickten Datennetz verkabeln. Eine Rückversicherung der Natur, um den Organismus exakt auf die Bedingungen zu konditionieren, in die er hineingeboren wird und mit denen er sich auseinanderzusetzen hat.

„Wie vielfach in der Biologie führt das Wirken des Nervensystems, vor allem bei den höheren Tieren, über das Zusammenspiel vieler einzelner Reaktionen also zu weit mehr als zu deren bloßer Summierung", fasst Lernpapst Prof. Dr. Frederic Vester die frühkindliche Prägung zusammen, die bei Mensch und Wirbeltieren ähnlich verläuft. „Hier ist Lernen im Spiel — und das hochkomplexe Zusammenspiel dabei nennen wir Verhalten." An jungen Ratten wurde belegt, dass sie bei entsprechender Anregung ein regelrechtes Turbohirn entwickelten, und auch die Lernfähigkeit eines Fohlen lässt sich gezielt fördern. Nur

Zu frühes Absetzen

„Das negative Erlebnis kann so tiefgreifend sein, dass dadurch bereits der Grundstein für eine zukünftige Verhaltensstörung gelegt wird. Allgemein wirken sich schlechte Erfahrungen während der Jugendentwicklung besonders nachhaltig aus. Deshalb ist ein Problemverhalten aus dieser Zeit nur sehr schwierig bzw. überhaupt nicht mehr zu therapieren."

DR. MARGIT H. ZEITLER-FEICHT, AUS „HANDBUCH PFERDEVERHALTEN"

funktioniert das nicht in der Abgeschiedenheit einer Boxe. Der vorgezogene Geburtstermin wirkt sich also weit gravierender aus als auf den ersten Blick ersichtlich. Das gilt erst recht, wenn den Fohlen auch der Milchhahn zu früh abgedreht wird, statt sich am langsamen Abnabelungsprozess eines Pferdekindes von seiner Mutter zu orientieren. Verhaltensforscher wie Prof. Dr. Klaus Zeeb oder Dr. Margit Zeitler-Feicht sehen in dem negativen Erlebnis eine schon fast klassische Ursache vieler Verhaltensstörungen, die später kaum noch zu therapieren sind. „Erfahrung", möchte man hier ausnahmsweise mit Kurt Tucholsky sagen, „heißt gar nichts. Man kann eine Sache auch 35 Jahre schlecht machen."

Die Fohlenerziehung bei Islandpferden beschränkt sich auf das Notwendigste, damit sie ein normales, vom Menschen unverfälschtes Sozialverhalten entwickeln.
Foto: Neddens

JUNGE HÜPFER UND ALTE HASEN

Anke Schwörer-Haag
Islandpferdegestüt Schloss Neubrunn

„Islandfohlen kommen auch in Deutschland auf der Weide zur Welt, oft unbeobachtet und ohne Hilfe. Die Fohlenerziehung beschränkt sich auf das Notwendigste; sie dient lediglich dazu, die Tiere jederzeit medizinisch versorgen oder die Hufe pflegen zu können. Davon ab-gesehen wachsen sie möglichst unbeeinflusst in einer Herde mit mehreren Stuten und Fohlen auf, werden als Jungpferde einer Gruppe mit ungerittenen Pferden unterschiedlichen Alters zugeteilt und haben im Prinzip erst konsequenten Kontakt zum Menschen, wenn sie eingerit-ten werden. Unserer Erfahrung nach sind falsch erzogene oder verhätschelte Fohlen im Um-gang schwieriger als leicht verwilderte, mit einem normalen Sozialverhalten. Interessant zu beobachten in dem Zusammenhang ist übrigens, wie viele Verhaltensmuster das Fohlen von seiner Mutter übernimmt."

Foto: Schwörer-Haag

Überflüssige Pfunde leiern die Bänder aus

Sehr gefragt ist diese Erfahrung dagegen bei einem anderen Komplex, der die spätere Belastbarkeit des Reitpferdes ebenfalls gründlich zu unterminieren vermag. Gemeint ist die zu üppige Fütterung. Sei es, um bessere Wertnoten zu erzielen oder weil imposante Fohlen gefragter sind. Ein Trend, der bei Shire Horses oder den bis zur Perversion gemäs-teten Halterpferden im Westernsport zu extremer Verschleißanfälligkeit führte und leider auch in anderen Rassen, wenngleich gemäßigter, mitgemacht wird. Aber werden Fohlen wie Spanferkel gepusht, erhöht sich die Gefahr von Fehlstellungen, die Gelenke werden dick und schwammig und das Bindegewebe wabbelig. Außerdem belasten überflüssige Pfunde die empfindlichen, gewichttragenden Knochen und Knorpel beim Herumtollen zusätzlich und leiern den noch nicht gefestigten Bänderapparat regelrecht aus, sodass er seine ursprünglich vorhandene Stützkapazität verliert.

Fohlen brauchen keine Energiebomben und erst recht kein konzentriertes Kraftfutter. Die sicher-ste Versorgung des Saugfohlens ist im Normalfall eine optimal versorgte Mutterstute, denn die gibt dem Nachwuchs über die Milch alles, was er braucht, um die enormen Wachstumsschübe zu bewältigen. Und auch bei Absetzern sollte man sich davor hüten, der Natur allzusehr ins Hand-werk zu pfuschen, denn wie zu viel Eiweiß kann ein Zuviel an Mineralstoffen oder eine falsche Dosierung die Freisetzung von Wachstumshor-monen hemmen oder das für die Knorpelumbil-dung zu stabilen Knochen so wichtige Thyroxin. Der unkontrollierte, wenn auch gut gemeinte Griff zu Fohlenstartern und Mineralfuttermi-schungen ist mit Vorsicht zu genießen. „Ein Jähr-ling — richtig aufgezogen — soll hart, vital und ge-

Verhaltensforscher sehen im zu frühen oder abrupten Absetzen von Saugfohlen eine Ursache für spätere, kaum therapierbare Verhaltensstörungen. Foto: Neddens

Keine Mast

„Mästen Sie niemals ein junges Pferd durch Energieüberversorgung! Ganz besonders in den ersten zwei Lebensjahren ist ein schwerer Rumpf ein großer Nachteil für große Gelenke. Es kommt zu Knorpelablösung und zu Knorpeleinschmelzungen mit Hohlräumen im Knochen, die nie wieder zu reparieren sind. Ein solches Pferd wird entweder lahm oder aber es verliert seinen schwungvollen Bewegungsablauf."

DR. HELMUT ENDE,
AUS „WISSEN RUND UMS PFERD"

sund sein, damit er die rücksichtslose Auslese durch Training und Reiten ohne körperlichen und nervlichen Schaden erfolgreich überstehen kann", forderte schon Dr. Wilhelm Uppenborn in Pferdezucht und Pferdehaltung, Preußischer Landstallmeister a.D. und ehemaliger Leiter des Vollblutgestüts Harzburg, und warnte: „Man hüte sich vor fetten, überfütterten oder zu schweren Pferden". Am besten fährt, wer den Futterbedarf des Jungpferdes mit einem Institut für Tierernährung abstimmen lässt.

Für die alten Hasen unter den Reitern und Züchtern ist das alles nichts Neues. Sie wissen aus Erfahrung: Robust und natürlich aufgezogene Fohlen sind gesünder, schlauer, reaktionsschneller und angenehmer im Umgang. Weil Spielen, im Gegensatz zum streng reglementierten Training, auch bei Pferdekindern mit mehr Spaß und Lebensfreude verbunden ist, weil es Kreativität freisetzt, sämtliche Hormone zum Sprudeln bringt und das Immunsystem auf Vordermann. Wenn die Jungpferde bis zum Anreiten obendrein unter der Ägide eines erfahrenen Wallachs oder einer Altstute aufwachsen, die den kleinen Rüpeln gute Manieren beibringen, umso besser. Ein Vorteil, den immer mehr Züchter wieder entdecken, auch wenn nur wenige Rassen so restriktiv aufgezogen werden wie Isländer.

FIT FOR LIFE

■ **Somatotropes Hormon (STH, Somatotropin) bzw. Human growth hormone (engl., HGH):** Das klassische Wachstumshormon. Wird in der Hypophyse gebildet, vom Hypothalamus kontrolliert und über Somatomedine vermittelt (Komponenten, die die Wirkung des STH in den Zielzellen steuern). Langfristig sorgt es für eine gesunde Entwicklung; kurzfristig bringt es den Stoffwechsel auf Trab. Fehlernährung, Bewegungsmangel oder Stress hemmen die Freisetzung des Wachstumshormons und schwächen bei erwachsenen Pferden Immunsystem und Regeneration.

■ **Dehydroepiandrosteron (DHEA):** Steroidhormon der Nebennierenrinde; Vorstufe der Sexualhormone, ohne deren ausgeprägte geschlechtsspezifische Wirkung. Beeinflusst nach derzeitigen Erkenntnissen als Pufferhormon die Verfügbarkeit anderer Steroidhormone und wirkt damit leistungssteigernd, schützt vor Stress und stärkt das Immunsystem.

■ **Thyroxin und Trijodthyronin:** Mit Hilfe von Jod gebildete Schilddrüsenhormone; wichtig für Entwicklung, Wachstum und Aufrechterhaltung zahlreicher Körperfunktionen. Sie kurbeln die Verstoffwechslung von Proteinen, Kohlenhydraten und Fetten an und beeinflussen damit die Energiebereitstellung in den Körperzellen. Jodmangel führt zu Entwicklungsverzögerung, Kropfbildung, Schwäche und Lethargie; eine unkontrollierte überhöhte Jodzufuhr dagegen zu Vergiftungen.

Keine Kinderarbeit

Die nächste Klippe, die es zu umschiffen gilt, ist das Anreiten. Es gibt Pferderassen, die gelten als frühreif. Richtiger wäre es jedoch zu sagen, dass Araber oder Isländer, die früher traditionell erst mit viereinhalb bis fünf Jahren angeritten wurden, entsprechend ihrem Alter behandelt werden. Denn wenn die so oft zitierte Frühreife als Vorwand dient, anderthalbjährige Vollblüter im Rennsport und zweijährige Westernpferde im Schnelldurchgang auf Rennen und Turniere vorzubereiten oder dreijährige Spring- und Dressurkracher in einer Perfektion vorzustellen, die potente Käufer nervös werden lässt, schwant erfahrenen Veterinären ebenfalls Übles.

„Ein reifes und damit voll belastungsfähiges Gliedmaßenskelett", macht der Leiter der Pferdeklinik der Freien Universität Berlin, Prof. Dr. Bodo Hertsch, unmissverständlich klar, „ist erst beim etwa drei- bis vierjährigen Pferd zu finden. Die Verknöcherung tragender Teile der Wirbelsäule ist jedoch erst viel später zu erwarten. Durch zu frühe Belastung unserer Pferde tragen wir selber entscheidend zum Auftreten von Skeletterkrankungen bei."

Tatsächlich sind die harmlosen „Remonte-Lahmheiten" weit weniger harmlos, als sie klingen, denn hier werden die Grundlagen für weitere Verschleißerscheinungen gelegt. Immerhin landen bei einem scharfen Galopp oder beim Springen das Mehrfache des Körpergewichts auf dem auffußenden Vorderbein, zwar nur für Sekundenbruchteile, aber das Gewicht muss ja abgefangen werden. Enge Wendungen zerren an den Bändern, können Knochenfissuren oder sogar Brüche verursachen, und die permanente Belastung des noch schwachen Pferderückens sowie die starke Biegung der Gelenke führen schnell zu Schleimbeutel- und Sehnenentzündungen, Knochenhautreizungen, Knorpeldefekten und Knochenzubildungen. Eine Rücksichtslosigkeit dem jungen Pferd gegenüber, die Dr. Reiner Klimke noch kurz vor seinem Tod scharf kritisierte: „Ich vermisse bei vielen Ausbildern die richtige Grundhaltung gegenüber den Pferden. Ich liebe mein Pferd, das sagen vor allem junge Mädchen, aber nur sehr wenige Ausbilder."

Nur Erfolg zählt

„In der Heeresdienstvorschrift Nummer zwölf der Reitlehre der Kavallerieschule Hannover, die auch die Vorlage für die Richtlinien für Reiten und Fahren bildet, wurde noch großer Wert auf die Gesunderhaltung des Pferdes gelegt, welches „lange die schweren Strapazen des Dienstes gesund überstehen" sollte. Liest man dagegen heute die Ausbildungsbücher, so ist die Zielsetzung immer der Erfolg, nie die Gesundheit."

DR. CHRISTIAN SCHACHT, FACHTIERARZT FÜR PFERDE, VIELSEITIGKEITSREITER, REITLEHRER UND RICHTER, AUS „PFERDEKRANKHEITEN"

*Vertrauensbildung und das Ausbalancieren unter dem Reitergewicht sind elementare Stufen in der Ausbildung des jungen Pferdes.
Foto: Lehmann*

KNOCHENSACHE

Als „Nestflüchter" haben Fohlen schon bei der Geburt so stabile Knochen wie Menschen in der Pubertät und können direkt aufstehen und laufen, aber selbst ein dreijähriges Pferd ist noch nicht voll ausgewachsen bzw. belastbar. Das Wachstum der Knochen vollzieht sich hauptsächlich an den Knochenenden, in den Epiphysen- oder Wachstumsfugen. Hier verknöchern unter dem Einfluss von Wachstumshormonen die quer durch den Knochen verlaufenden Knorpelscheiben; insgesamt gibt es beim Pferd über 700 solcher Verknöcherungszentren.

Mit Ausbildung der Geschlechtsreife schließen sich die Wachstumsfugen und beenden das Längenwachstum der Knochen. Weil ein hoher Testosteronspiegel die Wachstumsfugen schneller schließt, bleiben Hengste meist kleiner als früh gelegte Wallache. Das Dickenwachstum der Knochen und damit die vollständige Ausreifung des Skeletts geht jedoch mindestens bis zum 5. Lebensjahr weiter.

Knochen sind übrigens keineswegs starr, trotz ihrer stabilisierenden Funktion. Sie sind in sich begrenzt flexibel und können Stöße dämpfen bzw. weiterleiten. Außerdem speichern sie Calcium, Magnesium und Phosphor, während im Mark der Röhrenknochen rote und weiße Blutkörperchen gebildet werden, die im Sauerstofftransport und in der Immunabwehr eine wichtige Rolle spielen.

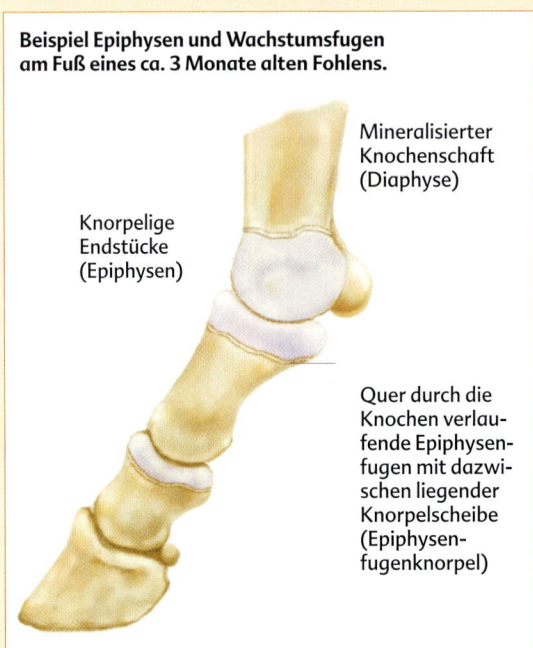

Beispiel Epiphysen und Wachstumsfugen am Fuß eines ca. 3 Monate alten Fohlens.

Mineralisierter Knochenschaft (Diaphyse)

Knorpelige Endstücke (Epiphysen)

Quer durch die Knochen verlaufende Epiphysenfugen mit dazwischen liegender Knorpelscheibe (Epiphysenfugenknorpel)

In der Wachstumsperiode sind die knorpeligen weicheren Endstücke der Knochen, die Epiphysen, vom Knochenschaft durch Wachstums- oder Epiphysenfugen mit einer dazwischen liegenden Knorpelscheibe getrennt. Erst wenn diese Knorpelscheibe beim Längenwachstum der Knochen vollständig aufgebraucht ist, und der Knochen zu einer stabilen Einheit verschmilzt, ist das Skelett des Pferdes einigermaßen belastbar. Bis sämtliche Wachstumsfugen geschlossen sind, vergehen allerdings mindestens drei bis dreieinhalb Jahre.

Junge Pferde

„Für jedes Reitpferd, gleichgültig in welcher Disziplin, ist es von elementarer Bedeutung, dass es sich mit dem Reitergewicht ausbalancieren kann. Ein nicht ausbalanciertes Pferd geht in der Regel verkrampft und mit festgehaltener Muskulatur, um mangelndes Gleichgewicht zu kompensieren. Die äußere Losgelassenheit kann nicht erreicht werden. Ohne Gleichgewicht kann es also zu körperlichen Fehlbelastungen und gesundheitlichen Schäden kommen. Aber auch die innere Losgelassenheit kann nicht erreicht werden, weil sich kein Lebewesen wohl fühlt, das nicht im Gleichgewicht ist. Eine zu frühe Spezialisierung von Reitpferden, auch wenn ihre Veranlagung für eine Disziplin noch so groß erscheint, ist nachteilig, weil sei eine eintönige und einseitige Belastung des Pferdes darstellt."

FN, ZUSAMMENSTELLUNG AUS „ANREITEN UND AUSBILDEN VON JUNGEN PFERDEN"

Leistungsdruck verschleißt Jungpferde, ehe sie ausgewachsen sind

Dabei ist das frühe Training, genau genommen, noch nicht einmal das Haar in der Suppe. Man kann auch junge Pferde schon fordern — nur muss es leicht und spielerisch sein, um sie nicht zu überfordern. Denn was die Tiere physisch und psychisch so fertig macht, dass sie ausgebrannt sind, bevor ihr Potenzial überhaupt zur Entfaltung kommt, ist nicht das Training an sich, sondern der übertriebene Leistungsdruck unter dem Reiter, der den natürlichen Reifeprozess ignoriert. Dieses immer schneller, immer höher, immer weiter in immer kürzerer Zeit — und zwar ohne, dass sich der Organismus auf die Anforderungen einstellen konnte. Und das ist das Widersinnige daran.

Dabei geht es doch auch anders: Im alten Trakehnen wie in den Jagdgebieten Irlands und Englands war beziehungsweise ist es noch teilweise Usus, den Fohlen von frühester Kindheit bis zum Anreiten auf dem Weg zur Weide zwei, drei niedrige Stangen in den Weg zu legen — über die Springfreude der Trakehner und Hunter und ihre Zähigkeit braucht kein Wort verloren zu werden. Mustangs, Brumbys, Criollos, aber auch Isländer oder Camarguepferde sind, wie alle wild oder halbwild aufgewachsenen Pferde, in dem ihnen vertrauten Gelände von einer legendären Trittsicherheit. Egal, ob es sich um steinige Geröllhänge, sumpfige Ebenen oder von Gürteltieren durchlöchertes, subtropisches Unterholz handelt. Jedes „zivilisierte" Ross wäre auf diesen Böden innerhalb kürzester Zeit stocklahm oder würde sich die Gräten brechen — diese Pferde nicht. Warum? Sie haben die in ihrer Umwelt benötigten Fähigkeiten mit der größten Selbstverständlichkeit von frühester Jugend an trainiert, aber eben unbelastet und in der Geborgenheit des Herdenalltags.

Im Einklang mit ihrer natürlichen Umgebung werden Pferde auf spätere Anforderungen konditioniert. Foto: Slawik

Besaßen Könner die Geduld mit einer intensiven Ausbildung unter dem Sattel so lange zu warten, bis die Remonte das Reitergewicht ohne Schäden längere Zeit zu tragen vermochte, brauchten sie die vorhandenen Grundlagen nur noch schonend in die gewünschten Bahnen zu lenken, um einen schier unverwüstlichen Partner zu haben. Alles andere als verschenkte Zeit, wie die klassische Ausbildung junger Pferde an der Hand beweist, die Arbeit an Longe und Doppellonge, aber auch die Bodenarbeit der Western- und Gangpferdereiter. Bewährte Praktiken, deren Vernachlässigung sich im Hinblick auf eine langfristige Nutzung oft bitter rächt. „Vor zweieinhalb Jahren sollte man ohnehin kein Pferd anreiten", meint Petra Roth-Leckebusch, „noch besser ist es, wenn sie erst dreijährig unter den Sattel kommen.

Handarbeit ist Bestandteil der klassischen Ausbildung: Franz Kukuk galt im nordrhein-westfälischen Landgestüt als Spezialist für die Arbeit an der Hand und am langen Zügel. Er förderte Hengste von der Remonte bis zur Grand-Prix-Reife und ist nach seinem Ausscheiden aus dem aktiven Dienst als Ausbilder begehrter denn je; hier mit dem vierjährigen Napoleon in der Piaffe. Foto: Ernst

Aber das Alter allein ist nicht der einzige maßgebende Faktor; ebenso wichtig ist, dass die Pferde schonend angeritten werden. Wenn man zu schnell und zu viel macht, reitet man auch einen Vierjährigen kaputt. Und gerade die talentierten Pferde werden erfahrungsgemäß schnell überfordert". Den Pferden mehr Zeit lassen, fordert auch Heike Kemmer. Die erfolgreiche Dressurreiterin und Ausbilderin vom Amselhof Walle sieht im frühen Anreiten an sich ebenfalls kein Problem — vorausgesetzt, man belässt es dabei. Dass der Verkaufsdruck im Pferdehandel einer forcierten Ausbildung Vorschub leistet, steht hingegen auf einem anderen Blatt.

Die Käufer rechnen mit spitzem Griffel, das wirkt sich auf die Ausbildung aus

Tatsächlich ist Geld das eigentliche Problem. Denn wenn genau diese „Bewegungskünstler" die Kostendeckung erwirtschaften, die weder eine reelle Zucht noch eine solide Ausbildung einbringen und Käufer, wie Dr. Hanfried Haring klagt, „mit spitzem Griffel rechnen", ist die Schuldfrage zumindest nicht einseitig. Wer sämtliche Kosten, die mit Aufzucht und Ausbildung eines jungen Pferdes verbunden sind, in Rechnung stellt, kann es sich eigentlich nicht leisten, einen Dreijährigen unter 7.000 Euro zu verkaufen. Summa summarum: Wer auf ein leistungsfähiges Pferd Wert legt, sollte darauf achten,

- dass beide Elterntiere kerngesund sind und genetisch wie exterieurmäßig miteinander harmonieren,
- dass das Fohlen natürlich aufwachsen durfte und
- seinem Entwicklungsstand entsprechend schonend angeritten wurde.

Berücksichtigt man diese Faktoren, bleibt also alles im grünen Bereich? Jein. So einfach ist es nun auch wieder nicht. Genetische Voraussetzungen, Aufzucht und eine behutsame Ausbildung stellen zwar die Rahmenbedingungen, aber sie sind keine Garantie für Gesundheit.

BLOß NICHT ZU FRÜH RAN

Heike Kemmer
Dressurausbilderin, Erfolge?

Foto: Frieler

„Natürlich bin ich an einer langfristigen Nutzung und gesunden Pferden interessiert. Schließlich reite ich schon meine Youngster in der Hoffnung, dass dabei etwas Besonderes herauskommt — auch wenn es nicht immer gelingt. Bonaparte, den ich als Fohlen kaufte, wurde bei uns dreijährig angeritten. Anschließend durfte er wieder auf die Weide oder in den Paddock, wurde longiert und zwischendurch auch mal ein bisschen geritten. Was daraus geworden ist, sieht man heute.

Ähnlich sieht es mit den anderen Jungpferden auf unserem Hof aus: Sie werden zwar meist schon im Winter zwischen 2-3 Jahren angeritten, weil es zu diesem frühen Zeitpunkt einfacher und schneller erledigt ist, als wenn die Pferde erst ein Jahr longiert werden und voll in Kraft stehen. Aber dabei steigt kein 80 Kilo-Mann in den Sattel, und wenn das Anreiten einigermaßen klappt, wird wieder gebummelt. Das ergibt sich in einem Zuchtbetrieb zwangsläufig durch den Tagesablauf, denn wenn man gleich 10 Jungpferde auf einmal in den Stall bekommt, funktioniert das Reiten ohnehin nur umschichtig. Und gefordert wird auch nur wenig, der Rest kommt mit der Zeit von allein. Das merkt man immer wieder: Gönnt man Pferden genügend Pausen, bis sich alles etwas gesetzt hat, kommt man viel schneller voran, als wenn man den armen Tieren jeden Tag im Nacken sitzt und sie sauer reitet. Einmal gründlich verprellt, sitzt die schlechte Erfahrung lebenslang im Bauch."

Risikopatient Reitpferd

Bei näherer Betrachtung der weiteren Entwicklung sieht es nämlich immer noch düster aus. An der Spitze, wie sollte es anders sein, stehen weiterhin Erkrankungen des Skeletts und speziell der Bewegungsorgane: Hufrolle und Schale bei Spring- und Westernpferden, Spat und Kissing Spines bei Dressur- und Gangpferden, Sehnenschäden, Gallen und Überbeine werden schon fast als „Berufskrankheiten" von Reitpferden gehandelt, was dazu führt, dass so mancher Pferdebesitzer binnen kürzester Frist mehr über Veterinärmedizin lernt als er in seinem ganzen Leben über Humanmedizin wusste.

„Aha", ist man geneigt zu sagen, „der Leistungssport ist schuld!" Trotz der eingangs aufgeführten Vorzeigesenioren, schließlich macht eine Schwalbe noch keinen Sommer. Gewiss, Sport im Übermaß betrieben ist Mord, die Verletzungslatte menschlicher Spitzensportler ist hinlänglich bekannt. Andererseits zählt Sport zu den wichtigsten Bollwerken im modernen Gesundheitswesen, seit der Mensch entdeckte, dass es weitaus bequemer ist, seine Brötchen vom Schreibtisch aus zu erlegen, statt sich krumm und buckelig zu ackern oder flüchtiger Beute hinterherzuhecheln. Und zwar nicht nur im Kampf gegen überflüssige Pfunde, sondern (fast) als Allheilmittel schlechthin. Vorausgesetzt, man hat seine Energieverwaltung im Griff.

Warum ein zu intensives Training wie zu wenig Bewegung, falsche Ernährung und etliche andere Faktoren auch bei Pferden zu vorzeitigem Verschleiß führen, ist in erster Linie eine Frage des Stoffwechsels. Besser gesagt, eines entgleisten Stoffwechsels, dem Grundübel fast aller Krankheiten. Und natürlich mischen auch dabei wieder die Hormone kräftig mit — diesmal allerdings in höchst unerwünschter Form, nämlich kontraproduktiv. Sei es aus Mangel an Anwesenheit oder aufgrund einer Überproduktion.

Rückenprobleme

„Pferde mit Schmerzen im Bereich der Wirbelsäule haben Probleme beim Satteln, beim Aufsitzen, sie schlagen mit Kopf und Schweif und neigen dazu, über den Zügel zu gehen. In den ersten Minuten des Reitens zeigen sie einen steifen Gang, sie springen häufig im Galopp um, klemmen den Schweif ein und verweigern Sprünge aus Angst vor der schmerzhaften Landung, wenn sich die Dornfortsätze berühren."

Dr. Helmut Ende,
aus „Wissen rund ums Pferd"

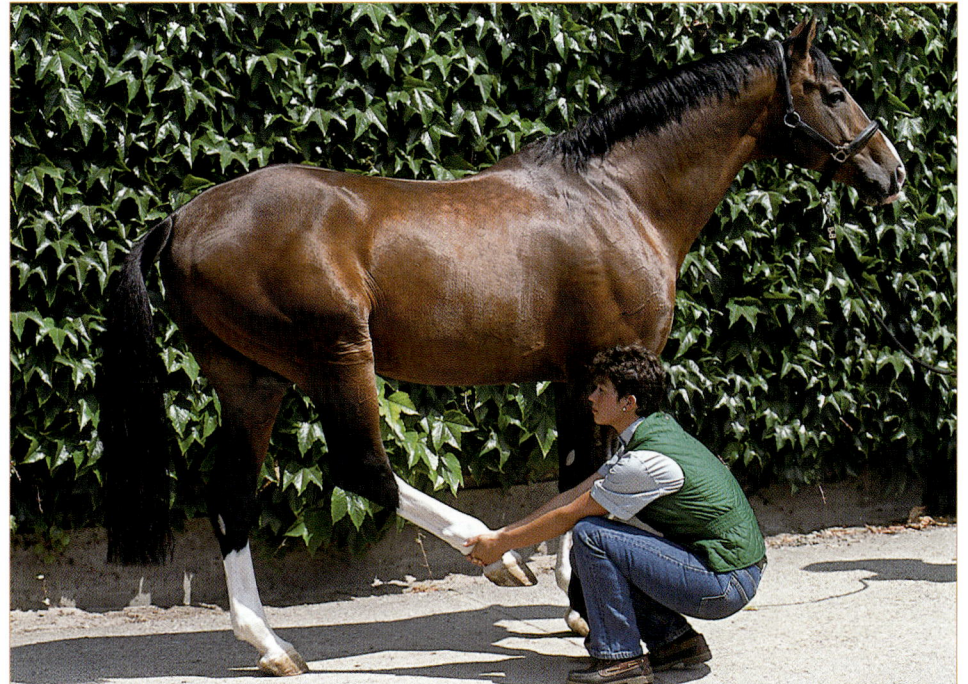

Foto: Schamper
(aus: Kleven, Helle Katrine,
Physiotherapie für Pferde.
FNverlag, Warendorf 2001)

VETERINÄRLATEIN

Obwohl viele Erkrankungen auch auf Veranlagung, Fütterung, mangelnde Pflege oder schlecht sitzende Ausrüstung zurückgehen können, sind meist reiterliche Fehler oder übertriebener Ehrgeiz die Ursache:

■ **Gallen:** Knubbelige Verdickungen an Gelenken, Sehnenscheiden oder Schleimbeuteln. Nach mechanischer Reizung, Anschlagen oder Überlastung wird vermehrt Synovia (Schmierflüssigkeit) gebildet, die die typischen Beulen verursacht. Weiche, kalte Gallen sind meist harmlos, warme Gallen zeigen hochgradige Entzündung an, verhärtete Gallen können bei ungünstiger Lage zu chronischer Lahmheit führen.

■ **Hufrolle:** Eigentlich eine Funktionseinheit an der Rückseite des Pferdefußes aus Strahlbein, der darüber laufenden tiefen Beugesehne und einem dazwischenliegenden Schleimbeutel. Als krankhafte Veränderung (Podotrochlose), bezeichnet sie eine Entzündung oder Rückbildung des Schleimbeutels, Schädigung der Sehne oder Umbildung des Strahlbeins; oft eine Überlastungsfolge beim Springen, von zu harten Stopps oder mangelnder Losgelassenheit durch Reiten auf der Vorhand. Anzeichen: wechselnd starke Lahmheit einer oder beider Vorderbeine; Heilung im fortgeschrittenen Stadium nicht möglich.

■ **Kissing spines:** Knochenwucherungen im Bereich der Wirbelsäule, die durch Berühren der Dornfortsätze ausgelöst werden. Im entzündlichen Stadium hochgradig schmerzhaft, bei Verwachsung einzelner Wirbelkörper wird das Pferd zwar weitgehend schmerzfrei, aber steif im Rücken; eine Operation, falls möglich, ist sehr aufwändig. Ursachen: Zu frühe oder zu starke Belastung des Pferderückens; hohe, erzwungene Aufrichtung des Halses; mangelnde Losgelassenheit unter dem Reiter.

■ **Schale:** Knochenzubildungen an den Rändern der Fußgelenke, überwiegend an den Vorderbeinen. Je nach Ausbreitung wird sie als „tiefe" oder „hohe" Schale bezeichnet. Häufigste Ursache: Chronische Überforderung. Typisch ist der Wendeschmerz, weil die Rotation von Fessel- und Krongelenk in Wendungen eingeschränkt ist; in fortgeschrittenem Stadium keine Heilung möglich.

■ **Spat:** Knochenzubildung in den Gelenkspalten des Sprunggelenks, das aus vielen kleinen, straff miteinander verbundenen Knochen besteht; resultiert aus zu früher und/oder zu starker Biegung der Hinterhandgelenke. Im Anfangsstadium wechselnd starke Lahmheit, im fortgeschrittenen Stadium versteift das Gelenk und ist weitgehend schmerzfrei, sodass das Pferd eingeschränkt geritten werden kann.

■ **Überbeine:** Durch Überlastung oder Anschlagen verursachte verhärtete Knochenhautentzündungen, die als mehr oder weniger große Beulen sichtbar werden. Ohne Beschwerden gelten sie als Schönheitsfehler; wachsen Wucherungen an den Beinen jedoch nach innen zwischen Sehnen oder Fesselträger, können sie zu chronischer Lahmheit führen und müssen operiert werden. Besonders häufig sind Verwachsungen zwischen Griffelbein und Röhrbein, die beim zu forcierten Reiten junger Pferde entstehen.

Hohe und Tiefe Schale

Je nach Lage schränken die blumenkohlartigen Wucherungen die Beweglichkeit des Pferdebeines stark ein. Dringen abgesprengte Teilchen der Knochenzubildungen in die Gelenkhöhle ein, können sie als Chip das Gelenk komplett blockieren.

*Gallen: Knubbelige Verdickungen
an Gelenken, Sehnenscheiden
oder Schleimbeuteln*

*Überbeine: Harte Beulen zeigen überstandene
Knochenhautentzündungen.
Fotos: Prohn*

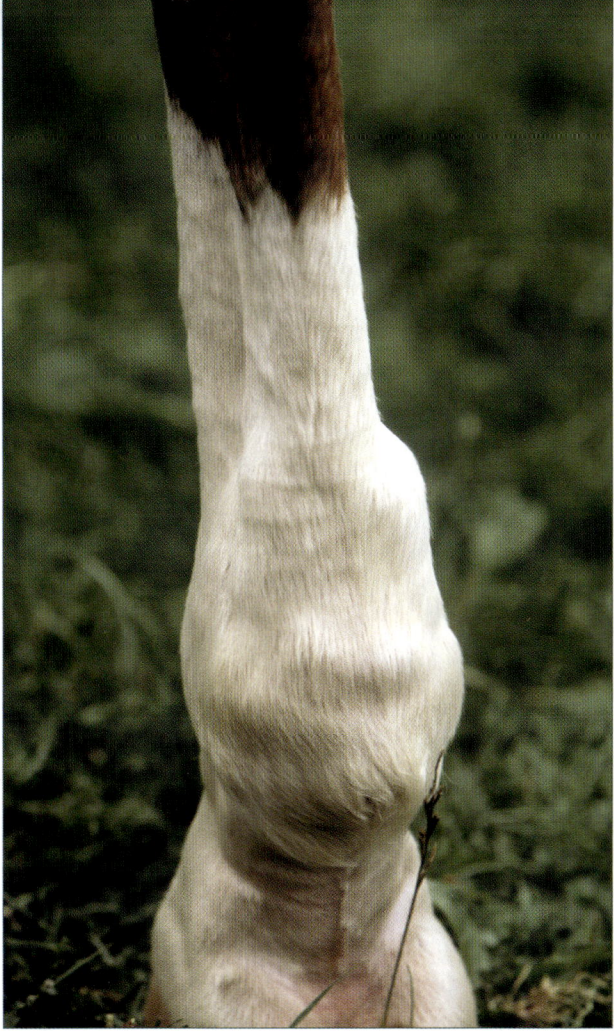

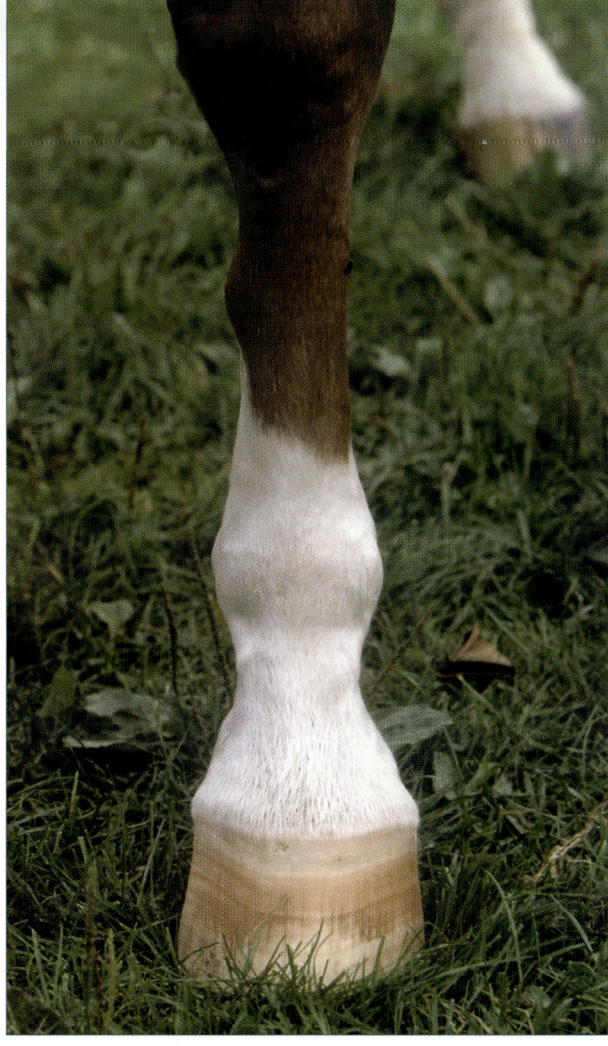

Auf dem Powertrip

Gesunde Ernährung, viel Bewegung, Abwechslung und kein Dauerstress. Das hält Pferde frisch und fit.

Foto: Neddens

Gesunde Zellen, gesunde Organe

Wenn Jean-Luc Picard „Energie" befiehlt und die Enterprise zu einem Punkt auf der Mattscheibe zusammenschnurrt, hat der Antrieb drehbuchgemäß funktioniert. Ohne Energie kommen weder Raumschiffe noch Rasenmäher noch Pferdestärken auf Touren. Je höher die Geschwindigkeit ist, je mehr Kraft für die geforderte Arbeit aufgewandt werden muss, umso mehr Energie wird verbraucht. Im Gegensatz zu Maschinen ist ein lebendiger Organismus jedoch auch im Ruhezustand auf eine kontinuierliche Energiezufuhr angewiesen: Er braucht sie zur Versorgung der Organe, zur Erhaltung der Körpertemperatur, für jeden Denkprozess, für jede Muskelarbeit und natürlich für alle anfallenden Reparaturarbeiten. Durch die Zellen und innerhalb der Zellen: Ohne gesunde Zellen, keine gesunden Organe.

Leider sind die Bausteine von Herz, Nieren, Blutgefäßen, Haut und Haaren und allen anderen Geweben hinsichtlich des Arbeitsklimas reichlich etepetete. Sie ackern nur bei günstigen Lebensbedingungen zuverlässig, regenerieren und teilen sich und stellen damit die Funktionsfähigkeit der Organe sicher. Und nur so bleibt der Organismus gesund, leistungsfähig und kann sich den ständig wechselnden Belastungen anpassen.

Stoffwechsel

„Man unterscheidet aufbauende und abbauende Stoffwechselvorgänge (Assimilation und Dissimilation bzw. anabole und katabole Reaktionen). Die durch Dissimilation gewonnene Energie wird zur Assimilation, zum Aufbau, verwendet. Die Bausteine des Stoffwechsels werden von der Zelle aus dem Interzellularraum aufgenommen. Hierhin gelangen sie auf dem Blutweg und durch den Säftestrom. Die Ausscheidung der Schlackenstoffe erfolgt durch die Nieren, den Darm, die Lungen und die Haut, gelegentlich auch durch den Speichel."

AUSZUG NACH PROF. DR. KLAUS LOEFFLER, TIERKLINIK DER UNIVERSITÄT HOHENHEIM, AUS „ANATOMIE UND PHYSIOLOGIE DER HAUSTIERE"

Sauerstoff ist ein kostenloser Jungbrunnen
Foto: Neddens

Das Material für die Zellversorgung liefern Eiweiße, Stärken, Mineralstoffe, Spurenelemente, Vitamine und Fette aus der Nahrung, die „Lebensmittel"; bei Pferden eben die Destillate aus Gräsern, Kräutern, Körnern und Früchten. Weiterhin Wasser, als Lösungsmittel der chemischen Reaktionen und zur Regulierung des Flüssigkeitshaushalts, und Sauerstoff. Diese Rohstoffe werden hauptsächlich über den Verdauungstrakt und die Lungen, aber auch über Schleimhäute oder Oberhaut aufgenommen, aufgeschlüsselt, verdaut, gereinigt und via Verteilernetz Blut ins Gewebe gespült. Dort werden die Stoffe von den Zellen selektiert und durch die Zellmembran zur Weiterverarbeitung eingeschleust. Einen kleinen Teil zwackt die Zelle zum Aufbau und Erhalt ihrer eigenen Substanz ab, der weitaus größere fließt jedoch in die Wärme- und Energiegewinnung. Um das Herz taktmäßig wie ein Metronom wummern zu lassen, die Pferdestärken in der Muskulatur zu zünden oder gerade angesagte, zellspezifische Stoffe zu bilden.

Der Nachschubbedarf ist gigantisch

Dahinter steckt eine Produktionsleistung von gigantischen Dimensionen, schließlich wird ständig Nachschub gebraucht: an Enzymen, Hormonen, Antikörpern oder frischen Zellen. Denn während Gehirn-, Nerven- oder Knochenzellen so lange wie der gesamte Organismus leben können, müssen andere permanent nachgebildet werden. Bei einem 500 kg schweren, gesunden Pferd, zum Beispiel, sterben von den durchschnittlich 320.000.000.000.000 (320 Billionen) roten Blutkörperchen pro Sekunde rund 43 Millionen, die im gleichen Zeitraum durch 43 Millionen frische rote Blutkörperchen ersetzt werden! Ersetzt werden müssen, da der darin enthaltene rote Blutfarbstoff, das Hämoglobin, unter anderem den für die Zellatmung lebenswichtigen Sauerstoff transportiert.

Wasser das Lebenselixier: 70-80 % des Körpers besteht aus Wasser. Es dient als Lösungs- und Trägermittel, ist Bestandteil der Körperflüssigkeiten in den Gefäßen und der Zellen oder füllt interzelluläre Zwischenräume aus. Weil durch Austrocknung (Dehydration) alle Funktionen zum Erliegen kommen, müssen Wasserverluste umgehend ausgeglichen werden. Grob gerechnet saufen Pferde zwischen 5-12 Liter Wasser je 100 kg Körpergewicht täglich; ein 500 kg schweres Ross braucht demnach rund 25-60 Liter pro Tag. Exakt festlegen lässt sich der Wasserbedarf nicht. Bei Hitze, anstrengendem Training, trockenem Rau- und Körnerfutter braucht ein Pferd mehr Flüssigkeit, im Winter, bei wenig Arbeit oder saftigem Futter weniger.

Foto: Neddens

Und als Bonbon am Rande: Nebeneinander ausgebreitet würde die Gesamtoberfläche aller roten Blutzellen ein Areal von rund 14.000 m² abdecken. So viel, wie 17,5 Reitbahnen von 20 x 40 Metern.

Der Sprit, der die zahlreichen Regulationssysteme zur Versorgung der Zellen harmonisch ineinander greifen lässt, heißt Adenosin-Triphosphat, kurz ATP genannt. Es ist der Superhochleistungskraftstoff schlechthin, denn er ist nicht nur bei allen Wirbeltieren, inklusive Mensch und Pferd, der einzige unmittelbare Energielieferant, sondern außerdem recyclingfähig. Aufbereitet wird er in den Kraftwerken oder „energetischen Zentren" der Zellen, den Mitochondrien. Hier werden die angekarrten Zucker, Fettsäuren und sonstigen, über Magen- und Darmtrakt aufgeschlüsselten Produkte vorwiegend mit Hilfe von Sauerstoff zu frei verfügbarer Energie verfeuert, gespeichert und bei Bedarf abgegeben. Ist die Energie verbraucht, fließen die Moleküle als Adenosin-Diphosphat, ADP, in die Mitochondrien zurück, werden erneut dem chemischen Feuerwerk unterzogen und erneut zu ATP aufgeladen. Im Prinzip ein perfekter Kreislauf.

Gäbe es, aus menschlicher Sicht, nicht den Nachteil, dass diese ungeheuer effizienten, körpereigenen Hexenküchen wie klassische Verbrennungsmotoren arbeiten. Das heißt, dass bei dem chemischen Feuerwerk nicht nur Energie, sondern auch permanent Abfälle produziert werden. Freie Radikale, eine Art durchgeknallte Sauerstoffmoleküle mit der unangenehmen Eigenschaft, irreparable zellschädigende Kettenreaktionen auszulösen, Kohlendioxyd und eine Mixtur diverser Säuren. Allesamt ziemlich aggressive Stoffe, die der Körper so schnell wie möglich neutralisieren und so gründlich wie möglich wieder los werden muss, damit sie nicht die Zellsubstanz angreifen oder gar in den Zellkern vordringen und die Chromosomen verändern.

Nicht umsonst wird der Ausscheidung in der Heilkunde — ob Gase, Flüssigkeiten oder feste Stoffe — ein so immens hoher Stellenwert eingeräumt, denn die daraus entstehenden unkontrolliert wuchernden, entarteten Zellen, das sind die so schwer in den Griff zu kriegenden Krankheitsherde.

Bei Versorgungslücken streiken die Zellen

Zum Neutralisieren brauchen die Zellen Mineralstoffe (Mineralsalze oder Elektrolyte, wie sie in der Fachsprache heißen), als Entgiftungsstationen dienen Leber und Nieren, und ausgeschieden wird über Lunge, Harnwege, Darm und Haut. Auch über die Schleimhäute, was aber beispielsweise die Zusammensetzung des Speichels verändert und sich negativ auf die Verdauung auswirkt.

„Das Leben ist", um es mit Erich Kästner zu sagen, „immer lebensgefährlich". Ohne Energieversorgung stirbt der Organismus, und bei der Energieumwandlung verheizt er sich umso schneller, je mehr aggressive Schadstoffe ihr Unwesen treiben. Das einzige, was man tun kann, um den Alterungsprozess des Pferdes zu verlangsamen und Krankheiten zu verhüten, ist, keine Versorgungsengpässe entstehen zu lassen und ihn bei der Verstoffwechselung so effizient wie möglich zu unterstützen.

Je mehr Sauerstoff den Körper durchflutet, umso sauberer können die Nährstoffe verbrannt werden. Je hochwertiger das Futter ist, und je sorgfältiger es zusammengestellt wird, umso schonender für die Organe. Dahinter steht die bedarfsgerechte Fütterung: Das Pferd einerseits mit allem zu versorgen, was es braucht, um die permanent ablaufenden Umbauprozesse zu bewältigen, andererseits aber auch Menge und Rezeptur der Futtermischung zu beachten. Ein kompliziertes Geschäft, das weltweit Institute für Tierernährung und die gesamte Futtermittelindustrie beschäftigt. Nur weil man Eier und Salz, Zucker und Schmalz, Safran und Mehl in beliebiger Menge in einer Schüssel verrührt, kommt nicht automatisch ein genießbarer Kuchen heraus.

Schema einer tiertischen Zelle

Plasmalemm (Zellmembran): Begrenzt das Zellinnere; selektiert die für die Zellarbeit wichtigen Rohstoffe und gibt deren Produkte, wie Eiweiße, Enzyme, Hormone und Antikörper an ihre Umgebung ab.

Mikrovilli: Feine Ausstülpungen an der Oberfläche von Zellen, die zur Resorption (Aufnahme von Stoffen) fähig sind.

Mitochondrien: Energielieferanten der Zellen von unterschiedlicher Form und Größe, mit eigener DNA.

Dictyosomen: (Golgi-Apparat): Lamellensystem; dient u.a. der Sekretproduktion.

Endoplasmatisches Retikulum ohne Ribosomen (s. rechts).

Lyosomen: Wichtig für den Abbau von Eiweiß, den Zellstoffwechsel und zur Infektionsabwehr, nicht in allen Zelltypen enthalten.

Zytoplasma (Zellplasma): Gelartige Substanz, hauptsächlich aus verschiedenen Eiweißen und Wasser, in die die Organellen (Zellorgane) eingebettet sind.

Zentrosomen (Zentralkörperchen, Zentriolen): Mikrozentren mit eigener DNA; hauptsächlich an Zellteilung und Bewegungsvorgängen innerhalb der Zelle beteiligt.

Endoplasmatisches Retikulum: Weit verzweigtes, sich in seiner Form ständig änderndes Kanalsystem; dient dem Transport der Rohstoffe innerhalb der Zelle und der Ausleitung unbrauchbarer Stoffwechselreste; teilweise an den Außenflächen mit Ribosomen besetzt (körnchenartige Strukturen; Ort der Eiweiß- oder Proteinbiosynthese).

Nucleus (Zellkern): Enthält den Chromosomensatz; Steuerzentrum für alle Stoffwechselvorgänge der Zelle.

Vitalität geht durch den Magen

Gut 2000 Jahre, ehe sich Orthomolekularmediziner (s. Kasten S. 17) die Köpfe heiß redeten und misstrauische Zeitgenossen Schindluder mit der Gesundheit witterten, formulierte der griechische Arzt Hippokrates (460-375 v. Chr.) auf Kos den bekanntesten Lehrsatz der natürlichen Heilkunde: „Eure Nahrungsmittel sollen Heilmittel und Eure Heilmittel sollen Nahrungsmittel sein". Er definiert gleichzeitig auch die Quintessenz der orthomolekularen Medizin. Dahinter steht primär die Forderung, den Organismus im Mikrobereich so fein einzustellen, dass er mit Krankheitserregern weitgehend selbstständig fertig wird und seine Leistungsfähigkeit so lange wie möglich erhält; bei Pferden außerdem unter Berücksichtigung ihrer vom Humanbereich abweichenden Biosynthese. Mit Bio- oder Eigensynthese wird die Fähigkeit des Organismus bezeichnet, fehlende Stoffe, die in der natürlichen Nahrung einer Spezies nicht oder in zu geringen Mengen enthalten sind, durch körpereigene Mechanismen selbst herzustellen.

Ob und wie gut diese Feineinstellung gelingt, hängt zum größten Teil von einer gesunden Ernährung ab. Immerhin muss das Pferd aus dem aufgenommenen Futter sämtliche benötigten Substanzen extrahieren können: In der erforderlichen Qualität, in der erforderlichen Quantität und in einer für den Organismus verträglichen Konzentration. Fehlt nur ein einziger lebenswichtiger Zellbaustein, den der Körper nicht aus anderen Rohstoffen zu synthetisieren vermag, heben sich zwei Wirkstoffe durch eine falsche Dosierung in ihrer Funktion gegenseitig auf oder wird die Aufnahmefähigkeit eines wichtigen Elementes unterdrückt, leidet der gesamte Stoffwechsel. Und das geht zwangsläufig auf Kosten der Gesundheit und damit des Leistungspotenzials.

Elan & Energie

„Optimale Ernährung kann uns Elan und Energie liefern, unser körperliches und geistiges Wohlbefinden steigern und ganz allgemein helfen, ein langes, gesundes und produktives Leben zu führen (Burgerstein). Orthomolekulare Prävention und Therapie besteht deshalb definitionsgemäß in einer optimalen Substitution von Vitaminen, Mineralstoffen, Spurenelementen, Aminosäuren und Fettsäuren im richtigen Verhältnis zueinander. Es ist zu beachten, dass es auch bei diesen Mikronährstoffen Synergismen und Antagonismen gibt, sodass die Relationen, wie sie in natürlicher und gesunder Ernährung vorgegeben sind, gerade bei orthomolekularen Präparaten berücksichtigt werden müssen."

Dr. med. Gerhard Brand,
in der Naturheilpraxis

Um ein Gefühl für die berechnete Ration zu erhalten, sollte anfangs auch das Raufutter ausgewogen werden.
Foto: Schreiner

Für den langjährigen Leiter des Instituts für Tierernährung an der Tierhochschule Hannover, Prof. Dr. Helmut Meyer, ist diese Wechselbeziehung keine Frage. „Aus einem schlecht veranlagten oder trainierten Pferd sind durch noch so hohe Mengen an Energie, Nähr- und sonstigen Wirkstoffen oder durch ausgeklügelte Rationstypen keine Höchstleistungen herauszuholen. Andererseits beeinträchtigen aber Fehler in der Fütterung die Leistungsfähigkeit des Pferdes nachhaltig." Fütterungsfehler bemängelt auch Dr. Lutz Ahlswede. „Die augenblickliche Situation der Pferdefütterung", meint der Experte der Landwirtschaftskammer Westfalen-Lippe lakonisch, „ist geprägt durch Überversorgungen mit Energie und Nährstoffen, einmal aus Unkenntnis, zum anderen im Versuch, so mehr Leistung zu erhalten. Hier kann es keine Erfolge geben. Es hat lediglich zur Folge, dass ständig die Ration verändert wird, ohne Fehler wirklich zu erkennen und abzustellen".

Der einzige Ausweg aus den diversen Fütterungsfallen ist eine individuelle Rationsberechnung. Sie beginnt mit einer gründlichen Bestandsaufnahme: Alter, Rasse und Temperament des Tieres, klimatische Verhältnisse und Haltungsbedingungen sind ebenso variable Größen wie der Trainingszustand oder die Anforderungen an das Pferd. Außerdem müssen Gesundheits- und Futterzustand in die Berechnung einfließen.

Ohne Fachwissen raten Fütterungsexperten von einer Rationsberechnung in Eigenregie ab

Wie es um die Linie des Vierbeiners bestellt ist, findet man mit dem Body Condition Score heraus. Der BCS, wie die neunstufige Skala zum Futterzustand des Pferdes abgekürzt wird, gehört nach Meinung von Professor Manfred Coenen zum Pflichtprogramm

DER BODY CONDITION SCORE

Herangezogen wird der Body Condition Score oder BCS nach Hennecke, um den Futterzustand eines Pferdes zu beurteilen. Dabei werden typische Problemzonen wie Hals, Schulter, Rücken, Brustwand, Hüfte und Schweifansatz abgetastet und bekommen jeweils Noten zugeordnet. Die Skala reicht von Note 1 (extrem ausgezehrt) bis Note 9 (stark verfettet); der Notendurchschnitt der sechs Problemzonen ergibt die Gesamtnote. Angestrebt wird je nach Einsatzbereich des Pferdes ein Notendurchschnitt von 5-7. Für den europäischen Markt wurde die ursprünglich für Quarterhorses entwickelte Skala von Dr. Stephanie Schramme erweitert. Betreut wurde die Doktorarbeit von Professor Dr. Ellen Kienzle, der Universität München. Nähere Informationen zum BCS erhält man über Tierhochschulen.

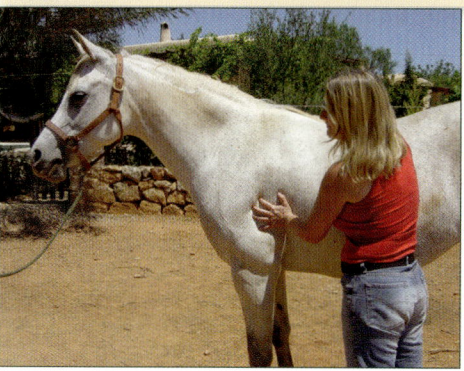 

Ran an den Speck: Über verschiedene Tastpunkte lässt sich mit dem „Body Condition Score", kurz BCS, der Fütterungszustand eines Pferdes feststellen.
Fotos: Schreiner

jedes Pferdebesitzers. „Mindestens zweimal im Jahr sollte jeder Reiter sein Pferd abtasten", fordert der Nachfolger von Professor Meyer in Hannover, „um Gewichtsveränderungen seines Pferdes zu kontrollieren." Kann man auf den Rippen Klavier spielen, ragen Widerrist und Hüftknochen spitz aus dem Fell, ist das Pferd eindeutig zu mager. Versinken die Finger beim Druck an der Schulter im Gewebe oder wabbelt beim Klaps an Hals oder Hintern der Speck, ist es ebenso eindeutig zu feist.

Außerdem wird für die Rationsberechnung das Gewicht des Pferdes benötigt. Um das herauszukriegen, gibt es verschiedene Möglichkeiten. Bewährt, aber nicht immer genau ist die Berechnung anhand Bauchumfang und Körperlänge. Sicherer sind Großwaagen, bei landwirtschaftlichen Genossenschaften zum Beispiel, und der neueste Trend ist das Anfordern einer mobilen Pferdewaage auf den eigenen Hof. Bei entsprechender Teilnahme in großen Ställen oder im Rahmen eines Events kostet die Aktion nicht viel, und man erhält das exakte Gewicht, inklusive Foto für den Wiegepass.

Gewichtsberechnung nach Carrol u. Huntington

Lebendmasse (Gewicht in kg): $\dfrac{(\text{Brustumfang})^2 \times \text{Körperlänge}}{11.900}$

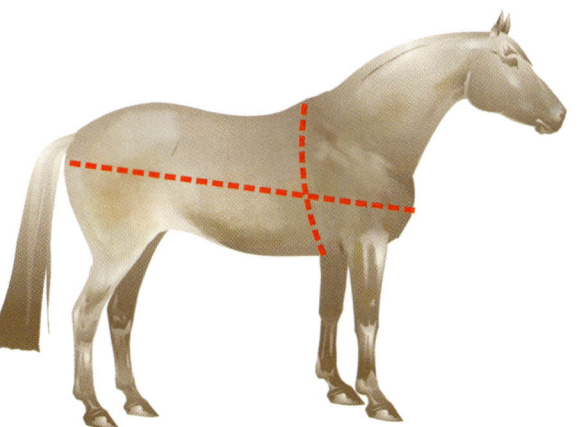

Bauchumfang am Widerrist gemessen, Körperlänge vom Buggelenk zum Sitzbeinhöcker

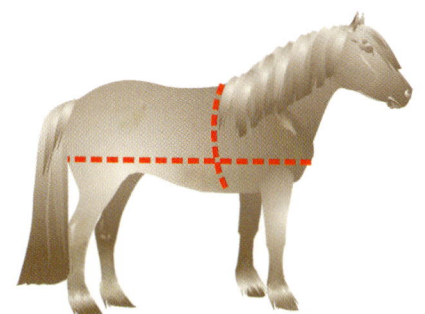

Bauchumfang hinter dem Widerrist gemessen, Körperlänge waagerecht vom Buggelenk zur Hinterhand

Üblicherweise wird der Bauchumfang per Bandmaß am Widerrist gemessen, die Körperlänge mit einem Zollstock schräg aufwärts vom Buggelenk zum Sitzbeinhöcker (jeweils in cm). Je nach Typ des Pferdes ergeben sich bei Berechnung der Formel jedoch größere Abweichungen zum realen Gewicht, sodass Maßband und Zollstock höher oder tiefer angelegt werden müssen, um deckungsgleiche Werte zu erhalten. Pferdebesitzer, die diese Methode langfristig zur Gewichtskontrolle nutzen möchten, sollten deshalb ihr Pferd zuerst einmal wiegen lassen und auf dieser Grundlage mit Maßband und Zollstock so lange experimentieren, bis sie die individuellen Messpunkte ihres Pferdes gefunden haben. Anhand dieser Parameter lassen sich später Gewichtsveränderungen jederzeit auch ohne Waage relativ genau überprüfen.

Ob man sich im zweiten Schritt, mit sämtlichen Unterlagen bewaffnet, höchstpersönlich ins Fütterungschinesisch stürzt und mit Trockensubstanzen, Rohfaseranteilen, Rohfetten, Rohprotein und verdaulicher Energie herumschlägt, ist hingegen eine andere Frage. Fütterungsexperten raten davon ab, und das nicht nur, weil sie an der Rationsberechnung Geld verdienen. Denn trotz guter Fütterungsprogramme, Futtermischungen für unterschiedliche Einsatzbereiche oder der Deklaration auf den Futtermittelsäcken gibt es einiges mehr zu beachten, als auf den ersten Blick ersichtlich ist. Das beginnt bereits bei der Zusammenstellung von Eiweißen, Kohlenhydraten und Fetten, die im Organismus grundverschiedene Aufgaben erfüllen.

Proteine sind die Baustoffe der Zellen

Eiweiße oder Proteine, die als verdauliches Rohprotein ausgewiesen werden, sind die Baustoffe der Zellen. Sie bestehen aus langen Ketten unterschiedlicher Aminosäuren, die immer wenigstens ein Stickstoffatom enthalten. Einen Teil der benötigten Amino-säuren kann das Pferd aus Kohlenhydraten, Fetten und stickstoffhaltigen Verbindungen selbst herstellen; andere, die essentiellen Aminosäuren, müssen kontinuierlich mit der Nahrung zugeführt werden, sieht man vom Mikrobeneiweiß im Dickdarm ab, das ein ausgewachsenes Pferd geringfügig ebenfalls nutzen kann. Diese unterschiedlichen Ami-nosäuren baut der Organismus zu körpereigenem Eiweiß um und bastelt daraus Kno-chen, Muskeln, Bindegewebe, Haut, Haare oder Hufhorn. Er verwandelt sie in Hormone, in Killerzellen des Immunsystems oder Enzyme, die bei den chemischen Reaktionen als Katalysatoren wirken. Er verwendet sie für die Bildung von Blut, Milch, Sperma oder Verdauungssekreten und verheizt sie zum Teil auch beim Eiweißstoffwechsel selbst.

Entsprechend dieser Funktion ist der Bedarf an hochwertigem Rohprotein, besonders an den Eiweißbausteinen, die der Körper selbst nicht bilden kann, unterschiedlich. Junge Pferde benutzen sie zum Wachsen; Deckhengste, um Nachwuchs zu zeugen. Pferde im Aufbautraining setzen Proteine in Muskelmasse um, und den höchsten Bedarf haben säugende Stuten, denn die müssen gleich zwei versorgen: Sich selbst und das Fohlen. Auch ausgewachsene Reitpferde sind auf den Nachschub an essenziellen Aminosäuren dringend angewiesen, um ihre Leistungsfähigkeit zu erhalten. Aber eben nur in der Menge, die sie zur Regeneration überalteter oder geschädigter Zellen benötigen oder um unvermeidliche Stickstoffverluste aus Kot, Harn oder Schweiß auszugleichen. Im Vergleich zum Grundumsatz steigt der Eiweißbedarf durch Muskelarbeit im normalen Training relativ gering an.

Hochwertiges Rohprotein braucht jedes
Pferd, aber nicht unbedingt in Form von
Kraftfutter. Essenzielle Aminosäuren sind
auch in Gras und Heu enthalten.
Foto: Prohn

PROTEINE

Der Organismus des Pferdes ist aus unterschiedlichen körpereigenen Proteinen aufgebaut. Diese Proteine bestehen aus langen Ketten winziger Aminosäurenmoleküle, die es in mehreren Tausend verschiedenen Kombinationen gibt. Einen Teil dieser Moleküle, die lebensnotwendigen essentiellen Aminosäuren, muss der Organismus mit der Nahrung aufnehmen, wie Lysin, Methionin, Tryptophan, Leucin, Isoleucin, Threonin, Valin, Histidin und Phenylalanin. Jede dieser Aminosäuren erfüllt spezifische Aufgaben im Organismus. Einige sind für den Aufbau von Geweben zuständig, andere für die Bildung von Hormonen oder Sekreten. Steht dem Organismus nur eine der essenziellen Aminosäuren in nicht ausreichender Menge zur Verfügung, wird die Bildung von körpereigenem Eiweiß insgesamt beeinträchtigt und es kommt zu Störungen der Organfunktionen. Eine weitere Gruppe sind Proteide. Das sind Eiweiße, die auch nicht aus Aminosäuren bestehende Bestandteile enthalten; sie kommen zum Beispiel in Kohlenhydraten und Fetten vor. In Futterwerttabellen wird Eiweiß als verdauliches Rohprotein in Gramm angegeben; im Gegensatz zu verdaulicher Energie, die in Megajoule gerechnet werden.

Zu viel Eiweiß führt zu Leistungsabfall

Das muss bei der Berechnung berücksichtigt werden. Denn weil Eiweiß weder gespeichert noch einfach ausgeschieden werden kann, brummt eine massive Überversorgung dem Organismus beträchtliche Mehrarbeit auf. „Bei der Gewinnung von Energie aus Eiweiß muss dieses nicht nur in seine Bestandteile, die Aminosäuren zerlegt werden", beschreibt Tierarzt Jürgen Bartz den komplizierten Prozess. „Sondern im nächsten Schritt werden diese selbst noch einmal zerlegt. Dabei entsteht Harnstoff als Abfallprodukt. Harnstoff ist giftig, die Leber muss ihn daher unschädlich machen und wird dabei unnötig über Gebühr belastet." Außerdem heizt sich der Körper beim Verfeuern der Proteinmoleküle stärker auf, muss durch vermehrtes Schwitzen wieder auf Betriebstemperatur abgekühlt werden und verpulvert obendrein den Sauerstoff, den die Muskulatur und andere Organe eigentlich zu ihrer Versorgung bräuchten. Und das bei einer relativ geringen Ausbeute.

Zu den Folgen dieses Fütterungsfehlers zählen Sauerstoffmangel, Leistungsabfall sowie die Anfälligkeit für Gelenkgallen. Mögliche Hinweise auf zu viel Eiweiß sind starkes Schwitzen, übermäßiges Trinken, erhöhte Harnabgabe mit verstärktem Ammoniakgeruch und rasches Ermüden. Ob die Vermutung zutrifft, können Veterinäre am Anstieg der Harnwerte und bestimmten Leberenzymen überprüfen.

Kohlenhydrate sind die eigentlichen Energieträger

Ganz anders sieht es mit dem Bedarf an Kohlenhydraten aus, die in Gras, Heu und Silage, Hafer, Mais, Gerste, Rübenschnitzeln, Melasse und sonstigen Futtermitteln ebenfalls enthalten sind. Kohlenhydrate sind die eigentlichen Energieträger. Sie halten Körper- und Organfunktionen aufrecht, bringen Ausdauer, Temperament und gewünschten Fumm bei der Arbeit in die Muskeln und werden teilweise auch für die Bildung nicht essenzieller Aminosäuren genutzt.

Rohfaser

„Bei der Fütterung unserer Reitpferde, insbesondere bei Leistungspferden, ist man häufig bemüht, die Rohfasergehalte in der Ration zugunsten größerer Mengen energiereicher Futtermittel gering zu halten. Die Frage nach den Mindestgehalten einer Ration an Ballaststoffen ist sehr wichtig, da wesentliche verdauungsphysiologische Abläufe ohne strukturierte Rohfaser schlecht oder gar nicht ablaufen können. So lebt beispielsweise die Dickdarmflora zu einem ganz wesentlichen Teil von diesen Ballaststoffen."

DEUTSCHE REITERLICHE VEREINIGUNG, AUS „PFERDEHALTUNG", BD. 4 RICHTLINIEN FÜR FAHREN UND REITEN

Der Grund für ihre Vorrangstellung im Energiehaushalt liegt darin, dass Kohlenhydrate hauptsächlich aus verschiedenen Zuckerverbindungen bestehen, die erheblich weniger Sauerstoff beim Verstoffwechseln vergeuden als Proteine. Je nachdem, wie die Zuckerverbindungen im Futter gebunden sind, werden sie schneller oder langsamer freigesetzt.

- Am leichtesten passieren Einfachzucker oder Monosaccharide die Darmschranke, beispielsweise aus Traubenzucker, Futterzucker, Melasse, frischem Gras, Rüben oder Obst.

- Etwas mehr Zeit brauchen Mehrfachzucker oder Polysaccharide aus Stärke, die durch körpereigene Enzyme in Einfachzucker zerlegt werden, aber auch das geht noch relativ fix; enthalten sind sie zum Beispiel in Kraftfutter.

- Noch mehr Zeit brauchen Mehrfachzucker aus Zellulosen und Hemizellulosen. Das sind die mehr oder weniger harten Bestandteile der Zellwände in Getreidespelzen und Fruchtschalen sowie den Stängeln in Heu, Silage oder Stroh; sie können erst durch Mikroben im Dickdarm geknackt werden. Diese Rohfaser, die dem Raufutter seine typische Struktur verleiht, hat trotz ihrer geringeren Verdaulichkeit außerdem eine immens wichtige Funktion für die Pferdegesundheit, weil die Dickdarmflora ohne sie schlicht zusammenbräche. Wie wichtig diese Ballaststoffe sind, lässt sich daran ermessen, dass selbst bei Hochleistungspferden, wo um jedes Kilogramm auf den Rippen geschachert wird, ein Rohfaseranteil von mindestens 18 bis 20 % in der täglichen Trockensubstanz angestrebt wird.

„Die Fütterung von Zucker oder Stärke begünstigt also einen raschen, stoßweisen Energiezustrom", fasst Professor Helmut Meyer zusammen, „während raufutterreiche Rationen mehr für ein langsam fließendes, kontinuierliches Energieangebot sorgen." Die Kunst einer ausgeglichenen Energiebilanz besteht unter anderem darin, durch den Wechsel von Kraft- und Raufutter für einen gleichmäßigen Nachschub an Energie zu sorgen.

Eine vollwertige Futterration muss verschiedene Komponente und ausreichend Struktur- und Raufutter zur Versorgung der Darmflora enthalten.
Foto: Prohn

FUTTERMITTEL

- **Grundfutter:** Dazu gehört Saftfutter (z.B. Gras), Silage (unter Sauerstoffabschluss vergorene Gräser und Blätter) und Raufutter (Heu oder Stroh). Verdaulichkeit und Nährstoffgehalte von Silagen und Heu werden durch Zusammensetzung der Gräser, Kräuter und den Schnittzeitpunkt bestimmt; bei Stroh kann die Verdaulichkeit durch verschiedene Aufschlussverfahren erhöht werden (aufgeschlossenes Stroh).

- **Kraftfutter:** Hochverdauliche energie- und/oder eiweißreiche Futtermittel. Werden in energiereiche, eiweißreiche, mineralstoffreiche und vitaminreiche Einzelfuttermittel unterschieden.

- **Mischfutter:** Industrielle Fertigfuttermischungen für verschiedene Einsatzbereiche. Ausgewiesen werden Einzelfuttermittel, Rohprotein, Rohfett, Rohfaser, Rohasche, Calcium und Phosphor sowie zugesetzte Mineralstoffe und Vitamine. Meist als Pellets angeboten; Zusätze nur aus der Deklaration ersichtlich.

- **Ergänzungsfutter:** Sollen Stroh, Silage oder Heu ergänzen; werden entsprechend dem Einsatzzweck mit wechselnden Nährstoffgehalten für unterschiedliche Einsatzbereiche angeboten. Sind als Müslis stärker strukturiert; da die Einzelbestandteile erkennbar bleiben, fällt die Qualitätsprüfung leichter.

- **Mineralfutter:** Verschiedene, mit Mengen- und Spurenelementen sowie Vitaminen versetzte Futtermischungen. Um Defizite ausgleichen zu können, müssen sie individuell an die jeweilige Futterration angepasst werden, z.B. Mineralfutter mit erhöhtem Calciumgehalt oder ohne Phosphor.

Hochwertige Pflanzenöle sind Energiebomben und versorgen das Pferd mit essenziellen Fettsäuren.
Foto: Schreiner

Fette sind zusätzliche Energiebomben

Wahre Energiebomben sind auch Fette, die in Samen und Körnern als natürlicher Fettanteil enthalten sind oder als pflanzliche Öle dem Krippenfutter zugefügt werden. „Ein Vergleich von Maiskeimöl und Hafer zeigt, dass Öle etwa dreimal so viel Energie enthalten wie Hafer", rechnet Agrarwirt Otfried Lengwenat vor. „Neben ihrer Wirkung als Energielieferant unterstützen Fette außerdem die Aufnahme fettlöslicher Vitamine aus dem Verdauungstrakt, und der hohe Vitamin-E-Gehalt wertvoller Pflanzenöle bewirkt ein dichtes und glänzendes Fell." Darüber hinaus versorgen Soja-, Sonnenblumen- oder Leinöl das Ross mit den essenziellen Fettsäuren Linol- und Linolensäure.

Unbedingt notwendig ist die Zufütterung zwar nicht, weil sie das Pferd bei Bedarf aus dem vorhandenen Körperfett zu mobilisieren scheint, bewährt hat sich der Schuss Öl über dem Krippenfutter aber trotzdem: Um den Energiebedarf stark beanspruchter Pferde zu decken, ohne ihre Eiweißbilanz zu überfrachten; als fressbare Heizöfchen für Offenstallpferde im Winter, um Wärmeverluste auszugleichen; oder bei Tieren mit Verdauungsstörungen. Vor Übertreibung muss man sich natürlich auch hier hüten. Zu viel Öl führt nicht nur zur Verfettung, sondern rächt sich auch durch übel riechenden und kräftezehrenden Durchfall.

Die erste Klippe der Rationsgestaltung: Verteilung von Rohprotein, verdaulicher Energie und Rohfaser

Die Gesamtmenge der im Organismus verwertbaren Extrakte aus Kohlenhydraten, Fetten und überschüssigem Eiweiß wird als verdauliche Energie bezeichnet. Und dieser Bedarf wird in Relation zur Belastung gerechnet. Denn verständlicherweise verbrennt das Pferd bei einem Distanzritt oder im Vielseitigkeitscross mehr Kalorien respektive Megajoule als in einer Dressurstunde oder bei einem gemütlichen Ausritt im Schritt. Als Faustregel gilt: Je höher die Geschwindigkeit ist, umso sprunghafter schnellt der Bedarf an.

Die erste Klippe der Rationsgestaltung besteht darin, verdauliches Rohprotein und verdauliche Energie über Auswahl und Menge der Futtermittel dem Bedarf des Vierbeiners anzupassen, ohne den Rohfaseranteil zu vergessen. Weil das alles schon in gutem Raufutter enthalten ist, kommen leichtfuttrige, wenig beanspruchte Pferde meist ohne Kraftfutter aus. „Es ist nur dann eine notwendige Ergänzung", so Professor Coenen, „wenn Leistung gefordert ist." Je nachdem, ob kurzfristige Kraftanstrengungen, Renntempo über kurze Strecken oder Fettreserven zehrende Ausdauerleistung des Pferdes gefragt sind, werden außerdem unterschiedliche Menüpläne ausgearbeitet, analog zu menschlichen Leistungssportlern. Ein Gewichtheber ernährt sich schließlich auch anders als ein Marathonläufer.

Die zweite Klippe der Rationsgestaltung: Deckung des Mineralstoff- und Vitaminbedarfs

Die zweite Klippe steckt in einer ausgeglichenen Bilanz von Mineralstoffen und Vitaminen. Ein weitaus heikleres Kapitel als der erste Teil, weil der Bedarf des Pferdes über die Richtwerte hinaus von unterschiedlichen Faktoren diktiert wird. Krankheiten und Dauerstress plündern die Reserven, vergießt ein Pferd bei harter körperlicher Arbeit gleich literweise Schweiß, müssen Verluste ebenfalls ausgeglichen werden. Berücksichtigt werden muss weiterhin Futtermenge, Futterqualität und, wenn man es genau nimmt, sogar der Boden, von dem das Futter stammt. Denn wenn ein Mineral bereits im Boden fehlt, fehlt es auch in der Pflanze. Beispiel Jod: In Küstengebieten im Überfluss vorhanden, ist es im Landesinneren absolute Mangelware. Und eine Überversorgung nach der Devise „doppelt gemoppelt hält besser" kann das Pferd im Extremfall sogar das Leben kosten. Eine eklatante Unterversorgung freilich auch. Zumindest bei den Mineralstoffen.

Ohne Mineralstoffe läuft im Organismus nichts

Mineralstoffe sind anorganische Substanzen der Erdkruste. Pflanzen brauchen sie zum Wachsen und Gedeihen, Mensch und Tier zum Überleben. Unterschieden werden sie in Mengen- und Spurenelemente — ohne sie läuft im Organismus praktisch nichts. So wird Calcium und Phosphor zur Stabilisierung in Knochen und Zähnen verbaut, während Magnesium für die Funktion vieler Enzyme im Nerven- und Muskelgewebe wichtig ist, oder Kalium den Flüssigkeitshaushalt in den Zellen reguliert. Ohne Eisen würde der Nachschub an Sauerstoff transportierenden roten Blutkörperchen versiegen, ohne Kupfer verlören Knorpel und Bindegewebe ihre Elastizität, bei Natriummangel droht Austrocknung, und bei Zinkmangel leidet der Kohlenhydrat- sowie der Eiweißstoffwechsel. Obendrein halten Mineralstoffe zellschädigende Substanzen in Schach und werden zum Abtransport der Stoffwechselschlacken benötigt. Aber alles zusammen funktioniert eben nur, wenn die Speicher bedarfsgerecht regelmäßig aufgefüllt werden.

Und genau das ist so schwierig zu ermitteln. Denn bevor man dem Pferd die Futterergänzung in die Krippe kippen kann, muss ja zuerst der genaue Bedarf bekannt sein. Dazu kommt: Bei einigen Mineralstoffen toleriert der Organismus Überdosierungen, bei anderen hingegen nicht. Und selbst wenn ein Mehrbedarf an einzelnen Substanzen gerechtfertigt ist, lassen sich Mineralstoffe nicht ungestraft einseitig erhöhen. Es muss immer auch die Balance zwischen den Elementen stimmen.

Calciummangel reduziert die Verwertung von Magnesium

Bekanntestes Beispiel für solche Abhängigkeiten sind die Gegenspieler Calcium und Phosphor. Das Verhältnis sollte in etwa 2:1 betragen; also zwei Teile Calcium auf ein Teil Phosphor. Erhält ein Pferd mit hohem Energiebedarf viel Kraftfutter, wird dieses Gleichgewicht jedoch schnell empfindlich gestört, weil Getreide zwar Phosphor in Hülle und Fülle, aber kaum Calcium enthält. Calciummangel wiederum führt langfristig zu einer Destabilisierung des Skeletts, zu Überbeinen oder Knochenaufreibungen an den Gelenken. Und, Calciummangel reduziert die Verwertung vieler anderer Mineralstoffe, beispielsweise Magnesium.

Überspitzt heißt das: Bei gravierenden Calciumdefiziten nutzt die beste Magnesiumversorgung wenig, sodass zusätzlich auch noch muskuläre Probleme oder ein labiles Nervenkostüm hinzukommen können. Hier muss dringend gezielt ausgeglichen werden. Sei es durch Austausch der Futtermittel, um den Phosphorgehalt zu reduzieren oder durch Zufütterung von Calcium, bis die Bilanz wieder stimmt. Noch verheerender ist eine Überversorgung mit Selen: Ein unverzichtbares Spurenelement im Zell-

Mineral-Cocktail

„Ich muss wissen, wie schwer mein Pferd ist und wie viel es frisst, um zu wissen, wie viele Mineralstoffe es nach den Richtwerten braucht und wie viele ihm fehlen. Die kann ich dann zufüttern. Laien rate ich dringend ab, ihren eigenen Mineralcocktail zu mischen. Was ein Pferd nicht resorbiert, geht zwar hinten wieder raus. Aber es gibt Ausnahmen: Bei Selen ist eine Zehnerpotenz zu viel schon gefährlich. Dann schuht das Pferd aus, bekommt also eine schwere Huferkrankung.“

PROF. DR. ELLEN KIENZLE, NACH BIRGIT STOSCH, IN DER CAVALLO

Unverzichtbar für den Zellstoffwechsel. Mit einem Salzleckstein können Pferde ihren Natriumbedarf auch ohne zwangsweise Aufnahme weiterer Mineralstoffe decken.
Foto: Neddens

stoffwechsel, es entschärft freie Radikale — und löst ab 2 Milligramm pro Kilogramm Trockensubstanz im Futter schwerste Vergiftungen aus, die bis zum Ausschuhen der Hufkapsel führen können. Was einem Todesurteil gleichkommt.

Fütterungsfallen, in die Pferdebesitzer erfahrungsgemäß dann tappen, wenn sie es besonders gut mit ihrem Ross meinen. Bei gleichzeitiger Verfütterung verschiedener Ergänzungs- und Mineralfuttermittel zum Beispiel, die nicht aufeinander oder mit dem restlichen Futter abgestimmt sind, kann es ganz leicht zu partiellen Überversorgungen kommen. „Zwar sollen Mineralstoffe und Vitamine ernährungsbedingte Mängel ausgleichen", kritisiert Professor Ellen Kienzle von der Universität München die gängige Praxis, „aber ein Laie kann gar nicht entscheiden, ob ein Problem ernährungsbedingt ist oder nicht." Im Zweifelsfall gilt: Weniger ist mehr. Den meisten Reitpferden reicht ein handelsübliches Mineralbrikett und ein zusätzlicher Salzleckstein vollkommen aus, um ihren Natriumbedarf auch solo, also ohne zwangsweise Aufnahme weiterer Mineralien decken zu können.

MENGEN- UND SPURENELEMENTE

Mengenelemente; Angaben in Futterwerttabellen in Gramm oder Prozent pro kg

- **Calcium** (Ca)
  Knochenaufbau, Blutgerinnung, Stoffwechsel, Nerven- und Muskelfunktionen
  Calciummangel häufig; Ca-P-Verhältnis 2:1 beachten
- **Phosphor** (P)
  Knochenaufbau, Energiegewinnung, Zellstoffwechsel; Überschuss häufig
- **Magnesium** (Mg)
  Wichtig für Enzymfunktionen, vor allem im Nerven- und Muskelgewebe
- **Natrium** (Na) und **Chlor** (Cl)
  Ein Muss im Flüssigkeitshaushalt, Regulierung des Säure-Basen-Gleichgewichts
- **Kalium** (Ka)
  Reguliert Wasserhaushalt, Nerven- und Muskelfunktionen

Spurenelemente; Angaben in Futterwerttabellen in Milligramm (mg) oder parts per million (ppm) pro kg

- **Eisen** (Fe)
  Unentbehrlich zur Bildung von Hämo- und Myoglobin (roter Blut- bzw. Muskelfarbstoff) beim Sauerstofftransport, wichtig für die Energiegewinnung und das Immunsystem
- **Kupfer** (Cu)
  hält Bindegewebe und Gefäßwände elastisch; beeinflusst Blut- und Pigmentbildung und damit gesunde Knochenentwicklung; Gegenspieler zu Zink
- **Zink** (Zn)
  Unentbehrlich im Kohlenhydrat- und Eiweißstoffwechsel, wichtig für gesunde Haut und Wundheilung, Stärkung des Immunsystems; Gegenspieler zu Kupfer
- **Mangan** (Mn)
  Cofaktor im Knochen- und Fettstoffwechsel
- **Cobalt** (Co)
  Bestandteil von Vit. B12; wichtig für gesunde Haut, ungestörtes Wachstum, Blutbildung
- **Jod** (J)
  Bestandteil der Schilddrüsenhormone, unerlässlich im Stoffwechsel
- **Selen** (Se)
  Wie Vit. E unverzichtbar zum Schutz der Zellmembranen vor Oxidation
  Achtung: Überversorgung führt zu schwersten Vergiftungen!

Ohne Vitamine keine Coenzyme

Ähnlich verzwickt sieht es bei der Vitaminversorgung aus, bekanntlich der Jungbrunnen der Natur. Ohne Vitamine gibt es weder Zellregeneration noch Leistung. Und das, obwohl sie weder einen direkten Nährwert besitzen noch wie Mineralien in Organstrukturen eingelagert werden. Ihre Wirkung besteht vielmehr darin, dass sie als Teil von Coenzymen viele Stoffwechselvorgänge überhaupt erst ermöglichen. Coenzyme sind die kleinen Helferlein der Enzyme. Sie bestehen im Gegensatz zu ihren großen Vettern aber nicht aus Eiweiß, sondern aus Mineralstoffen und Vitaminen. Weil jedes Vitamin bei seinen spezifischen Aufgaben im Stoffwechsel verbraucht wird und durch keine andere Substanz ersetzt werden kann, müssen Vitamine ständig mit der täglichen Nahrung aufgenommen werden.

Enzymreaktionen

Substrate: Bestandteile, die bei Enzymreaktionen abgebaut, verändert, umgebaut oder verbraucht werden.

Enzyme: Spezifisch wirksame Proteinmoleküle, die als Katalysatoren chemische Reaktionen in lebenden Organismen beschleunigen.

Coenzyme: Substanzen, die bestimmte Enzymreaktionen erst ermöglichen und für ihren Aufbau auf Mineralstoffe und Vitamine angewiesen sind.

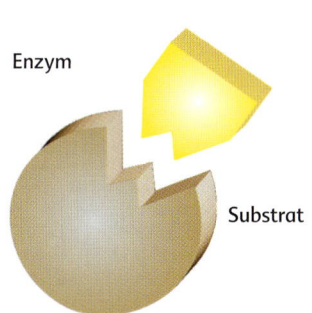

Enzym

Substrat

Substrat und Aktivitätszentrum des Enzyms passen zusammen (Schlüssel-Schloss-Prinzip)

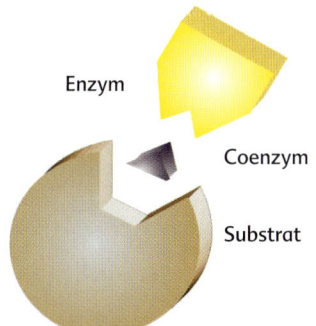

Enzym

Coenzym

Substrat

Substrat und Aktivitätszentrum des Enzyms passen erst nach Ergänzung durch ein Coenzym zusammen

Spaltung eines Substrats mit Hilfe von Coenzymen

Normalerweise ist das kein Problem, weil bei guter Futterqualität die meisten Vitamine oder ihre Vorstufen in den Grundnahrungsmitteln des Pferdes ausreichend enthalten sind. Außerdem ist das Pferd bestens darauf eingerichtet, magere Zeiten kurzfristig zu überbrücken. So kann der Organismus fettlösliche Vitamine speichern und die wasserlöslichen teilweise synthetisieren. Unter diese Biosynthese fallen die meisten Vitamine des B-Komplexes — auch Biotin, das zur Verbesserung des Hufhorns so gerne prophylaktisch zugefüttert wird. Und dazu gehört die Ascorbinsäure alias Vitamin C. Pferde können etwas, was Primaten, Menschen und kurioserweise auch Meerschweinchen durch Genmutationen im Lauf der Evolution abhanden kam: Sie stellen ihr Vitamin C durch körpereigene Mechanismen selbst her. Eine Fähigkeit, die sie mit vielen Säugetieren teilen. Theoretisch könnten Pferde deshalb auf zusätzliche Leistungsverstärker aus der Vitamindose verzichten.

Ascorbinsäure

„Wir können fragen, warum die Ascorbinsäure als Vitamin in der Nahrung der Kuh, des Schweines, des Pferdes, der Ratte, des Huhnes und vieler anderer Tierspezies nicht erforderlich ist, die andere für den Menschen lebenswichtige Vitamine ebenso brauchen. Die Ascorbinsäure ist neben diesen anderen Vitaminen in den grünen Pflanzen enthalten. Als die grünen Pflanzen vor Hunderten von Millionen Jahren zur ständigen Nahrung des gemeinsamen Vorfahren des Menschen und anderer Säugetiere wurden, hat dieser Vorfahr nicht die Mutation durchgemacht, mit welcher der für die Synthetisierung der Ascorbinsäure erforderliche Mechanismus ausgeschaltet wurde, und zwar ebenso wie derjenige für die Synthetisierung des Thiamins, der Pantothensäure, des Pyridoxins und anderer Vitamine.“

PROF. DR. LINUS PAULING,
AUS „DAS VITAMINPROGRAMM"

Leider nur theoretisch. Denn Vitamine sind geradezu extrem empfindlich. Sie werden vom Regen ausgewaschen, durch Sauerstoff und Licht zerstört, von Giftstoffen schachmatt gesetzt, durch Hitze denaturiert und verdünnisieren sich bei langer Lagerung aus den meisten Futtermitteln. Und dann reicht der kümmerliche Rest im Futter nicht mehr aus. Um in ihren vollen Genuss zu kommen, bräuchte sie das Pferd knackfrisch: Maul auf, abbeißen und ab in den Magen. Speziell bei Pferden, die viel im Stall gehalten werden und wenig frisches Grün bekommen oder Hochleistungspferden mit erhöhtem Bedarf können deshalb trotz Speichermöglichkeit und Eigensynthese Mangelerscheinungen auftreten.

Bei Überdosierung können sich fettlösliche Vitamine zu bedenklichen Mengen summieren

Damit der Stoffwechsel, besonders auch im Winterhalbjahr rund läuft, müssen Defizite ausgeglichen werden. Freilich nicht nach dem Gießkannenprinzip. Riskant ist das Spiel vor allem bei fettlöslichen Vitaminen, warnt Dr. Wiebke Bielenberg. „Bei fettlöslichen Vitaminen ist eine Überdosierung leicht möglich. Da sie vielen Futtermitteln reichlich zugesetzt werden, summieren sie sich bei unüberlegter Fertig-Futtermittel-Kombination oft zu gesundheitlich bedenklichen Mengen."

Beispiel Vitamin A. Es sorgt für gesunde Zellschichten von Haut und Schleimhäuten, schützt den Organismus durch Ankurbelung der Sekretionsdrüsen vor Infektionen und ist für den Aufbau gesunder Knochensubstanz wichtig. In den natürlichen Futterpflanzen des Pferdes kommt Vitamin A aber gar nicht vor, sondern lediglich dessen Vorstufe, die Carotinoide. Im Pferdefutter enthalten ist hauptsächlich das Beta-Carotin. Dieses Provitamin genügt dem Pferd aber bereits, um daraus Vitamin A zu basteln. Vor einer schädlichen Überversorgung, der Hypervitaminose, schützt sich der Organismus höchst raffiniert, indem er die Produktion je nach Angebot drosselt oder hochfährt. Je mehr Beta-Carotine im Darm landen, umso weniger wird in Vitamin A umgewandelt.

Bei einer direkten Verfütterung des Endproduktes wird dieser Abriegelungsmechanismus jedoch umgangen, und es kann zu Vergiftungserscheinungen kommen. Wie ein eingeschränkter Muskeltonus, Depressionen oder Ataxien; diskutiert wird möglicherweise auch erhöhte Knochenbrüchigkeit. Nicht sehr viel besser sieht es bei einer Überversorgung mit Vitamin D aus, nur das hier am Ende ein Nierenversagen steht.

Vergleichsweise harmlos scheint dagegen die Substitution wasserlöslicher Vitamine zu sein, weil der Organismus den Überschuss einfach zur Hintertür wieder hinausbefördert. Zwar eine pro-

Im Gegensatz zu Heu überstehen Beta-Carotine in Rüben auch längere Lagerzeiten, deshalb sind sie als Beifutter so beliebt. Foto: Schreiner

bate Möglichkeit der Geldverschwendung, aber vergiften kann man das Pferd mit den Präparaten kaum. Andererseits wird durch das permanente Überangebot die Eigensynthese nicht mehr trainiert; sie verliert sich oder wird gänzlich eingestellt. Und dann hat man einen vierbeinigen Vitaminkrüppel. Ein Pferd, das auf eine dauerhafte Substitution an sich nicht benötigter Vitaminmengen angewiesen ist, weil es seine körpereigenen Regelmechanismen verloren hat. Ob unter diesem Aspekt das unkontrollierte Verfüttern wasserlöslicher Vitamine tatsächlich als harmlos bezeichnet werden kann, scheint fraglich. Generell muss auch dieser Bedarf an die jeweilige Situation adaptiert werden.

FETTLÖSLICHE VITAMINE

- **Vitamin A**
  Wichtig für gesundes Wachstum, schützt Schleimhäute (Epithelschutz)
  wird aus der riesigen Gruppe der Carotinoide als Vorstufe gebildet
- **Vitamin D**
  Antirachitisches Vitamin; die Vorstufen D2 (in Pflanzen) und D3 (im Körper, wirksamer als D2) wird mit Hilfe von UV-Licht zur aktiven Form umgewandelt. D3 reguliert Calcium- und Phosphorstoffwechsel
- **Vitamin E**
  Tocopherol; wichtig für Zellatmung und Zellstoffwechsel, schützt Zellmembranen vor Oxidation (freie Radikale)
- **Vitamin K**
  Unentbehrlich für die Blutgerinnung; wird von Mikroorganismen im Darm gebildet

WASSERLÖSLICHE VITAMINE

Vitamin B-Komplex: keine Mangelzustände, da mikrobielle Synthese im Darm

- **Vitamin B1**
  Thiamin, Aneurin, Anti-Beri-Beri-Vitamin;
  zentrale Funktion im Kohlenhydratstoffwechsel; beeinflusst Nervenfunktionen
- **Vitamin B2**
  Riboflavin, Laktoflavin;
  Aufgabe als Coferment im Eiweiß-, Fett- und Nukleinsäurenstoffwechsel
- **Vitamin B6**
  Zentrale Funktion im Eiweißstoffwechsel, an weiteren Stoffwechselvorgängen beteiligt
  Nikotin-, Pantothensäure und Cholin mitverantwortlich für Funktion von Haut und Verdauungsorganen;
  Biotin (auch Vit. H) wichtig für die Fettsäuresynthese; Einfluss auf Qualität von Haut, Haar, Hufhorn
- **Vitamin B9**
  Folsäure; unverzichtbar für viele Stoffwechselfunktionen; am Aufbau der roten Blutkörperchen und des Blutfarbstoffs beteiligt
- **Vitamin B12**
  Mitverantwortlich für Blutbildung und Aufbau einiger Aminosäuren
- **Vitamin C**
  Ascorbinsäure. Beim Pferd kein eigentlicher Vitamincharakter, da Vitamin C im Körper ausreichend synthetisiert wird. Zufütterung nur kurmäßig bei Infektionen und hoher Belastung angebracht.

Die beste Rationsberechnung kann eine schlechte Futterqualität nicht kompensieren

Nährwert eines Taschentuchs

„Die Pflanzen dopt man mit Kunstdünger zu schnellem Wachstum. Das lässt ihnen nicht mal mehr Zeit, das bisschen Gesundheit aus dem Boden zu holen, das noch übrig ist. Vitamine verschwinden auf dem Transport und im Supermarkt. Der Faktor Zeit rafft sie dahin. Die Industrie verwandelt Naturprodukte in Fertigprodukte mit dem Nährstoffgehalt eines Papiertaschentuchs. Dieses wird dann mit ein paar Vitaminen angereichert – das macht sich gut auf dem Etikett, fördert den Verkauf."

Dr. med. Ulrich Strunz, Orthomolekularmediziner, aus „Forever Young"

Fazit: Je tiefer man in das Thema Fütterung einsteigt, umso komplizierter wird die Geschichte. Deshalb haben detaillierte Fütterungsrezepte bei diesem Kurzeinstieg nur wenig Sinn. Wer seinen Fachkenntnissen nicht traut und auf Nummer Sicher gehen will, sollte die Fütterung seines Pferdes wenigstens einmal professionell durchrechnen lassen, um fundierte Eckdaten an der Hand zu haben. Das gilt erst recht, wenn die Gesundheit des Tieres in irgendeinem Punkt zu wünschen übrig lässt oder Auffälligkeiten im Verhalten zu verzeichnen sind. In solchen Fällen empfiehlt es sich auch, ein großes Blutbild erstellen zu lassen und den Unterlagen beizulegen.

Eines kann freilich die beste Rationsberechnung nicht: Eine schlechte Futterqualität kompensieren. Ausgelaugtes, verstaubtes, schimmeliges oder mit Schadstoffen belastetes Futter knabbern an den Abwehrkräften, weil sich der Körper permanent dagegen wehren muss. Und selbst wenn das Futter die Sinnenprobe einwandfrei passiert, ist eine hochwertige Qualität nicht garantiert. „Wie Untersuchungen der Landwirtschaftskammer Hannover zeigen",

Mit der Sinnenprobe werden Farbe, Geruch, Struktur und Verunreinigungen ermittelt. Eine einwandfreie Futterqualität ist für die Pferdegesundheit viel wichtiger als dubiose Wundermittelchen.
Foto: Schreiner

berichtet Otfried Lengwenat, „liegen die Mineralstoffgehalte auf stark gedüngten Weiden zum Teil um 50 % unter den in der Nährstofftabelle angegebenen." Eine Qualitätsminderung, die im menschlichen Sektor nur zu gut bekannt ist. Bloß kamen Ernährungswissenschafter in aktuellen Studien teilweise sogar auf Verluste von bis zu 80% im Einzelfall.

Vollwertkost fürs Pferd ist die beste Medizin

Das, was landwirtschaftliche Produkte rein rechnerisch enthalten sollten, enthalten sie meist schon längst nicht mehr. Dafür aber Giftstoffe und Chemikalien. Eine verkappte Gefahr, die nicht nur Orthomolekularmedizinern Sorge bereitet. „In einem einzigen ungeschälten Apfel", zählt Dr. Gerhard Brand auf, „sind heute bis zu hundert chemische Substanzen quantitativ nachzuweisen, die es vor hundert Jahren auf diesem Planeten noch nicht gegeben hat. Wenn wir die Giftstoffe, die wir im Laufe eines Jahres mit unserer täglichen Ernährung aufnehmen, auf einmal essen müssten, würden wir vermutlich alle tot umfallen, nicht nur scheintot — wie bei Schneewittchen durch den vergifteten Apfel."

Tot umfallen würde vermutlich auch das Pferd. Wer als Pferdebesitzer solche Risiken verringern will, muss notgedrungen tiefer in die Tasche greifen. Denn Pflanzen, die ihr volles Nahrungspotenzial entwickeln sollen, brauchen Zeit zum Wachsen, und das merkt man am Preis. Hier sind Anleihen bei der menschlichen Vollwertkost durchaus erwünscht. Das heißt, möglichst wenig getriebene, naturbelassene Produkte einsetzen und auf eine vielseitige Futterzusammenstellung im Wechsel der Jahreszeiten achten. Das ist für das Pferd garantiert gesünder als durch windige Versprechen düpiert auf jede Werbung reinzufallen. Eine Praxis, die Professor Coenen gewaltig ärgert . „Um sich vom Futtermittelmarkt abzuheben, werden die dubiosesten Mixturen entwickelt und dem Futter Eigenschaften angedichtet, die jeglicher wissenschaftlichen Grundlage entbehren." Und natürlich muss die Fütterungstechnik pferdegerecht sein; ein Kapitel, das oft zu kurz kommt und bei den Haltungsformen mehrfach angesprochen wird.

Das alles kann jedoch nicht verhindern, dass die beste Fütterung kläglich versagen muss, wenn die Nährstoffe nicht dort ankommen, wo sie Wirkung zeigen sollen. Weil es an Kraftwerken im Körper mangelt, das Versorgungsnetz ungenügend ausgebaut ist oder das Blut auf Abkürzungen an den Zellen vorbeigelotst wird. Und genau hier greift das Training. Denn ohne ausreichend Bewegung läuft der Körper auf Sparflamme, und das äußert sich nicht nur durch Muskelschwund.

Gegen jedes Leiden ist ein Kraut gewachsen, aber nicht jedes Kraut ist für Dauerfütterung geeignet. Und längst nicht jedes teure Kräuterfutter ist sein Geld tatsächlich wert.
Foto: Schreiner

Wenig sinnvoll

„Es ist wenig sinnvoll, Wundermittelchen ohne Ende zu kombinieren, vor dem Kauf überlegen: Was braucht mein Pferd wirklich? Welches Extra bringt bei meinem Pferd wirklich eine Verbesserung von Leistung oder Gesundheit? Als nächstes wird geprüft, wie viel vom „heilsamen Zusatz" vielleicht schon im normalen Grundfutter enthalten ist. Gibt es Defizite, kann man sich daranmachen herauszufinden, wo man die fehlenden oder vielversprechendsten Nährstoffe am günstigsten bekommt."

DR. MED. VET. WIEBKE BIELENBERG,
IN DER REITER REVUE

DIE RATIONSBERECHNUNG

Für eine genaue Rationsberechnung werden neben 2-3 Fotos (von vorne, seitlich, von hinten) verschiedene weitere Angaben benötigt:

- **Rasse, Temperament:** Ruhige Pferde verbrauchen weniger Energie im Erhaltungsstoffwechsel.
- **Alter:** Wichtig zur Ermittlung des Eiweißbedarfs.
- **Futterzustand:** Angabe, ob das Pferd schwer- oder leichtfuttrig ist.
- **Haltung:** Der Energiebedarf kann bei Boxen-, Einzel- und Gruppenhaltung variieren.
- **Training:** Unterschieden wird nach sehr leichter, leichter, mittlerer und schwerer Arbeit.
- **Gewicht:** Notwendig, z.B. zur Berechnung des Mineralstoffbedarfs.
- **Verhalten:** Auffälligkeiten im Verhalten angeben (nervös, lethargisch etc.)
- **Gesundheitszustand:** Erkrankungen, Anfälligkeiten nennen (Ekzeme, Huf-/Hautprobleme etc.)
- **Blutbild:** Evtl. großes Blutbild erstellen lassen und beilegen. Geprüft werden sollten rote und weiße Blutkörperchen, Leberstoffwechsel, Nierenfunktion mit Eiweißgehalt, Funktion der Muskulatur und Angaben zu Mengen- und Spurenelementen.

Es lebe der Sport

Muskeln wirken als Beuger, Strecker, Ein- oder Auswärtszieher, Dreher, Spanner oder Schließer. Sie sind Teil der Organe, schützen die Organe, landen als Fleisch auf dem Teller und haben eine derart raffinierte molekulare Struktur, dass die findigsten Köpfe vor Neid erblassen. Als Skelettmuskulatur stabilisieren sie das gelenkig zusammengefügte Knochengerüst. Ihre Kontraktionen, die durch elektrische Nervenimpulse gesteuert werden, lassen Pferde federn, springen, tanzen, tölten, piaffieren oder galoppieren. Und sie sorgen dafür, dass der Motor rund läuft.

Letzteres freilich nur, wenn die Muskeln gebührend genutzt werden.

Denn im Ruhezustand, mit seiner flachen Atmung und dem langsamen Ruhepuls, wird der größte Teil der Kapillaren in der Skelettmuskulatur nicht mit Blut durchströmt. Das ist, von den notwendigen Regenerationsphasen abgesehen, sehr schlecht für das Pferd, weil ausgerechnet in den Haargefäßen die Abgabe von Nähr- und Botenstoffen aus den Arterien und die Übernahme von Reststoffen in die Venen stattfindet, wie auf einem Umschlagplatz. Und ganz besonders mies geht es den empfindlichen Sehnen, Bändern und Gelenken der unteren Beinabschnitte, die bei zu langen Stehzeiten regelrecht ausgehungert bzw. zugemüllt werden.

Schlappe Muskeln, morsche Knochen, und die Hormone spielen verrückt

Wird der Bewegungsmangel zur Regel, ist das Desaster dann komplett: Der Körper beginnt gnadenlos zu entrümpeln. Was keine Leistung bringt, fliegt raus. Nicht genutzte Kapillargefäße verkümmern, und überzählige, arbeitslose Mitochondrien, die in gut trainierten Muskelzellen in großer Zahl zu finden sind, werden nicht einfach stillgelegt, sondern demontiert und in ihre Bestandteile zerlegt. Sie lösen sich auf, und die Muskeln bilden sich zurück. Wie schnell das geht weiß jeder, der einmal sein Bein in Gips hatte oder krankheitsbedingt längere Zeit liegen musste.

Das einzige, was bei Bewegungsmangel zunimmt, ist erfahrungsgemäß der Fettanteil im Gewebe. Einerseits, weil das Nahrungsangebot nur selten entsprechend dem verringerten Umsatz reduziert wird, andererseits, weil der Organismus bestrebt ist, Reserven für magere Zeiten zu horten und sich erst auf die leichter verfügbaren Kohlenhydrate stürzt. Ein Programm, das bei Wohlstandspferden ebenso wie bei uns Wohlstandsmenschen immer noch greift, ungeachtet der Tatsache, dass dieser Notstand voraussichtlich nie eintreten wird. In der Folge fliegen dann auch die nicht genutzten fettverarbeitenden Enzyme aus dem Programm und werden nur in einem Bruchteil ihrer ursprünglichen Menge nachgebildet.

Spätestens hier läuft der Zellstoffwechsel langsam aber sicher aus dem Ruder. Immerhin bedeutet das überreichliche Nahrungsangebot in Kombination mit Bewegungsmangel für den Organismus, dass der Stoffwechseldruck steigt — und zwar bei verringerter Sauerstoffzufuhr und ohne Möglichkeit, die anfallenden Zellschlacken in ausreichender Menge zu entsorgen!

Definitiv zu fett: Zu viel Futter in Kombination mit zu wenig Bewegung ruiniert die Gesundheit.
Foto: Prohn

Kein Wunder, dass zunehmend auch andere Organe in Mitleidenschaft gezogen werden. Das Lymphsystem, zum Beispiel, mit seinem eigenen Kreislauf, der in etwa den Blutwegen im Körper folgt und der Reinigung der Zellen dient. Oder die Hormonbildung: Bereits eine geringe Fehlsteuerung des adrenocorticotropen Hormons (ACTH) im Hypothalamus, das die Ausschüttung von rund 30 anderen Hormonen beeinflusst, kann nicht nur zu Antriebsschwäche oder Hypersensibilität führen, sondern auch das Sättigungsempfinden stören, die Verdauung bremsen, das Immunsystem schwächen und einiges mehr. Veränderte Werte von Insulin und Glukagon der Bauchspeicheldrüse wirken sich auf den Blutzuckerspiegel aus und können Diabetes verursachen, aber auch die Eiweißbildung in den Muskelzellen oder den Fettabbau im Gewebe hemmen, während ein

Bewegungsmangel

„Bewegung bedeutet Leben, in körperlicher, geistiger und seelischer Hinsicht. In besonderem Maße gilt dieser Grundsatz für das hochentwickelte Lauftier Pferd. Körperliches Training schafft nicht nur Kondition, Muskulatur, Immunstimulierung und seelische Balance; Bewegung ist das Lebensprinzip des Pferdes."

DR. JÜRGEN BARTZ, FACHTIERARZT FÜR PFERDE, AUS „HILFE, MEIN PFERD HUSTET"

Futsch sind sie: Wie schnell sich Muskeln in Luft auflösen sieht man kranken Pferden schon nach kurzer Zeit an.
Foto: Prohn

Mangel an Parathormon (PTH, Parathyrin) der Nebenschilddrüsen den Calciumspiegel senkt, der unter anderem für einen ungestörten Muskelstoffwechsel wichtig ist.

Außerdem macht Bewegungsmangel die Knochen morsch, weil durch Nichtgebrauch Mineralsalze herausgelöst, aber nicht wieder eingelagert werden. Für Professor Manfred Coenen so klar wie die berühmte Kloßbrühe: „Demineralisierungen im Knochen sind auch durch Inaktivität des Pferdes möglich", erklärt der Spezialist. „Weil es bei Bewegungsmangel keinen Reiz für das Knochengewebe gibt, sich zu organisieren. Und diese mangelhafte Stimulation führt dazu, dass der Knochen einen Teil seiner Mineralstoffe abgibt." Eine Ausführung, die im Raumzeitalter geradezu erschreckend belegt wird; in der Schwerelosigkeit des Weltalls verloren Astronauten ohne jedes Training innerhalb eines halben Jahres bis zu 10% ihrer Knochendichte.

Ein Teufelskreis, der nur durch Bewegung durchbrochen wird

Dieser Teufelskreis lässt sich nur durch Bewegung durchbrechen. Je mehr Muskeln dabei aktiviert werden, umso besser. Denn kaum aus ihrer Lethargie geweckt, melden sie prompt Bedarf an: Nach mehr Sauerstoff, mehr Lastenkulis, mehr Kraftwerken, fehlenden Nährstoffen und besseren Versorgungswegen. Und genau das kriegen sie: Die Lungen arbeiten wie ein Blasebalg und die Herzschlagfrequenz wird erhöht. Statt müde durch die Adern zu dümpeln, wird das Blut jetzt bis in die letzten Winkel der Kapillargefäße gepresst, samt seinen so dringend benötigten Inhalten. Reicht bei regelmäßigem Training das Kapillarnetz nicht aus, und beschweren sich die Muskeln weiterhin, werden mehr rote Blutkörperchen gebildet, sprießen zusätzliche Haargefäße ein, und selbst die abgewrackten Mitochondrien werden schleunigst wieder installiert. Mit der Folge, dass schwabbelndes Fett allmählich durch schwellende Muskeln ersetzt wird.

Parallel dazu wird jedoch auch die Versorgung aller anderen Organe und ihre Funktionsfähigkeit verbessert: Das Herz schlägt kräftiger, ohne sich mehr anzustrengen, Leber und Nieren entgiften schneller, das Blut fließt besser, die Verdauung klappt einwandfrei und Blut- und Urinwerte pendeln sich in ihren Normalbereich ein. Unter anderem, weil die stotternde Hormonproduktion ebenfalls auf Trab gebracht wurde: Acetylcholin, Serotonin oder Dopamin lassen das Gehirn übersprudeln vor Lebensfreude und sorgen für Reaktionsschnelligkeit und Präzision; der Organismus bildet aktivere und aggressivere Abwehrzellen zur Behebung von Störungen und die begehrten wachstumsstimulierenden Steroidhormone stellen sich auch ohne leistungssteigernde (und meist verbotene) Präparate ein. Während der Körper gleichzeitig das erhöhte Sauerstoffangebot, die schnellere Blutzirkulation und das erweiterte Kapillarnetz nutzt, um sich gründlich von seinen Zellschlacken zu befreien. Und zwar nicht nur während der sportlichen Aktivität, sondern noch für viele Stunden danach.

STEROIDHORMONE

Steroidhormone lassen Stuten rossen und Hengste durchdrehen, päppeln dicke Muckis und mischen von der Trächtigkeit bis zum Haarwechsel in fast allen Stoffwechselfunktionen mit. Gefüttert und gespritzt gerieten sie als Anabolika erst in Verruf und dann auf die Dopingliste, weil sie eine nicht vorhandene Leistungsfähigkeit vortäuschen, Wachstumsprozesse entgleisen lassen, Organe schädigen, den Hormonhaushalt in den Kollaps treiben, Hengste impotent und Stuten unfruchtbar machen.

Die Natur geht mit den brisanten Stoffen — die überwiegend in Nebennieren, Hoden oder Eierstöcken gebildet werden — sensibler um und regelt die Dosierung über das Hypothalamus-Hypophysen-System. Entsprechend ihrer Aufgabe unterteilt man Steroidhormone meist in Sexual- und Stoffwechselhormone, obwohl sie allesamt miteinander verschwägert sind: Stark vereinfacht entsteht aus der Grundsubstanz der Steroide, dem Cholesterin, über mehrere Zwischenstufen und einen kleinen Umweg Progesteron. Dieses Hormon nimmt in der Steroidbiosynthesekette eine Schlüsselstellung ein, weil sich hier die Produktion verzweigt. So verwandeln einige Enzyme Progesteron in Stoffwechselhormone, wie Cortisol oder Aldosteron; andere in Testosteron. Und ein einziges weiteres Enzym wiederum baut dieses männliche Sexualhormon in das weibliche Sexualhormon Östradiol um.

Unglaublich: Neben männlichen Sexualhormonen produzieren Hengste ähnlich viel Östradiol wie trächtige Stuten. „Absolut schräge Vögel" beurteilt Prof. Dr. Hoppen dieses equine, von anderen Säugetieren abweichende Verhalten und nennt Zahlen: „Eine hochrossige Stute bildet zwischen 20-25 Picogramm Östradiol; ein Hengst locker 200-300 Picogramm, also mehr als zehnmal so viel. Wozu es dient, weiß man noch nicht ganz genau, aber um die Zeugungsfähigkeit eines Hengstes zu beurteilen, ist für mich, als Diagnostiker, der Östradiolgehalt fast wichtiger als sein Testosteronspiegel."

Alles zusammen — das ist die Basis echter Gesundheit, weil sie den Körper zur Selbstheilung anregt. Das kann weder allein durch das Studium von Nährwerttabellen noch durch vorbeugende Impfungen noch die notwendige medikamentöse Versorgung bei akuten Krankheiten aufgewogen werden, so wichtig solche Maßnahmen auch sind. Sport half Krebskranken im Frühstadium den Tod zu besiegen, aber auch bei arthroseerkrankten Pferden heißt es seit eh und je: Sie wird nicht weggestanden, sondern weggeritten, sonst kann man das Pferd gleich zum Schlachter bringen.

Soweit ist das alles bekannt. Nicht so bekannt ist, dass Muskel- und Konditionsaufbau, Fettverbrennung und Regeneration der Zellen nur in ihrem jeweils optimalen Drehzahlbereich funktionieren. Hier werden im Training auch die meisten Fehler gemacht.

Muskelpower: Knapp 260 Muskeln halten das Pferd in Bewegung, und fast jede Tätigkeit aktiviert mehrere Muskeln, denn wenn sich einer verkürzt, muss sich sein Gegenspieler dehnen. Bei dieser Arbeit produzieren Muskeln Wärme, verbrauchen Nährstoffe und erzeugen Abfälle, die kontinuierlich entsorgt werden müssen. Fatal: Im Ruhezustand wird ein Teil der Gewebe nicht ausreichend mit Blut durchströmt. Durchblutung und Ausbau der Kapillaren wie auch eine zufriedenstellende Versorgung von Sehnen, Bändern und Gelenken nimmt erst bei körperlicher Anstrengung zu. Gleichzeitig eine Anregung, mehr Zellkraftwerke in den Muskeln zu installieren.

Pumpstation Herz: Der Motor des Pferdes pocht im Ruhezustand 30-40 Mal pro Minute, angeregt durch elektrische Impulse, die den Takt der jeweiligen Beanspruchung anpassen. Dabei presst das Herz eines 500 kg schweren Rosses bei jeder Kontraktion rund 0,85 l Blut in den Kreislauf. Das macht bei 34 Schlägen fast 29 l in der Minute und bei 120 oder 140 Schlägen, die bei einem schnellen Spurt locker erreicht werden, entsprechend mehr. Das ist Schwerstarbeit. Regelmäßiges Training stärkt das Herz; es strengt sich bei gleicher Pumpleistung weniger an und nimmt, wie jeder andere Muskel, an Gewicht und Umfang zu. Bei hochtrainierten Vollblütern kann es bis zu 1% des Körpergewichts ausmachen.

Foto: Neddens

Blasebalg Lunge: Sie versorgt den Organismus mit Sauerstoff und entsorgt anfallendes Kohlendioxid. Beim Grasen und Dösen atmet ein Pferd 8-16 Mal pro Minute und saugt bei jedem Atemzug rund 6 l Luft ein; bei 12 Atemzügen also 72 l in der Minute. Bei Höchstbelastung kann das Luftvolumen jedoch auf 1.500-2.000 l und mehr pro Minute gesteigert werden. Entsprechend groß ist die Lunge des Pferdes dimensioniert: Sie wiegt ca. 1-1,5% des Körpergewichts, und die Kontaktfläche ihrer Lungenbläschen (Alveolen), über die der Gasaustausch erfolgt, kann bis zu 1.650 m² betragen. Durch regelmäßiges Training wird die Lunge besser belüftet und kann leichter Sauerstoff aufnehmen, außerdem wird Kohlendioxid schneller ausgeschieden.

Logistik: Um Sauerstoff, Wasser, Nährstoffe, Antikörper, Boten- oder Abfallstoffe in und aus den Zellen just-in-time zu transportieren, muss die Logistik stimmen. 40 bis 50 l Blut kreisen durch ein 500 kg schweres Ross, und der lebensspendende Saft darf weder zu dick- noch zu dünnflüssig sein. Einige Blutmoleküle brauchen nur 32 Sekunden für eine komplette Rundreise, andere trödeln stundenlang in den Kapillaren herum. Um die Flüssigkeitskonsistenz zu regulieren, kann deshalb die Milz bis zu 20% des Blutes in konzentrierter Form speichern und bei Bedarf auch den Hämoglobingehalt erhöhen. Weitere Vorteile körperlicher Bewegung: Die Killerzellen des Immunsystems patrouillieren wachsamer und aggressiver; das Gehirn bedankt sich für die verbesserte Durchblutung mit Konzentrations- und Reaktionsfähigkeit, und die Hormondrüsen erwachen aus dem Winterschlaf.

Sport im Übermaß ist Mord

Wer sein Pferd regelmäßig trainiert hat meist ein bestimmtes Ziel im Kopf. Denn während ein tragfähiger Rücken, die proper bemuskelte Hinterhand und kräftige Sehnen auf jedem Wunschzettel stehen, wird — je nach Lager, aus dem die Reiter kommen — auf bestimmte Fähigkeiten besonderer Wert gelegt: Dressur- und Gangpferdereiter trainieren verstärkt Beweglichkeit und Bewegungskoordination, Springreiter zusätzlich die Schnellkraft eines Flummis, Westernreiter Sprintstärke und Reaktionsschnelligkeit, Distanzreiter Ausdauer und Schnelligkeit, und die Vielseitigkeitsreiter hätten am liebsten alles und davon möglichst viel. Rein theoretisch könnte das Pferd sämtliche Ansprüche problemlos erfüllen:

■ Die langen Glieder und die bewegliche Wirbelsäule erlauben eine kräftesparende Fortbewegung, deren Schwung durch Titan-Eiweißspiralen in den Muskeln und ihre elastischen, am Skelett angehefteten Ausläufer, die Sehnen, abgefedert wird. Über diverse Umlenkrollen geführt, speichert der Sehnenkomplex der Beine bei jedem Auftreten in Trab, Pass oder Galopp außerdem bis zu 80 % der Bewegungsenergie, um Pferdekörper samt Reiter wahlweise nach vorne oder nach oben zu katapultieren.

■ Bei Höchstbelastung bzw. Höchstgeschwindigkeit kann die Ruheherzschlagfrequenz von ca. 30-40 Schlägen pro Minute auf ein Maximum von über 240 ansteigen, das entspricht rund 4 Herzschlägen pro Sekunde — was nach mechanischen Maßstäben, bei einem Organ dieser Größe und der geforderten Pumpleistung, eigentlich unmöglich ist.

■ Dazu kommt die Fähigkeit, die Sauerstoffaufnahme über die Atmung um das 33- bis 35fache zu steigern. Das heißt, dass ein Galopper in Spitzenkondition bei einer Geschwindigkeit von 65-70 km/h statt der üblichen 60 l zwischen 1.500-2.000 l Luft und mehr pro Minute einatmet. Und damit dieser Sauerstoff auch schnellstmöglich in die Muskulatur gelangt, kann die Hämoglobinkonzentration im Blut durch eine zusätzliche Einspritzung aus der Milz um bis zu 60% erhöht werden. Zumindest so weit, wie es die Viskosität, die Fließfähigkeit des Blutes erlaubt. Dann wird abgeriegelt.

Springpferde brauchen Reaktionsvermögen und die Schnellkraft eines Flummis.

Foto: Ma-We-Bilderdienst (aus: E. Pollmann-Schweckhorst, Springpferde-Ausbildung heute. FNverlag, Warendorf 2002)

Muskelaufbau

Jeder Skelettmuskel besteht aus einer Vielzahl einzelner Muskelfasern, die jeweils von
einer Zellmembran umhüllt sind, dem Sarko-
lemm. Ihr Ansatz an Knochen oder Knorpeln erfolgt durch straffes, festes Bindegewebe. Der relativ
unbewegliche Ursprung des Muskels wird als Muskel-
kopf, der kontraktionsstarke bewegliche Teil als Muskel-
bauch bezeichnet. Die Zellkerne der Muskelzellen liegen
meist peripher unter der Zellmembran.

Jede einzelne Muskelfaser setzt sich aus einer Vielzahl parallel angeordneter Muskelfibrillen zusammen. Jede Mus-
kelfibrille ist aus Myofilamenten aufgebaut.

Die Querstreifung der Muskelfibrillen ergibt sich aus abwechselnd dunklen und hel-
len Feldern, die unter dem Mikroskop als quer gestreiftes Band zu erkennen sind.
Diese Querstreifung wurde bereits 1685 von Antony van Leeuwenhoek entdeckt.

Alles Superlative, die das Pferd ebenso zum Sprint- wie zum Marathonläufer oder Kraft-
paket prädestinieren. Nicht zuletzt, weil je nach Bewegungsart unterschiedliche Fasern
in den Muskeln aktiviert werden.

Denn im Gegensatz zur glatten Muskulatur, wie im Darm, weist die Skelettmuskulatur
von Wirbeltieren unter dem Mikroskop eine deutliche Querstreifung auf. Diese mikroskopisch winzigen roten und weißen Streifen in den Muskelfibrillen, die mit bloßem
Auge nicht erkennbar sind, haben eine besondere Bedeutung, da ein arbeitender Muskel
bekanntlich mehr Sprit schluckt als ein Muskel in Ruhestellung und die in den Muskelzellen gespeicherte Energie nur für ganz wenige Kontraktionen ausreicht. Das kann
manchmal zu wenig sein. Folglich ist es von lebenswichtiger Bedeutung, dass Muskeln
einerseits möglichst spritsparend arbeiten, andererseits in jeder Situation sehr schnell
sehr viel Energie freisetzen können. Entsprechend rational wird die jeweils günstigste
Betriebsart angewählt:

■ Für ruhige Ausdauerleistungen ohne großen Kraftaufwand sind die stark durchbluteten, dunkelroten Typ 1 oder Slow twitch-Fasern zuständig, die mit Sauerstoffüberschuss arbeiten. Ihre Farbe verdanken sie dem Muskelfarbstoff Myoglobin, das ähnlich wie der Blutfarbstoff Hämoglobin Sauerstoff und Kohlendioxyd bindet und in
bzw. aus der Muskelzelle schleppt; Distanz- oder Zugpferde haben zum Beispiel
einen großen Anteil dieses Fasertyps.

■ Wird der Turbo eingelegt, treten die weniger durchbluteten weißen, dafür blitzschnell
reagierenden Typ 2 oder Fast twitch-Fasern in Aktion, die gute Renn-, Spring- oder
Cuttingpferde auszeichnen. Diese fixen Muskelfasern gibt es gleich in zwei Ablegern:

Typ 2a springt zunächst ohne Sauerstoff an und stellt bei längerer Belastung auf Mischbetrieb mit Sauerstoff zur Energiegewinnung um. Typ 2b kann sogar komplett auf Sauerstoff verzichten, ermüdet aber extrem schnell.

Insgesamt stehen also drei Systeme zur Verfügung. Dabei ist der verfeuerte Treibstoff immer das bereits bekannte Adenosin-Triphosphat — aber es wird unterschiedlich gebildet, und die anfallenden Schlackenstoffe werden unterschiedlich abgebaut. Und genau dieser kleine Unterschied ist für die Gesundheit des Pferdes von elementarer Bedeutung.

Mit System

„Alle drei Systeme sind gleichzeitig aktiv. Welches System hauptsächlich zur Energiegewinnung beiträgt, bestimmt zunächst die Intensität der Belastung und dann die Dauer der Belastung. Je größer die Intensität einer Belastung, desto stärker werden Kohlehydrate zur Energiegewinnung herangezogen, je länger die Dauer der Belastung, bei gleichzeitig niedriger Intensität, desto größer der Anteil der Fette an der Energiebereitstellung."

DR. SILKE KISSENBECK, FACHTIERÄRZTIN FÜR PFERDE, AUSZUG AUS „WISSENSCHAFTLICHE PUBLIKATION 21"

MUSKEL-MIX

Während früher die schnellen Muskelfasern auch als Alpha-Muskelfasern und die langsamen als Beta-Muskelfasern bezeichnet wurden, unterscheidet man sie heute meist in Typ 1, Typ 2a oder Typ 2b:

- **Typ 1:** Slow-twitch- oder FT-Fasern kontrahieren langsam, sind stark durchblutet, ausdauernd und arbeiten überwiegend aerob (long-term system).
- **Typ 2a:** Fast-twitch/high oxidative- oder FTH-Fasern kontrahieren schnell, haben eine mittlere Kapillardichte, sind nicht so ausdauernd wie Typ 1 Fasern, können jedoch bei längerer Belastung vom anaeroben auf den aeroben Stoffwechsel umschalten (immediate system).
- **Typ 2b:** Fast-twitch- oder FT-Fasern kontrahieren schnell, sind kaum durchblutet, ermüden schnell und arbeiten fast ausschließlich anaerob (short-term system).

Die Verteilung ist nicht bei allen Pferden gleich: Auf Ausdauer oder Zugstärke gezogene Rassen verfügen mehr über langsame, ermüdungsresistente Muskelfasern; speziell auf Sprintstärke oder Schnellkraft gezüchtete Pferde besitzen einen höheren Anteil an schnellen Fasern. Außerdem haben Hengste mehr Typ-2a-Fasern als Stuten, was in Bezug auf die Aufgabenverteilung in der Herde Sinn macht. Die Herren sondieren das Terrain und kloppen sich um die Damen, während diese bei Gefahr blitzartig samt Nachwuchs das Weite suchen. Dahinter steckt keine Feigheit, sondern Artenschutz; immerhin bringt eine Stute pro Jahr bestenfalls ein Fohlen zur Welt, in das sie beträchtliche Kraft und Körpersubstanz investiert.

Mager: Distanzpferde setzen wie Marathonläufer kaum Fett an und verfügen über einen besonders hohen Anteil an ermüdungsresistenten Slow-Twitch-Fasern
Foto: Prohn

Der aerobe Stoffwechsel

Beim effizienten „aeroben" Stoffwechsel wird, wie bei der Versorgung fast aller Körperzellen, die Bewegungsenergie im Muskel unter permanenter Zufuhr von Sauerstoff produziert. Verheizt werden Glukose (Zucker), aber auch Fette und bei extremer Belastung sogar Eiweiß. Die Ausnutzung von Sauerstoff liefert mit insgesamt 38 ATP-Molekülen nicht nur die beste Ausbeute, sondern entsorgt, quasi in einem Aufwasch, gerade anfallende wie ältere Stoffwechselschlacken. Durch diese großzügige Entrümpelung hat ein Training im Sauerstoffüberschuss (ruhige Ausdauerleistung) deshalb eine ausgesprochen gesundheitsfördernde Wirkung. Außerdem kann das Pferd im Gleichgewicht zwischen Energiever- und Abfallentsorgung über lange Zeit nahezu ermüdungsfrei arbeiten, was auch nicht zu verachten ist.

Die Nachteile des aeroben Stoffwechsels sind, dass er relativ schwerfällig auf Touren kommt und natürlich nur so lange funktioniert, wie genügend Sauerstoff in die Muskelzellen gepumpt werden kann, also mit submaximaler Leistung. Muss das Pferd voll durchstarten oder geht ihm die Puste aus, schaltet der Organismus auf den anaeroben Stoffwechsel um.

Der anaerobe Stoffwechsel

Beim anaeroben Stoffwechsel wird die benötigte Energie ohne Sauerstoff hergestellt. Grob vereinfacht, liefert für die ersten Sekunden das in der Muskulatur gespeicherte Kreatin-Phosphat den nötigen Zunder, und danach werden die Glykogenvorräte geplündert, um mittels Brenztraubensäure erneut Glukose zu verheizen (s. Kasten S. 62). Fette bleiben allerdings bis zum Schluss liegen, und Eiweiß wird gar nicht angerührt, weil dessen Spaltung mehr Energie verbraucht als sie bringt. Diese erheblich schnellere, sauerstofflose Einspritzung überbrückt nicht nur die träge Anlaufphase des aeroben Stoffwechsels, sondern dient gleichzeitig als Notprogramm: Damit sich das Pferd jederzeit mit einem Spurt aus Gefahrenzonen retten bzw. durch Steigen oder Auskeilen Angreifer abwehren kann. Aber die Kraftentfaltung wird bei Missbrauch teuer bezahlt.

Denn die schnellen Muskelfasern sind, wie alle Hochleistungsmotoren, die reinsten Spritfresser; je höher sie drehen, umso mehr schlucken sie. Und ein gravierender Nachteil des anaeroben Stoffwechsels ist seine extrem ungünstige Rendite. Statt üppiger 38 ATP-Moleküle kommen nur noch magere 2 heraus; also ein Verlust von rund 95 %. Zudem können durch den fehlenden Sauerstoff die Stoffwechselschlacken in den Zellen nicht mehr vollständig entsorgt werden. Stattdessen entsteht Milchsäure, die über die Leber abgebaut werden muss — aber dafür fehlt im Moment Zeit und Energie. Notgedrungen wird sie übergangsweise in der Muskulatur eingelagert und breitet sich bei länger anhaltender hoher Belastung über die interzelluläre Flüssigkeit rapide im gesamten Körper aus.
Diese Übersäuerung ist der Grund, warum ausgepowerte Pferde langsamer werden oder kaum noch die Hufe vom Boden kriegen, denn „lactic acid" oder „Alphahydroxypropionsäure", wie der Zungenbrecher unter Chemikern heißt, gehört zu den stärksten

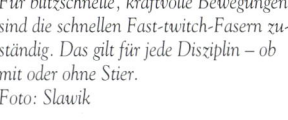

Aufpassen

„Bei Pferden mit sehr hoher Leistungsbereitschaft bemerkt der Reiter während des Reitens häufig keine Ermüdungserscheinungen. Wenn solche Pferde über einen bestimmten Punkt hinaus belastet werden, kann es leicht zu einem unerwarteten Kreislaufzusammenbruch kommen. Daher ist es sehr wichtig, dass der Reiter sein Pferd einzuschätzen lernt und bei derart leistungsbereiten Pferden schon kleine Veränderungen im Verhalten registriert und die P/A-Werte genau überwacht."

Andrea-Katharina Rostock, Walter Feldmann, Gestüt Aegidienberg, aus der „Islandpferde Reitlehre"

kräftezehrenden Substanzen überhaupt. Temperatur und Laktatwerte (die messbaren Salze der Milchsäure im Blut) schnellen in die Höhe, während die Enzymaktivität erlahmt und der ph-Wert im Gewebe sinkt, bis die Arbeit schließlich aus Erschöpfung abgebrochen werden muss — oder das Pferd zusammenbricht. Außerdem muss die Milchsäureflut anschließend mit viel Sauerstoff wieder beseitigt werden.

Ausdauertraining im aeroben Bereich: Regelmäßige Geländeritte zahlen sich aus.
Foto: Krämer

KURZ & BÜNDIG

- **Aerob:** Muskelarbeit und Energiegewinnung auf Sauerstoffbasis
- **Anaerob:** Muskelarbeit und Energiegewinnung ohne Sauerstoff
- **Adenosin-Triphosphat (ATP):** Einziger unmittelbarer Energielieferant im Zell- und Muskelstoffwechsel; wird in den Mitochondrien, den Zellkraftwerken aufbereitet.
- **Adenosin-Diphosphat (ADP):** Entsteht beim Zerfall des energiereichen ATP´s, um die für Stoffwechselvorgänge und Muskelkontraktionen benötigte Energie freizusetzen.
- **Brenztraubensäure:** Zwischenprodukt im Glukosestoffwechsel
- **Glukose:** Wichtigster Einfachzucker im Kohlehydratstoffwechsel
- **Glykogen:** Speicherform von Glukose im Gewebe; hauptsächlich in Leber und Muskeln
- **Glykolyse:** Abbau von Glukose aus den Glykogenspeichern zur Energiegewinnung. Bei kurzer intensiver Belastung dominiert die anaerobe Glykolyse unter Bildung von Milchsäure. Bei längerer submaximaler Belastung gewinnt die aerobe Glykolyse an Bedeutung, bei der Stoffwechselrückstände ohne Laktatbildung verbrannt werden können.
- **Laktat:** Salz der Milchsäure; Endprodukt der anaeroben Energiegewinnung. Wird in der Leber abgebaut und als Glukose über das Blut erneut dem Muskel zur Energiegewinnung zugeführt.
- **Kreatin-Phosphat:** Energiereiche Verbindung, aus der ADP zu ATP regeneriert werden kann; wichtig bei kurzfristigen intensiven Belastungen während der anaeroben Energiegewinnung.

Sauer macht nicht lustig, sondern krank

Wer also meint, mit einem möglichst schweißtreibenden Training in kürzerer Zeit mehr PS aus seinem Ross herauskitzeln zu können, ist gründlich auf dem Holzweg, denn alles in allem ist es ein denkbar ungünstiges Geschäft: Zum einen wegen des geringen Energiegewinns, zum anderen, weil zu den bereits vorhandenen Altlasten neue Müllberge angehäuft werden, die den Stoffwechsel belasten. Immerhin benötigt der Organismus für 1 Minute Arbeit im anaeroben Bereich rund 15 Minuten Erholung, um durch vermehrte Nachatmung die Sauerstoffschuld wieder auszugleichen. Wird das Pferd gar bis zur absoluten Leistungsgrenze geritten, braucht es sogar mindestens zwei Tage, nur um die Glykogenreserven aufzufüllen — obwohl der Glykogengehalt in der Muskulatur des Fluchttieres Pferd ohnehin weit höher ist als bei Menschen oder Ratten. Spätestens hier werden die Tücken bei zu häufigen intensiven Einsätzen oder Überforderung sichtbar.

Bei Rennpferden, zum Beispiel, werden statt des normalen Milchsäurespiegels von etwa 10-20 mg je dl Blut nach dem Einlauf mit schöner Regelmäßigkeit Werte von 200-300 mg/dl gemessen. Aber diese Rennen dauern maximal 2 Minuten. Auf längeren Distanzen führt ein so hoher Pegel schneller zu chronischen Stoffwechselproblemen als den meisten Reitern bewusst ist; das brachte schon vielen leidgeprüften Distanz- oder Vielseitigkeitspferden lebenslanges Startverbot ein. Doch auch bei moderaten Geschwindigkeiten ist keine Entwarnung angesagt, denn die oft stark erhöhten Leukozytenwerte, nach anstrengenden Ritten in allen Reitsportdisziplinen keine Seltenheit, sind ein ernst zu nehmendes Indiz, dass dem Pferd eventuell zu viel abverlangt wurde. Schließlich werden die weißen Blutkörperchen, die bei der Bekämpfung von Krankheiten eine wichtige Rolle spielen, nur bei Bedarf in größeren Mengen im Blut freigesetzt und zu Reparaturarbeiten losgeschickt.

Bis die unsichtbaren kleinen und größeren Blessuren ausgeheilt sind — was Tage und manchmal Wochen in Anspruch nehmen kann — läuft nichts mit Anti-Aging, da der Kör-

To respect the Animals Rights

„Alle Bemühungen nützen nichts, wenn der Reiter sein Pferd verheizt. Was kaputt ist, wird repariert. Weil man damit umgeht, als wäre es nie kaputt gewesen, geht es oft wieder kaputt. Das nennt man dann Folgeverletzungen. Der Grad der Sportmedizin ist ein schmaler.

Darin unterscheiden sich Human- und Veterinärmedizin in keiner Weise. Doch da ist ein kleiner Unterschied: Beim Pferd gibt es keine Placebos und es kann sich gegen eine Therapie nicht wehren."

Dr. Peter Cronau, langjähriger Vorsitzender des Veterinärkomitees des Internationalen Reitverbandes, Auszug aus „Pferdesport wohin?"

per jedes überschüssige Sauerstoffmolekül und sämtliche verfügbaren Energiereserven allein dafür verbraucht, um sich von den Strapazen zu erholen und die dringlichsten Zellschäden zu flicken. Und Reiter, die solche Regenerationsphasen weder erkennen noch berücksichtigen, riskieren eben, dass ihr Pferd allmählich an allen Ecken und Kanten zu bröseln beginnt; mürbe, wie ein von Holzwürmern zerfressener Balken. Ein derartiger Raubbau mit der Gesundheit des Tieres setzt der Kunst der besten Sportmediziner Grenzen, zumindest mit legalen Mitteln.

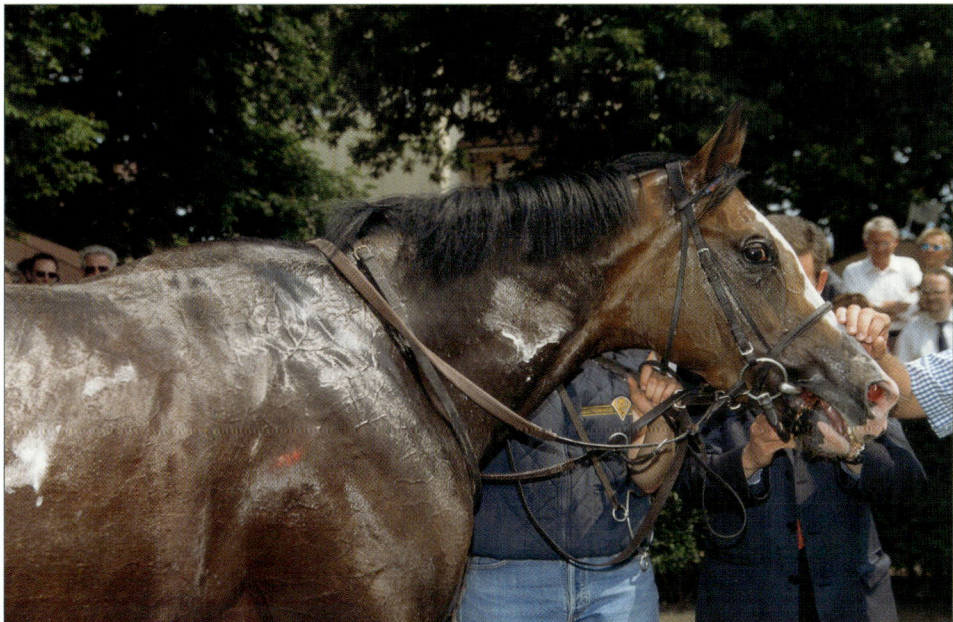

Ausgepumpt: Rekordleistungen im Pferdesport muss das Tier oft teuer bezahlen
Foto: Slawik

Doping nur ein Kavaliersdelikt?

Um das mit einem Beispiel aus dem Humansport zu belegen: Als die ersten großen Dopingwellen bei den Radprofis für Wirbel sorgten, entlockten die Schlagzeilen Trainingsexperten lediglich ein Grinsen, denn sie fragten sich schon lange, wie ein Organismus dieses mörderische Tempo über mehrere Tage bei so häufigen Einsätzen überhaupt durchhält und hielten es für ein glattes Wunder. Eines der Wunder hieß, wie bekannt, Epo. Eine Droge, die den Hämoglobingehalt des Blutes künstlich erhöht, sodass es mehr Sauerstoff transportieren kann, leider aber die Gefahr birgt, dass das Blut zu dickflüssig wird. Auf das Konto von Epo ging unter anderem das unerklärliche Herzversagen etlicher Leistungssportler. Vielleicht auch einiger vierbeiniger. Von anderen Auswüchsen ganz abgesehen.

Bertold Schirg ist kaum zu widerlegen, wenn er grollt: „Dass das Pferd als Kampfinstrument, gleich ob im Kriege oder Frieden zu benutzen möglich ist, das ist die Problematik. Sport ist psychologisch gesehen permanenter Krieg mit Angst vor Niederlage und Willen zum Sieg." Man könnte — ein Schelm, der Böses dabei denkt — hinzufügen, dass speziell beim Gerangel ums große Geld die Versuchung steigt, Schindluder mit Pferden zu treiben, sonst wären Dopingkontrollen überflüssig.

Überforderung ist kein Privileg des Leistungssports

Darob jedoch den Leistungssport zum alleinigen Sündenbock zu stempeln wäre Heuchelei. Denn erstens finden sich ausgerechnet auf sehr hohem Niveau mehr quicklebendige Veteranen, als man glaubt; so mancher Olympiasieger oder Weltmeister füttert gleich eine ganze Rentnergang durch. Und zweitens, ist es wirklich nur die Gier nach Medaillen, die das Gros der Reitpferde kaputt macht? „Nein", meint Egon v. Neindorff, der nicht gerade als Sportmäzen bekannte Gründer des gleichnamigen Instituts für klassische Reitkunst in Karlsruhe und leistet unerwartete Schützenhilfe: „Gewiss, von Sportpferden wird heute viel verlangt. Aber denken sie nur an den Zug der Trakehner oder andere Pferde im 2. Weltkrieg: Wie viele von denen, die das Gemetzel überlebten, gingen zu Fuß nach Russland und wieder zurück?"

Beerbaum mit Rentnern Ratina Z und Rush On: Den in der Presse als verfrüht bedauerten Abschied von Superstute Ratina aus dem Sport kommentierte der Top-Springreiter: „Mir wird niemand nachsagen, dass ich meine Pferde bis zum letzten Tropfen auslutsche."
Foto: Toffi

Solche Gewaltakte werden Pferden heute kaum noch abverlangt. Trotzdem werden mindestens ebenso viele Pferde im Breitensport und beim Freizeitreiten wie im Turniersport verschlissen — sie tauchen nur nicht in den Versicherungsstatistiken auf. Wenn Reiter, in glücklicher Unkenntnis sämtlicher Trainingsgrundlagen, über notwendige Aufwärm- und Entspannungsphasen hinwegreiten, ein Zwei-Tages-Pensum an einem Tag absolvieren, ihre Tiere wie Pakete verschnüren, viel zu oft über Sprünge jagen oder ohne Vorbereitung auf Wochenendritten verpulvern. Für Pferde, die unter der Woche, wenn überhaupt, nur eine Stunde am Tag bewegt werden, kann schon ein knackiger Galopp auf einer verlockenden Jagdstrecke der Anfang vom Ende bedeuten. Ein Großteil der Schäden geht, nach Meinung der Tierärzte, weit mehr auf ein zu wenig als ein zu viel an Bewegung zurück und ganz sicher auf ein nicht dem Leistungsstand des Tieres angepasstes Training. Fast immer werde zu schnell geritten oder zu intensiv trainiert, obwohl schlecht konditionierte Pferde ebenso schnell nach Luft japsen wie menschliche Schreibtischtäter.

Bleibt die Frage, wie man Pferde so trainiert, dass sich ihr Potenzial ausschöpfen lässt, ohne gleich deren Gesundheit zu ruinieren. Salopp gesagt, mit Geduld und Spucke.

Hochmut kommt vor dem Fall

„Das Problem betrifft keineswegs nur den Leistungssport. Viele Wanderreiter überfordern ihre Pferde genauso, tränken auf langen Ritten zu wenig oder reiten viel zu schnell. Bei manchen Freizeitreitern kann ich nur noch den Kopf schütteln, wenn ich sehe, was die mit ihren Pferden anstellen.“

Dr. Juliette Mallison, Verein Deutscher Distanzreiter und Fahrer e.V.

MEHR ALS NUR DANK

Isabell Werth
Olympisches Gold, Einzel- und Mannschaftswertung

„Pferde sind ja kein Lichtschalter, den man ausknipst. Man hat zehn oder 15 Jahre mit einem Tier tagtäglich gearbeitet und in dieser Zeit eine unglaublich enge Beziehung und Partnerschaft aufgebaut. Und die bleibt, auch wenn man das Pferd nicht mehr im Sport reitet. Wenn ich Gigolo bei meinen Eltern auf seiner Wiese sehe, geht mir das Herz auf. Nicht nur aus Dank für seine Leistung, sondern, weil es ein sehr inniges Gefühl ist. Man weiß: Das Pferd ist da, es geht ihm gut und ich kann ihn sehen. Solange Gigolo bei Dr. Schulten-Baumer war, fehlte er mir einfach, obwohl ich ihn in Rheinberg gut aufgehoben wusste, und als er endlich kam, war es ein tolles Gefühl.

Bis er endgültig auf der Weide stand, dauerte es allerdings fast zwei Jahre, weil man solche Pferde nicht einfach aus dem Sport nehmen kann: Tür auf und Weide. Gigolo wäre dort im ersten Jahr todunglücklich gewesen, hat vor Ärger ohnehin verrückt gespielt, wenn die Turnierkiste ohne ihn loszog und er nicht mit durfte. Deshalb haben wir ihn zunächst weiter geritten, sind mit ihm gebummelt, und ein Mädchen hat sich rührend um ihn gekümmert, bis er langsam von diesem Leistungsdenken wegkam. Die endgültige Wende kam, nachdem er sich auf der Nachbarweide mit zwei jungen Pferden angefreundet hatte und eines Tages im Stall wie von Sinnen tobte, weil er raus zu seinen Kumpeln wollte. Für mich war es wie ein Zeichen: Das war´s. Mein Leben ist jetzt hier draußen! Es war der letzte Tag, an dem ich ihn geritten habe. Immerhin steckt dahinter auch ein biologischer Vorgang, und vielleicht sagte Gigolo seine innere Uhr, dass er nicht mehr so konnte, wie er wollte. Ähnlich wie man auch älteren Menschen diese Unzufriedenheit anmerkt, bis sie lernen, körperliche Gegebenheiten zu akzeptieren.

Von den Pferden, die ich im Sport geritten habe, genießt neben Gigolo auch Fabienne, die Ur-Rentnerin, bei meinen Eltern ihren Ruhestand. Weingart wurde leider so krank, dass er es ohne Medikation nicht ertragen hätte und wir ihn von seinen Leiden erlösen mussten. Und Anthony wird irgendwann folgen. Wann genau er verabschiedet wird, hängt von seiner Verfassung ab, aber er wird wie die anderen Pferde allmählich abtrainiert, und das dauert mit Sicherheit so lange wie bei Gigolo.“

Foto: Frieler

Spritsparend auf der Überholspur

Um über viele Jahre gesund und leistungsfähig zu bleiben, brauchen Reitpferde, wie Renn- oder Distanzpferde, vor allem eine gute Grundkondition. Denn je länger ein Pferd auch bei stärkerer Belastung und höherem Tempo seinen Energiebedarf aerob zu decken vermag, umso fitter ist es, und umso weniger Schaden nimmt es. „Im Reitsport", führt Dr. Bettina Schäfer aus, „werden ganz verschiedenartige und meist sehr komplexe Leistungen gemessen, die nicht unmittelbar miteinander verglichen werden können. Allen diesen Prüfungen ist nur eines gemeinsam, dass sie nämlich eine gewisse Ausdauer der Pferde zur Voraussetzung haben."

Freilich erfordert der Aufbau einer soliden Kondition Geduld und Disziplin, denn abhängig von Rasse, Alter, Gesundheits- oder Trainingszustand des Tieres kann bereits das Basistraining — bei dem jeder Sauerstoffmangel und jeder Laktatanstieg peinlich vermieden wird — Wochen und Monate verschlingen, um eine vernünftige Grundlage zu legen. Alles andere als übertriebene Vorsicht, denn gerade diese behutsame Kräftigung schwer trainierbarer Gewebe, wie Knochen, Sehnen und Bänder im „Slow, Long-Distance Training" ist der beste Schutz vor Verletzungen bei intensiverer Belastung oder regelmäßigen Turniereinsätzen. Folglich wird auch keinen Rekorden hinterhergekeucht, sondern pingelig in Minuten und Kilometern gerechnet und locker nach Pulsschlag sowie Erholungszeiten gewalkt und gejoggt.

Slow, Long-Distance

„Während in Australien das Slow, Long-Distance Training (SLD) in der Regel über 4 bis 5 Wochen durchgeführt wird, tendieren die englischen Trainer dazu, diese Phase über mindestens 3 Monate auszudehnen – insbesondere bei jungen Pferden. Clayton (1991) empfiehlt sogar in Abhängigkeit von der früheren Trainingserfahrung der Tiere eine 6-12-monatige Phase SLD-Training, bei der die Durchschnittsgeschwindigkeit bei 6-8 km/h liegen sollte."

Dr. Bettina Schäfer, Auszug aus „Wissenschaftliche Publikation 23"

HIGHTECH IM TRAINING

Bei welchem Puls die Laktatwerte zu Höhenflügen abheben, ist von Pferd zu Pferd verschieden, denn Gesundheits- und Trainingszustand, Gewicht, Alter oder Rasse führen zu erheblichen Schwankungen. Geraten feiste Weidemoppel samt ihren hauptberuflich im Stall herumstehenden Kollegen schon bei relativ langsamem Tempo und einem Puls von 140-150 nach wenigen Minuten außer Puste, liegt bei gut trainierten Kraftpaketen selbst bei 160-180 und weit höherem Tempo noch alles im Grünen. Um diesen „Steady-State-Bereich" herauszufinden, wird deshalb das Pferd zu Beginn des Trainings einem Leistungstest unterzogen, ähnlich wie Menschen auf einem Fahrrad-Ergometer beim Sportarzt. Dazu wird zunächst der Ruhepuls des Tieres gemessen und das Tempo, meist auf einem Laufband, in einzelnen Stufen gesteigert. Je mehr sich das Pferd anstrengt, desto schneller schlägt sein Herz; je untrainierter das Pferd ist, umso länger dauert die Erholungsphase. Nach jeder Belastungsstufe wird erneut der Puls gemessen, dem Pferd Blut abgezapft und der Laktatwert ermittelt. Diese Daten werden in einen PC eingelesen und darauf aufbauend ein Trainingsplan erstellt. Wird nach einer gewissen Trainingszeit ein solcher Leistungstest wiederholt, zeigt sich dessen Effizienz ebenfalls im Blut: Bei besserer Sauerstoffversorgung der arbeitenden Muskeln wird bei gleicher Laufgeschwindigkeit weniger Laktat gebildet; wurde im Training geschlunzt oder das Tier überfordert, bleiben die Ergebnisse gleich oder sehen schlechter aus als vorher.

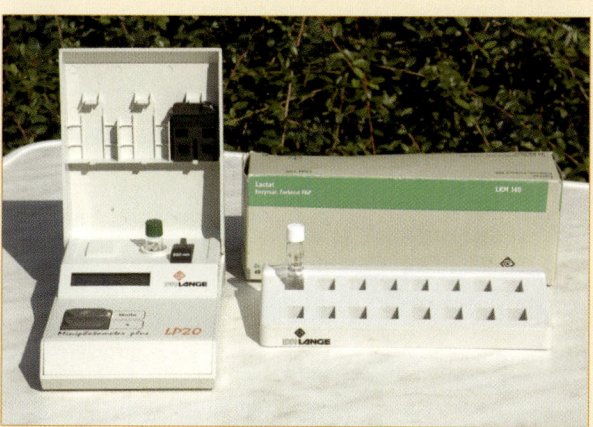

Kontrolletti: Laktatmessungen im Leistungstest verraten den Trainingszustand eines Tieres.
Foto: Prohn

Puls- und Laktatwerte diktieren das Aufbautraining

Untersuchungen ergaben, dass sich die Ausdauer im Aufbautraining bei Trainingseinheiten von mindestens 30-45 Minuten Dauer und einem Laktatgehalt um 1,5 deutlicher steigern ließ und die Zunahme der Mitochondriengröße stärker war als bei einem kürzeren, aber intensiveren Training. Ab 1,9-2,0 beginnt die Ermüdung, doch damit steigt auch das Verletzungsrisiko, denn die nachlassende Muskelkraft und der verlangsamte Tonus führen schnell zu Mikrotraumen (Feinstverletzungen) im Muskel oder ruckartiger Überforderung der Sehnen. Und ab einem Laktatgehalt von 4,0-4,5 ist der Ofen ganz aus: Ein Training ab diesem Bereich wirkt nicht aufbauend, „anabol", sondern abbauend, „katabol", wie es im Fachjargon heißt. Das heißt, dass die ganze Anstrengung nicht nur für die Katz ist, sondern schlimmer noch, massiv die Gesundheit des Tieres gefährdet.

Grund genug, warum Puls- und Laktatwerte in Profiställen längst nicht mehr nur von Hand, sondern zunehmend häufiger per Pulsuhr, Herzfrequenzdecke und Laktatmessung überwacht werden: Zuerst, um den individuellen Trainingspuls des Tieres herauszufinden und anschließend, um sämtliche Werte im grünen Bereich zu halten. Ein Verfahren, das sich auch für den Breitensport anbietet, denn der finanzielle Aufwand für einen Leistungstest oder PC-gestützte Trainingspläne ist im Vergleich zu den möglichen Tierarztkosten gering und auf jeden Fall empfehlenswert. Selbst wenn man weiß, dass die beeindruckende Datenflut viele längst bekannte Trainingsgrundsätze bestätigt, wie ein Blick in Dr. Bernd Springorums kleinen, unter Insidern renommierten „modernen Klassiker" zum Training von Vielseitigkeitspferden zeigt. Hier wird nicht nur Schritt als wichtigste Gangart im Aufbautraining genannt und vor Überforderung gewarnt, es wird auch begründet.

„Hätten wir nur auf die Erholungzeit zu achten, die die einzelnen Energiesysteme erfordern, wäre das Konditionstraining relativ einfach", schreibt der frühere Bundestrainer der Vielseitigkeitsreiter. „Dem aber ist nicht so: Der Körper braucht zusätzlich Zeit, um Kreislauf und Muskeln aufzubauen, das heißt der Trainingsbelastung anzupassen. Er braucht Zeit für eine Generalinspektion, bei der Betriebsstoffe ersetzt und ausgewechselt, Vorschäden repariert und die Zündung neu eingestellt werden".

METHODISCH

- **Dauermethode mit konstanter Intensität:** Länger anhaltende, gleich bleibende Belastung im aeroben Bereich, um Grundkondition aufzubauen, nach Trainingspausen oder als Ausgleich zum Leistungstraining. Tempo und Dauer richten sich nach Trainings- und Gesundheitszustand des Pferdes.
- **Dauermethode mit wechselnder Intensität:** Durch Zulegen und Einfangen der Tempi in Trab, Tölt oder Galopp, Wechsel zwischen fleißigem Schritt und Trab, Geländesteigungen oder Klettern kann die Dauermethode variiert und bis knapp unterhalb der anaeroben Leistungsschwelle gesteigert werden.
- **Intervalltraining:** Systematischer wiederholter Wechsel relativ kurzer Belastungs- und Erholungsphasen, um schnell kontrahierende Muskelfasern zu trainieren und die Stoffwechselkapazität zu steigern. Bei niedriger Intensität liegt die Belastung im aeroben Bereich, bei mittlerer Intensität im aeroben/anaeroben Grenzbereich, und bei hoher Intensität wird in sehr kurzen Intervallen hauptsächlich der anaerobe Stoffwechsel beansprucht.

Bei blank liegenden Nerven bleibt Pferden die Luft weg

Klarsicht

„Weil der Muskelstoffwechsel sehr viel schneller ist als der Sehnenstoffwechsel, wird ein Muskel eher trainierbar sein als eine Sehne. Wenn der Reiter nach 6 Wochen das Gefühl hat, sein Pferd habe eine gute Kondition, dann muss er sich im Klaren sein, dass die Sehnen den Muskelkräften noch lange nicht Stand halten können und ein mehrmonatiges weiteres Training bis zur Ausreifung der Kondition erforderlich ist."

DR. ENDE, AUS „WISSEN RUND UMS PFERD"

Wichtig sind dem gewieften Praktiker, der ein ausschließliches Training auf „Golfrasen" strikt ablehnt, vor allem zu Beginn die Bodenverhältnisse im Gelände: Hart und weich, uneben und glatt, über Stock und Stein, Gräben und Pfützen, bergauf und bergab, um neben dem Fundament auch die mentale Belastbarkeit des Pferdes zu stabilisieren. Wohlwissend, dass sensible Vierbeiner durch mangelnde Routine oder Aufregung häufiger auf anaerobe Kraftquellen zurückgreifen, als es dem Reiter bewusst ist: „Ein Pferd, das nur die Halle kennt, keine Hügel und keine Löcher, ist schon überfordert, bevor an Kondition überhaupt zu denken ist. Jeder Kilometer draußen, auf unterschiedlichem Boden, investiert in ruhige und ausdauernde Bewegung mindert die Verletzungsgefahr und erhöht das Potential für spätere Leistungen. Wer zunächst über Monate, vielleicht Jahre, ein hartes, gegen Verletzungen gewappnetes Pferd heranbildet, kann davon ausgehen, dass dieses Pferd auch einsatzfähig bleibt. Die Verbesserung der Leistungskondition, der Dressur- und Springfähigkeiten sind demgegenüber zweitrangig."

Ein Plädoyer, das sich alle Reiter hinter die Ohren schreiben können. Auch jene, deren Augen an Dressurviereck, Töltbahn oder Springparcours kleben, denn genau dieses Rezept verhalf schonend aufgebauten Kavallerie-, Zug- und sonstigen Gebrauchspferden ihre vielgerühmte Robustheit.

Erst mit zunehmender Ausdauer gehen Basis- und Leistungstraining nahtlos ineinander über. Trab-, Tölt- oder Galoppreprisen werden länger und die Anforderungen an Versammlung, Sprungtechnik, Tempo oder Bewegungskoordination höher. Die Dauermethode mit langen Trainingseinheiten und niedriger Intensität wird allmählich um Intervalltraining in höherer Intensität und kurzen Einheiten erweitert, bis sich das Programm harmonisch im gewohnten Rahmen einpendelt. Natürlich weiterhin mit Blick auf den Energiehaushalt.

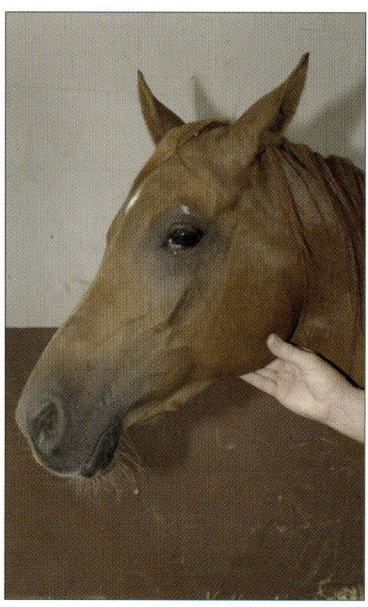

Bei einem gesunden Pferd schlägt der Puls ca. 30-40 Mal pro Minute. Gefühlt werden kann er an der bleistiftdicken, leicht beweglichen Arterie an der Unterseite des Kopfes, ungefähr in der Mitte des Unterkiefers. Sachte gegen den Knochen drücken, bis der Puls spürbar ist. Üblicherweise werden 15 Sekunden gezählt und mit vier multipliziert (bei längeren Zeiten kann das Ergebnis durch Kopfschlagen oder Unruhe verfälscht werden). Gut ist auch ein Vergleich von Puls- und Herzfrequenz; nur muss man dazu die Ruhewerte des Tieres kennen.
Foto: Prohn

Schnee von gestern, weil durch Sportwissenschaftler gründlich widerlegt, sind lapidare Postulate, wie Pferde täglich gehörig ins Schwitzen zu bringen (schweißtriefende Pferde galten früher als Armutszeugnis des Reiters) oder bei 160-180 Herzschlägen pro Minute zu arbeiten. Stattdessen besteht die Kunst darin, entweder knapp unterhalb der individuellen anaeroben Leistungsschwelle des Tieres zu bleiben oder dessen Sauerstoffaufnahme und -ausnutzung durch exakt dosierte Ausflüge im aeroben/anaeroben Grenzbereich zu verbessern. Höchstleistungen werden, wenn überhaupt, nur in zeitlich größeren Abständen verlangt, damit sich das Pferd ausreichend erholen kann und seine Arbeitsmotivation behält. Man wird keinen, über Jahre erfolgreichen Topreiter finden, der in sinnlosen Kraftakten die Reserven seines Pferdes verplempert, um im Ernstfall auf dem Schlauch zu stehen.

Leistungstraining ist eine Sache, Gesundheitsprophylaxe eine andere

Kontrovers diskutiert wird lediglich, ob gut trainierte Spring-, Dressur- oder Westernpferde wie Vielseitigkeitspferde ein zusätzliches Ausgleichstraining brauchen oder ob es nur im Hochleistungssport angebracht sei. Speziell aus der Ecke der Vielseitigkeitsreiter wird, leider oft etwas herablassend, die Auffassung vertreten, dass das tägliche Reiten von 60-90 Minuten normalerweise ausreicht, um einen Parcours von 2 Minuten oder eine Dressuraufgabe von 10 Minuten zu bewältigen. Das stimmt. Andererseits sind das Erreichen eines bestimmten Leistungszieles und die Aufrechterhaltung dieser Leistung über viele Jahre, ohne Folgeschäden für den Organismus, bekanntlich zwei Paar Stiefel. Denn das es offensichtlich nicht genügt, zeigt die horrende Zahl der orthopädischen Schäden in Kliniken und Praxen, von denen ja nicht nur Spitzenpferde betroffen sind. Das meint auch die Physiotherapeutin für Pferde, Helle Katrin Kleven: „Vom Pferd wird oft zu viel verlangt, wenn es sich innerhalb einer Stunde aufwärmen, neue Lektionen erlernen und sich wieder abkühlen soll. In dieser kurzen Zeit wird der Bewegungsapparat zu schnell und zu stark beansprucht."

Im Prinzip steht dahinter doch eine einfache Gleichung: Je unregelmäßiger, intensiver oder einseitiger das Pferd beansprucht wird, je mehr Kraft es für die verlangte Leistung aufwenden muss, umso mehr Schadstoffe werden produziert, und umso höher steigt der Stoffwechseldruck. Das bedeutet zunächst, das nicht nur dem Aufwärmen, sondern auch dem Abwärmen eine eminent hohe Bedeutung zukommt. Und ob dazu die stereotyp eingeschliffenen 10-15 Minuten Trockenreiten im Schritt grundsätzlich ausreichen, wird zunehmend fraglicher, seit sich herumgesprochen hat, dass angesammelte Milchsäure und andere Stoffwechselschlacken nicht durch Gehen, sondern gemächliches Joggen effizienter abgebaut werden.

Eine relativ „neue" Erkenntnis aus dem Humansport, die alte Kavalleriehandbücher ebenfalls als kalter Kaffee entlarven, denn dort galt seit jeher, dass das richtige Abwärmen in umgekehrter Reihenfolge zum Aufwärmen und zur Belastung zu erfolgen habe. Es geriet nur in Vergessenheit und rückt erst über einen Umweg wieder ins Blickfeld, wie bei Eric Navet. Denn der französische Springreiter, der seine Pferde auch auf Turnieren nach jeder Prüfung locker abtrabt, ehe er zum abschließenden Schritt übergeht, begründet seine, manchmal süffisant belächelte Extrawurst nicht etwa mit Verweis auf vergilbte Richtlinien, sondern mit der entwaffnenden Logik: „Was sich bei Fußballern bewährt hat, ist bei Pferden sicher nicht falsch."

Zweifel erlaubt

Angesichts der heutigen, sehr vielfältigen und oft sehr frühzeitigen sportlichen Nutzung des Pferdes bei gleichzeitig außerordentlich hohen Erwartungen durch den Menschen an die Leistungsfähigkeit des equinen Bewegungsapparates, scheint eben diese Anpassungsbreite der Gliedmaßen oftmals überfordert zu sein. Dies wird nicht zuletzt durch die große Bedeutung von Lahmheiten sowohl in der kurativen Praxis als auch in der Klinik deutlich, wo mehr als 50 % der vorgestellten Patienten orthopädische Probleme aufweisen können."

PROF. DR. HORST WEILER, AUS „WISSENSCHAFTLICHE PUBLIKATION 24"

Die paar Minuten in einer Prüfung sind nur die Spitze des Eisberg. Ein abwechslungsreiches Ausgleichstraining gilt bei Hochleistungspferden als wichtiger Schlüssel zum Erfolg.
Foto: Neddens

Raubtiere können sich gesund schlafen, Pferde müssen sich bewegen

Sorgfältiges Auf- und Abwärmen allein ist aber noch nicht der Weisheit letzter Schluss. Wie wichtig aus medizinischer Sicht Wandern oder Walken gerade für ältere Jahrgänge oder als Rehabilitationsmaßnahmen sind, zeigen schließlich die Gesundheitsprogramme sämtlicher Krankenkassen. Wie wichtig ruhige, kontinuierliche Bewegung erst für ein so hoch spezialisiertes Lauftier sein muss, lässt sich an seinem natürlichen Verhalten ermessen.

Menschen, als Sammler und Jäger, können sich wie Raubtiere bei Krankheit vorübergehend in ihren Bau zurückziehen und gesund schlafen, Fluchttiere würden einen derartigen Luxus mit dem Leben bezahlen. Kranke oder verletzte Wildpferde versuchen selbst auf drei Beinen humpelnd noch im Schutzbereich der Herde zu bleiben und mitzuwandern. Der Auslöser dafür liegt zwar im Herdentrieb, aber dieser Bewegungszwang ist für Pferde nicht nur überlebenswichtig, sondern gleichzeitig der Schlüssel zur Genesung. Als Gesundheitsprophylaxe sollte deshalb auch für ältere, scheinbar kerngesunde Pferde regelmäßig 1-2-mal wöchentlich erholsame Geländeritte auf dem Programm stehen, eventuell unterstützt durch Führmaschine, Laufband, Paddock- oder Weidegang. „Die Seele baumeln lassen", stellt Dr. Düe von der Deutschen Reiterlichen Vereinigung kategorisch fest, „ist für Pferde genauso wichtig wie für Menschen."

Zum Ausleiten von Schlacken sind ruhige Geländeritte im gemütlichen Reisetrab, Jog oder Tölt ideal.
Foto: Slawik

So hält man Pferde gesund. Unabhängig von der Rasse, unabhängig von der Disziplin, dem Leistungsniveau und ganz egal, ob man nun maroden Haxen, Bronchial- oder Darmerkrankungen vorbeugen will. Weil nur bei Sauerstoffüberschuss Schlacken abgebaut und die Selbstheilungskräfte des Körpers aktiviert werden können, um mögliche Krankheitsherde schon im Frühstadium auszumerzen. An dieser Tatsache führt kein Weg vorbei.

Ausschließlich leistungsorientiertes Training ist jedoch bloß eine weitere Ursache für vorzeitigen Verschleiß. Ungeklärt bleibt nämlich, warum selbst optimal trainierte und schonend eingesetzte Pferde krankheitsanfälliger sind, als sie es, laut Adam Riese, sein dürften. Doch auch dafür gibt es eine Erklärung. Es ist Stress, genauer gesagt, Dauerstress. Das Gespenst, das längst nicht nur Manager, sondern Frauen und Männer aus allen Berufs- und Gesellschaftsschichten in den Herzinfarkt treibt und Pferden zum Beispiel auf den Magen schlägt.

Tipp

Ein optimaler Trainingsaufbau erfordert viel Erfahrung. Fachliche Unterstützung zur Konditionierung von Pferden und Ansprechpartner für PC-gestützte Leistungsanalysen findet man am schnellsten über die Deutsche Reiterliche Vereinigung, in guten Vielseitigkeitsställen oder den Verein Deutscher Distanzreiter und -fahrer (VDD); Adressen und weiterführende Literatur siehe Serviceteil

*Spaßtraining: Klettern bringt Abwechslung, Kraft und Kondition;
gilt auch für Spring- und Dressurspezialisten.
Foto: Slawik*

*Bei kranken Pferden sind Spaziergänge eine gute Alternative zum Stehen – und manchmal gleichzeitig ein prima Scheutraining.
Foto: Krämer*

MIT GEDULD UND SPUCKE

Auch ohne rekordverdächtige Ambitionen ist beim Training Vorsicht angebracht, um keinen Schaden anzurichten. Einige allgemeine Regeln:

AUFWÄRMEN

Je länger das Pferd gestanden hat, je steifer es ist oder je ausgekühlter die Muskulatur, umso länger dauert die Aufwärmphase. Speziell bei älteren Pferden reichen in der kalten Jahreszeit die üblichen 10 Minuten Schritt oft nicht aus, um das Schmier- und Puffermittel der Gelenke, die Synovia, gründlich zu verteilen. Außerdem haben Untersuchungen bewiesen, dass gut aufgewärmte Pferde in der anschließenden Trainingsphase erheblich mehr Sauerstoff aufnehmen und länger im aeroben Bereich arbeiten können.

TRAINING

Aufbautraining: Ausschließlich aerob arbeiten; Wechsel zwischen fleißigem Schritt und ruhigem Trab oder Tölt, allmählich auf ca. 45 Minuten ausdehnen. Falls nicht nach individuellem Grenzpuls trainiert wird, rechtzeitig das Tempo zurücknehmen. Speziell in hügeligem Gelände ermüden längere Steigungen schlecht konditionierte Pferde meist schon im Schritt. Vorsicht beim Einstieg in die Galopparbeit; grundsätzlich gilt: Erst die Belastungsdauer, die Zeit, in Trab oder Tölt steigern und dann das Tempo. Sehnen und Bänder haben einen langsameren Stoffwechsel als Muskeln und werden schnell überfordert.

Leistungstraining: Die Anforderungen allmählich über einen Zeitraum von mehreren Wochen anheben. Bei Intervall- oder Sprinttraining in kurzen Reprisen arbeiten und auf ausreichend Erholung achten, damit sich die Muskeln immer wieder entspannen können; verkrampfte, schmerzende Muskeln werden schlechter durchblutet: Erst die Erholungsphase doppelt so lang wie die Belastungsphase ansetzen, dann beides gleich lang, danach Erholungsphase entsprechend dem Trainingszustand des Pferdes allmählich verkürzen. Höchstens jeden 3. oder 4. Tag intensiver trainieren. Längere anaerobe Belastungsphasen vermeiden: Bei Sauerstoffmangel wird die Produktion muskelaufbauender Hormone gedrosselt; führt zu Leistungsdepressionen.

ABWÄRMEN

Je anstrengender die Arbeit war, umso länger dauert das Abwärmen. Das Tempo allmählich zurückführen und das Pferd „auslaufen" lassen; bei viel Galopparbeit z.B. über langsamen Canter, Trab zum Schritt, bis sich Puls- und Atemwerte normalisiert haben und so lange, bis das Nachschwitzen abebbt. Dieses natürliche Nachschwitzen möglichst nicht künstlich verkürzen (direkt unters Solarium, zu frühes Abspritzen), weil es noch einen letzten Schub Stoffwechselschlacken nach draußen befördert.

AUSGLEICH

Auch für gesunde Pferde möglichst 1-2-mal wöchentlich längere erholsame Geländeritte im aeroben Bereich einlegen (Schritt, Trab/Tölt, leichter Galopp), um das Ausleiten von Schadstoffen zu fördern; ggf. unterstützt durch Führmaschine oder Laufband.

REGENERATION KRANKER PFERDE

Es gibt nur wenige Krankheiten, bei denen Pferde absolut ruhig gestellt werden müssen; meist unterstützt ruhige Bewegung die Genesung besser. Bewegungsprogramm mit dem Tierarzt absprechen: Darf das Tier nicht geritten werden, mit 10-minütigen Spaziergängen an der Hand starten oder als Handpferd im Schritt mitnehmen; darf das Pferd geritten werden, dasselbe Programm unter dem Sattel. Dauer allmählich steigern; möglichst im Gelände ohne größeren Schwierigkeitsgrad (Steigungen, tiefe oder steinige Böden). Sobald die Erkrankung ausgeheilt ist, mit vorsichtigem Aufbautraining beginnen. Eine Alternative zu Spaziergängen ist Bodenarbeit. Und, ganz wichtig, bei kranken Pferden unbedingt die Fütterung anpassen.

Leistungskiller Dauerstress

Stress ist, wenn uns Omas kostbares Meißener aus den Händen flutscht, ein Mähdrescher beim Ausritt das Ross unter dem Hintern explodieren lässt, das sengende Brenneisen im Fell des Fohlens, wenn das Pferd bei einem Rumpler zu Boden gehen droht oder eine vierbeinige Schlafmütze die Herdenetikette mit einem herzhaften Biss aufgefrischt kriegt. Bei Schreck oder Schmerz schrillen sämtliche Alarmglocken auf. Wie ein Stromschlag peitscht Adrenalin durch den Körper: Puls und Blutdruck schnellen in die Höhe, das Herz rast, die Nerven vibrieren, Muskeln werden stärker durchblutet und die Bronchialwände erschlaffen schlagartig, um mehr Sauerstoff durchzuleiten. Während gleichzeitig das Gehirn scheinbar aussetzt oder die Verdauung abgewürgt wird. Alles, um im Bruchteil von Sekunden sämtliche verfügbaren Kräfte in Flucht oder Angriff zu kanalisieren. Denn Stress ist auch, wenn ein Pferd blindwütig gegen seinen Reiter kämpft oder sich Hengste gegenseitig das Fell gerben, scheinbar jeden Schmerz missachtend.

VOLL UNTER STROM

- **Stress:** Antwort des Organismus auf Belastungen. Reaktionen betreffen z.B. Herz-Kreislaufsystem, Atemsystem, Verdauungssystem, Nervensystem und das endokrine System. Leichter bis mittlerer, erfolgreich bewältigter Stress gilt als notwendig für jede Weiterentwicklung. Unterschieden wird zwischen positivem Stress (Eustress) und negativem Stress (Disstress); Dauerstress, der die Fähigkeiten des Organismus zur Bewältigung übermäßig strapaziert oder übersteigt, wirkt immer negativ.

- **Stressor:** Stress verursachende Reizauslöser, zum Beispiel: Krankheiten, körperliche und seelische An- bzw. Überforderungen, Schmerz, sexuelle Aktivität oder Emotionen (Freude, Zorn, Trauer). Zu den Stressoren im weiteren Sinne zählt außerdem jede Situation, die den Organismus zur Anpassung zwingt, wie Umweltbelastungen, Fehlernährung, Operationen, aber auch eine Schwangerschaft bzw. Trächtigkeit.

- **Stresshormone:** Da die vom Hypothalamus-Hypophysen-System gesteuerten Stresssignale verschiedene Botenstoffe freisetzen, die allesamt untereinander reagieren, gibt es kaum einen Hormonbereich, der bei Stress unbeteiligt bleibt (multidimensionale Hormonreaktion). Als Stresshormone berüchtigt:

- **Adrenalin:** Stresshormon aus dem Nebennierenmark mit extrem kurzer Reaktionszeit; Retter in der Not bei hochgradigem Stress. Treibt ab der ersten Sekunde Kreislauf und Stoffwechsel auf Hochtouren und schnellt innerhalb von 30 Sekunden auf sein Maximum; gilt als klassisches „Fluchthormon".

- **Noradrenalin:** Gemäßigter Verwandter des Adrenalins, mit teils schwächerer, teils gegensätzlicher Wirkung; braucht 3-4 Minuten, um seinen höchsten Pegel zu erreichen. Wird ebenfalls im Nebennierenmark gebildet und mittleren Stressreaktionen zugeordnet; gilt auch als positives „Eu-Stresshormon."

- **Cortisol:** Glukokortikoid aus der Nebennierenrinde, wird schon bei relativ geringer Erregung freigesetzt. Entzündungshemmende Wirkung, kurbelt den Energienachschub bei Belastung an und wirkt kurzfristig leistungssteigernd; langfristig dagegen schwächt Cortisol das Immunsystem, baut Körpereiweiß ab und zerstört bei starkem Stress Nerven- und Hirnzellen. Anhand des Cortisolspiegels in Blut oder Speichel wird z.B. gemessen, wie stark Pferde unter Stress stehen.

Fight or flight: Bei Angst und Wut rasen Stresshormone durch den Körper und lösen Kettenreaktionen aus.
Foto: Neddens

Bei rasender Wut oder Panik dämpfen Endorphine Schmerzen

Stress ist nicht gleich Stress

„Ich halte, genau wie beim Menschen, positiven Stress für leistungsfördernd. Es ist wie eine Erwartungshaltung, die Spitzenpferde in Leistungsbereitschaft umsetzen und die sie unglaublich ehrgeizig mitkämpfen lässt. In dem Moment wo Stress negativ wirkt, werden Pferde dagegen ängstlich, spannig und kippen schnell in eine Verfassung, in der man keine Leistung mehr abfordern, sondern nur noch beruhigen kann, weil man wie ein blinder Passagier obendrauf sitzt."

Isabell Werth

Tatsächlich kommt er in dieser Sekunde gar nicht im Gehirn an, weil bei rasender Wut oder Panik Schmerzsignale entweder gedämmt oder ganz aus dem Rennen gezogen werden können. Ein Trick der Natur, um aus brenzligen Situationen vielleicht lädiert, aber erfolgreich oder zumindest lebend herauszukommen. Und das ist nicht das einzige Ass im Ärmel. Insgesamt tritt der Ruf zu den Waffen — angefeuert durch das Hypothalamus-Hypophysen-System als Stresszentrum — eine hormonelle Kettenreaktion los. Unter anderem beteiligt: Adrenalin bzw. Noradrenalin, Acetylcholin, Dopamin, Serotonin, Prostaglandine und Endorphine.

Teils bekannte Verwandte, aber durch die unterschiedliche chemische Zusammensetzung und Interaktion der Botenstoffe, die ihrerseits nützliche Hilfstruppen rekrutieren, sorgt der bei Stress angerührte Hormon-Cocktail im ganzen Körper für hektische Aktivität. Thyreotrope Hormone regen die Schilddrüse an, dem Körper zusätzliche Energie zur Verfügung zu stellen, während Cortisol aus der Nebennierenrinde die Zuckerbereitstellung ankurbelt; die Milz schüttet mehr rote Blutkörperchen für den Sauerstofftransport aus, aber auch um die Blutgerinnung bei Verletzungen zu unterstützen, und das Knochenmark fährt zur Bekämpfung von Infektionen die Produktion der weißen Blutkörperchen hoch.

Solche, mehr oder weniger heftig ausfallenden Stressreaktionen gehören zum Leben — und zum Lernprogramm der Evolution. Und wenn sie lediglich verhindern, dass Porzellan zerdeppert wird, hat sich auch noch niemand darüber beschwert. Außerdem ist ja nicht jeder Stress unangenehm.

Denn im Gegensatz zum negativen Disstress ist der positive Eustress, samt seinem moderater ablaufenden hormonellen Aufruhr durchaus willkommen. Wenn Fohlen vor Übermut aus dem Fell springen, bei Frühlingsgefühlen in Hengst und Stute, Arbeitsfreude und angestauter Energie wird schließlich ein ähnliches Hormonsüppchen angerührt. Nur wird die überschüssige Kraft eben auf angenehme Art abreagiert. Sie wird vor allem in Aktivität umgesetzt — und sie ist zeitlich begrenzt.

*Positiver Stress ist, wenn die Zusammenarbeit mit dem Reiter Spaß macht.
Foto: Neddens*

Dauerstress laugt den Organismus aus

Und das ist eben der Murks bei Dauerstress. Er kennt weder Maß noch Ziel. Er gönnt dem Körper keine oder nur unvollständige Erholung und laugt den Organismus aus. Manchmal bis zur totalen Erschöpfung, das bekannte „Burn-out-Syndrom" eben. Und egal wie lustbetont der ursprüngliche Reiz gewesen sein mag, ob körperlicher oder seelischer Natur — er wird auf Dauer garantiert negativ. Die Auswirkungen sind letztendlich nahezu dieselben. Sofern der Druck nur lang genug wirkt. Krankheiten und Schmerzen führen neben der physischen Ermüdung auch zu charakterlichen Veränderungen, zu Antriebsschwäche, Neurosen, Aggressionen und Depressionen. Umgekehrt erkrankt, wer ständig unzufrieden ist, ewig gedeckt oder gescheucht wird, langfristig auch körperlich. Über die Prozentzahlen psychosomatischer Erkrankungen, aufgrund seelischer Belastung, mögen sich weder Humanärzte noch Veterinäre präzise äußern, aus Angst, immer noch zu tief zu greifen.

Im Prinzip ist das Ganze ein Anpassungsproblem. Der Organismus reagiert auf Dauerstress wie auf ein Raubtier, einen lästigen Futterkonkurrenten oder jeden anderen, x-beliebigen Auslöser. Er zentriert seine Kräfte, um das Thema vom Tisch zu kriegen. Nur hilft diesmal weder Flucht noch Angriff. Und das Thema bleibt auf dem Tisch. Eine Situation, in der die sonst so bewährte Überlebenstaktik zum Killerprogramm mutiert, denn sie geht ja zu Lasten anderer, ebenso wichtiger Funktionen. Wie bei einer lecken Leitung tropft permanent Cortisol ins Blut, bloß sorgt es jetzt nicht mehr für einen kurzfristigen Energiekick, sondern stört den Protein-Stoffwechsel und baut Muskelmasse ab, ruiniert Nerven- und Gehirnzellen und schwächt das Immunsystem. Das extremste Beispiel für die verheerenden Auswirkungen eines hochgeputschten Cortisolpegels ist die Wanderung der Lachse in ihre Laichgewässer; am Ende steht der programmierte Zelltod.

Kapitulation

„Die Einsichten und Erklärungen der differenzierten Stress-Theorie sind insofern praxisrelevant, als sie verständlich werden lassen, dass für den Organismus zeitlich begrenzter Stress, dem er durch Flucht oder Aggression zu entgehen sucht, sehr viel weniger belastend ist als der anhaltende oder sich wiederholende, vor dem er kapituliert."

Prof. Dr. Heinz Meyer, aus „Wissenschaftliche Publikation 15"

AUS DER STRESS-FORSCHUNG

FIGHT OR FLIGHT: Walter Cannon, Physiologe an der Harvard Universität, verfasste die erste wissenschaftliche Beschreibung der „adrenergen Notfallreaktion", auf die Menschen und Tiere entweder mit Gegenwehr und Kampf oder Flucht in die Sicherheit reagieren. Diese zweifache, grundlegende Stressreaktion auf äußere Gefahren nannte er fight-or-flight-syndrome.

AAS: Allgemeines Adaptionssyndrom, Selye-Syndrom; Hans Selye, kanadischer Endokrinologe, beschäftigte sich mehr mit körperlichen und biochemischen Auswirkungen bei Dauerstress und zählt zu den Pionieren der Stressforschung. Er unterteilte die verschiedenen Anpassungsmuster in drei Phasen:

- **Alarmreaktion:** Erhöhte Wachsamkeit und Konzentration der Kräfte.
- **Resistenz:** Durch permanente Ausschüttung der Stresshormone folgt eine Phase der Resistenz; der Organismus leistet erhöhten Widerstand gegen den Stressreiz, ist aber anfälliger für andere Stressoren.
- **Erschöpfung:** Ist die Widerstandskraft verbraucht, treten viele Symptome aus der Alarmphase wieder auf. Durch die allgemeine Erschöpfung kommt es zu Folge- und Begleiterkrankungen schwächerer Stressoren.

Moderne Stresstheorien werden noch differenzierter gesehen und beziehen z.B. auch Verhaltensänderungen bei psychischem Stress ein. So kann schwerer Stress bis zu völliger Apathie führen, wenn dahinter die Erfahrung steht, dass eine Situation weder durch Flucht noch durch Angriff zu bewältigen ist.

Mögliche Folgen: Hengste, die nicht können oder wollen und Leistungsabfall

Vor diesem genetischen Super-Gau sind Pferde gefeit, aber mit der Decke abstreifen lässt sich Stress bei ihnen auch nicht. Unter dem Dauerbeschuss der Stresshormone gerät zum Beispiel das vegetative Nervensystem, das die Tätigkeit der inneren Organe zwischen Belastung und Entspannung reguliert, so gründlich aus den Fugen, dass die Nerven auch ohne Grund Fehlalarm auslösen, und der Organismus gar nicht mehr zur Ruhe kommt. Auf der Strecke bleibt die dringend notwendige Erholung oder die Förderung von Magen- und Darmsekreten, während andere Triebe in eine Art Winterschlaf verfallen. Dauerstress gilt, nach heutiger Auffassung, als Potenzkiller Nummer eins. Lustverlust bei Mensch und Tier.

Mögliche Folgen bei Pferden: Schreckhaftigkeit oder auffällige Müdigkeit, Aggressivität, Verdauungsstörungen, Leistungsabfall, Hengste, die nicht können oder wollen und Fruchtbarkeitsstörungen bzw. Fehlgeburten bei Stuten. Oder das „Cushing Syndrom": Eine schwere Stoffwechselentgleisung von ACTH und Cortisol, unter der zunehmend mehr, und vor allem jüngere Pferde leiden. Die könnte aber, nach Meinung von Prof. Hans-Otto Hoppen, auch aus zu großzügigem Einsatz von Kortison-Präparaten resultieren. Schließlich hätten die Ableger des körpereigenen Entzündungshemmers Cortisol durchaus das Potenzial, Hormonhaushalt und Stoffwechsel ähnlich gründlich aufzumischen wie massiver Dauerstress. Eine Eigenschaft, die Kortison mit vielen schweren Medikamenten im Langzeiteinsatz teilt.

Informationen, die erst richtig interessant werden, wenn man berücksichtigt, dass die damit verbundene erhöhte Stoffwechselleistung zwangsläufig auch eine erhöhte Flut an Stoffwechselrückständen freisetzt. Säuren, die neutralisiert, verwaltet und entsorgt

Cushing-Syndrom: Durst, weiche Knochen, Kräusel im Fell und Muskelschwäche – verursacht durch eine Störung der Hormone ACTH und Cortisol
Foto: Prohn

werden müssen. Dafür braucht der Körper, neben der bereits ausgeführten notwendigen Bewegung im Sauerstoffüberschuss, ausreichend Mineralstoffe und ausreichend Zeit. Ruhezeit, um es zu präzisieren. Beides wird bei Dauerstress schnell zur Mangelware, denn Stress kann bis zu 60-70 % mehr an bestimmten Mineralstoffen verschlingen: Magnesium, Kalium, Calcium, Natrium und deren Salze zum Beispiel, während die Erholungsphasen durch das überreagierende Nervensystem erfahrungsgemäß gründlich zusammengeknabbert werden.

Daraus ergeben sich zwei weitere Probleme: Um den Säureangriff auf die Zellen so gut wie möglich zu unterbinden, muss der Körper die zur Neutralisierung benötigten Pufferstoffe zwangsläufig aus allen verfügbaren Mineralstoffdepots herauslösen, auch wenn er diese Strukturen schwächt. Eine vergleichbare Situation wie bei übertrieben ausgeübtem Leistungssport oder bei der glücklicherweise zeitlich begrenzten Schwangerschaft bzw. Trächtigkeit des Tieres, die dem weiblichen Körper ja ebenfalls eine enorme Stoffwechselleistung abfordert. Der in Notzeiten bekannte Satz „Jedes Kind kostet die Mutter einen Zahn" oder das früher typische Zerrbild schlecht versorgter, durch zu viele Geburten ausgelaugter Zuchtstuten mit Senkrücken und krummen Beinen resultierte aus dem einen schlichten Grund, dass der Embryo die zu seiner Entwicklung benötigten Stoffe rücksichtslos dem Körper der Mutter entzog. Und was passiert, wenn der Organismus unter Dauerstress grundsätzlich mehr Abfälle produziert als er verstoffwechseln kann, weil Leber, Darm, Niere, Lunge und Haut mit der Ausscheidung der Säuren überfordert sind? Dann bleibt die schlichte Frage: Wohin mit dem Klavier?

Das Bindegewebe als Mülldeponie

Im Blut können die Schadstoffe nicht bleiben. Das hat eine so geringe Säuretoleranz, dass gravierende Abweichungen tödliche Folgen hätten. Die meisten Zellen sind ebenfalls überlastet, andere Organe — wie Herz oder Hirn — so wichtig, dass ihr Säurestatus unbedingt gewahrt bleiben muss. Folglich müssen weniger anfällige Strukturen wie das Binde- und Fettgewebe ran. Wobei speziell das Bindegewebe als Zwischenmülldeponie für Schlacken herhalten muss, in der Hoffnung, die Müllkippe in stoffwechselruhigen Zeiten wieder leeren zu können.

Bei Dauerstress wird daraus aber schnell eine Endlösung. Mit fatalen Folgen, denn das Bindegewebe trennt nicht, sondern vereinigt die einzelnen Bestandteile des Organismus. Und besonders die weichen, zellreichen Strukturen haben immens wichtige Funktionen im Stoffwechsel, im Stofftransport, im Flüssigkeitshaushalt, bei Abwehrprozessen und in der Regeneration. Denn der Stoffaustausch von Nährstoffen oder Hormonen einerseits sowie die Abgabe von Stoffwechselresten andererseits erfolgt nicht direkt von Zelle zu Zelle, sondern über extrazelluläre Flüssigkeiten und verbindende Gewebe aus und in Blut- und Lymphbahnen. Funktionen, die zunehmend eingeschränkt werden, je mehr Schlacken das Bindegewebe verstopfen. Das heißt, solange der oder die Hauptstressoren nicht abgestellt werden, bringt die beste medikamentöse Versorgung und das teuerste Futter wenig, selbst wenn dem Pferd die Mineralstoffe aus den Ohren quellen. Wobei „viel" in Bezug auf Mineralstoffdeckung, wie im Kapitel Fütterung ausgeführt, ohnehin ein zweischneidiges Schwert ist, weil es auch auf die Zusammensetzung ankommt.

Bindende Funktion

„Die Binde- und Stützgewebe verleihen dem Körper seine Eigengestalt, bilden Stütz- und Grundgerüste sowie Schutz- und Hüllstücke für Organe. Neben diesen mechanischen Aufgaben stehen weitere Funktionen im Stoffwechsel, im Stofftransport, im Flüssigkeitshaushalt des Organismus, bei Abwehrprozessen und in der Regeneration."

PROF. DR. MED. HERBERT HEES, NACH MOSIMANN UND KOHLER, AUS „ZYTOLOGIE, HISTOLOGIE UND MIKROSKOPISCHE ANATOMIE DER HAUSSÄUGETIERE"

Die latente Azidose

So weit sind die Fakten gesichert. Einig ist man sich in Human- und Veterinärmedizin auch dahingehend, dass permanente körperliche Überforderung und seelischer Dauerstress zu Störungen im Säure-Basenhaushalt führen. In der menschlichen Naturheilkunde geht man jedoch einen Schritt weiter. Dort werden auf die schleichende Übersäuerung, die in der Schulmedizin noch wenig bedenklich eingestufte „latente Azidose" und zunehmende Verschlackung, verbunden mit der erschwerten Zellatmung, Ver- und Entsorgung ein Großteil aller Krankheitsbilder zurückgeführt: Angefangen von Cellulite bis Haarausfall, Asthma, Allergien, stressbedingtes Übergewicht und natürlich rheumatische oder degenerative Erkrankungen. Letztere mit der Begründung, dass sich bestimmte Schlacken bevorzugt in Gelenknähe und an Sehnenansätzen ablagerten. Auch Herzinfarkt und Magengeschwüre gelten als Säurekatastrophen, Resultat aus seelischer Dauerbelastung in Verbindung mit Fehlernährung und/oder Bewegungsmangel. Welche Krankheit ausbricht, hängt lediglich von der jeweiligen Stressresistenz, der Vorbelastung und der individuellen Schwachstelle des Organismus ab.

Ob man diese Auffassung teilt oder sie gar aufs Pferd transferiert, bleibt jedem selbst überlassen. Pferde bekommen zum Beispiel keinen Herzinfarkt, weil ihnen als Pflanzenfresser die typischen, maßgeblich durch tierische Fette verursachten Herzkranz-Gefäßverengungen erspart bleiben (obwohl es andere Herzerkrankungen durchaus gibt). Dafür kriegen sie Magengeschwüre. Nach Dr. Helmut Ende, bekannt durch seine spektakulären Aktionen zur Pferdegesundheit, hat ungefähr jedes fünfte Pferd ein Loch im Magen.

Wie kommt ein Pflanzenfresser, der als Reitpferd obendrein meist regelmäßig bewegt wird, zu Magengeschwüren? Als Ursache wird neben falscher Fütterung und einigen anderen Faktoren hauptsächlich Stress durch nicht artgerechte Haltung genannt. Das eigentliche Desaster findet bei vernünftig gerittenen Pferden weniger in der Stunde unter dem Sattel, sondern vor und nach dem Training statt. Außerdem wird bei nicht pferdegerechten Haltungsbedingungen das Leistungspotenzial des Tieres geradezu sinnlos verschwendet, wie ein Streifzug durch die Evolution des Pferdes zeigt.

Loch im Magen

„Jedes 5. Pferd hat Magengeschwüre. Ursache ist der Stress durch häufiges Umstellen, durch Transporte, fremde Stallgenossen und schlechte Futterqualität. Halten Sie Ihr Pferd so artgerecht wie möglich. Achten Sie auf Licht, Luft, Bewegung und Sozialkontakte."

Dr. Ende, aus „Wissen rund ums Pferd"

*Ätzend: Über 50 % der Fohlen leiden im ersten Lebensjahr unter Magengeschwüren. Veterinäre schätzen, dass bei fast jedem 5. Pferd die Magenwände ständig angegriffen sind. Ursache: Stress
Foto: Tierärztliche Hochschule, Hannover*

DAS SÄURE-BASEN-GLEICHGEWICHT

Der Säure-Basen-Haushalt bezeichnet das Gleichgewicht zwischen Säuren und Basen im Blut und im Organismus, um einen optimalen Stoffwechsel zu gewährleisten. Fast alle biologischen Vorgänge sind auf bestimmte pH-Werte angewiesen. Abweichungen führen zu Azidose oder Alkalose, die in einigen Geweben und Organen begrenzt, in anderen fast gar nicht toleriert werden (Blut erlaubt z.B. nur eine Toleranz zwischen 7,3-7,5). Die Konstanz der pH-Werte wird durch verschiedene Puffer reguliert.

- **Säuren:** chemische Verbindungen, die in wässriger Lösung Wasserstoffionen abspalten, wie Salzsäure, Aminosäure, Milch- oder Kohlensäure.
- **Basen:** chemische Verbindungen, die in wässriger Lösung Hydroxionen abspalten, wie Natronlauge, Kalilauge.
- **pH-Wert:** potentia hydrogenii; Messgrundlage für Säuren und Basen. Reicht vom pH-Wert 1 (extrem sauer) über 7 (neutral) bis 14 (extrem basisch).
- **Azidose:** Senkung des pH-Werts; abnehmende Möglichkeit des Organismus Säuren abzupuffern.
- **Alkalose:** Erhöhung des pH-Wertes; z.B. Hyperventilation bei Angst oder extremes Schwitzen.
- **Puffersysteme:** Hämoglobinpuffer, Bicarbonat- und Nichtbicarbonatpuffer. Wichtigster Sofortpuffer ist Natriumbicarbonat, das sowohl mit der Nahrung aufgenommen wie von den Belegzellen des Magens gebildet wird.

Kapitel 4

Inhalt
Die wilden Gene

Foto: Neddens

Born to be wild

Das Erfolgsrezept der Evolution: Perfekte Anpassung an die Umwelt. Ein Erbe, das im Umgang mit dem Pferd und in der Haltung bis heute berücksichtigt werden muss

Die wilden Gene

Binsenweisheit

„Es ist eine alte Binsenweisheit, dass Organismen nur dann in der Lage sind, ihre Leistungsanlagen voll zu entfalten, wenn sich ihre angeborenen Lebensbedürfnisse mit der Umwelt in Einklang befinden. Diese Lebensbedürfnisse lassen sich aus der Entwicklungsgeschichte ableiten, nach der sich jede Wildtierart über Erdzeitalter hinweg an bestimmte Lebensräume angepasst hat. Das gilt auch für das Pferd. Der Mensch, der das Pferd nutzen will, muss das Pferdeverhalten kennen, um das Pferd richtig zu behandeln. Er muss das Verhalten auch kennen, wenn er die Lebensansprüche des Pferdes zufriedenstellend erfüllen will."

PROF. DR. KLAUS ZEEB,
AUSZUG AUS „RICHTLINIEN FÜR FAHREN
UND REITEN, BD. 4"

Domestiken sind wörtlich übersetzt Hausgenossen und ackerten in der Realität als Dienstboten für ihren Lebensunterhalt. Domestizierte Pferde leben nicht im Haus, ackern jedoch, sofern sie nicht zum Verzehr gemästet werden, seit der Zeit für ihre Besitzer, seit er begann, sie an einem Baum festzuzurren bzw. in einen Corral oder Unterstand einzustellen. Entsprechende Versorgung mit Futter und Wasser vorausgesetzt, wenn der Mensch das Pferd schon den größten Teil des Tages daran hindert, sich Speck auf die Rippen zu fressen. Denn wo nichts ist, sei es weil zu wenig investiert oder vorhandene Ressourcen bis auf einen kümmerlichen Rest zusammengeschrubbt werden, kann man auch keine Arbeitskraft herausholen. Das galt und gilt für das Pferd als kultureller Wegbegleiter des Menschen wie für den heutigen Sport- und Freizeitpartner.

Als das Pferd schon aussah wie ein Pferd, spielte der Homo habilis noch mit dem Feuer herum

Artgerechte Haltung beschränkt sich jedoch nicht darauf, das Pferd vor Witterungseinflüssen zu schützen oder irgendwie mit Wasser und Futter zu versorgen. „Es ist immer auch eine Auseinandersetzung mit seinem arttypischen Verhalten und seinen artbedingten Bedürfnissen", erklärt Professor Zeeb, langjähriger Leiter für Verhaltenskunde am Tierhygienischen Institut Freiburg. Was frisst ein Pferd, wie frisst es, in welchen Mengen und welchen Zeitabständen frisst es? Wie kommuniziert es mit Artgenossen? Wann und wo schläft es? Wie hat es das Pferd überhaupt geschafft, ein Pferd zu werden, statt vorzeitig in den Mägen von Tyrannosaurus Rex, Säbelzahntiger & Konsorten zu verschwinden? Ohne den ohnehin oft fragwürdigen Schutz des Menschen? Denn der sauste im Mesozoikum, gemeinsam mit den Vorläufern der Equiden, als kleiner nachtaktiver Insektenfresser durch den Urwald und wusste noch nicht mal, dass er später Affe werden wollte. Immerhin gibt es Säugetiere — zu denen der Mensch ebenso wie das Pferd zählt — seit gut 200-220 Millionen Jahren, auch wenn ihre große Stunde erst mit dem Aussterben der Saurier vor rund 65 Millionen Jahren schlug:

Kultig: Als der englische Zoologe Richard Owen den ersten Schädel eines bis dahin unbekannten Tieres untersuchte und es Hyracotherium nannte, ahnte er nicht, dass mit dem fossilen Zwerg, besser bekannt unter der amerikanischen Bezeichnung „Eohippus", die sensationelle Karriere der Einhufer begann. Bedeutender Fundort in Deutschland ist die Messeler Grube bei Darmstadt

Foto: Westfälisches Pferdemuseum Münster, Modell: Palaeo Werkstatt - Henssen, Goch

■ Als der mehrzehige, fuchsgroße Eohippus oder Hyracotherium, ältester direkter Urahn des Pferdes, vor 55-60 Millionen Jahren auf hornummantelten Pfoten vorsichtig durchs schlammige Unterholz tappte, saßen die Urahnen des Menschen bestenfalls in einer Astgabel und kratzten sich den Pelz.

*Der Zankapfel: Das Mongolische Wildpferd wurde 1879 von Nikolai Michailowitch Przewalskij entdeckt und unter der Bezeichnung „Equus przewalski przewalski" oder „Equus przewalski poljakow" als Urahn aller Hauspferde berühmt. Irrtum, sagen Molekularbiologen, denn neben dem eng begrenzten mtDNA-Muster (=Mitochondrien-DNA) besitzen Przewalskipferde 66, Hauspferde aber nur 64 Chromosomen, was freilich weder die einen noch die anderen daran hindert, sich beliebig zu verschwägern. Bekannt sind die Zuchtlinien zoologischer Gärten in München, Halle oder Prag, wo auch das internationale Zuchtbuch zum Schutz der „Urviecher" geführt wird.
Foto: Slawik*

■ Vor ca. 40 Millionen Jahren setzte im Oligozän eine Klimaänderung ein, und die tropischen Wälder schrumpften. Die aus dieser Ära geborgenen Skelettfunde von Mesohippus und Miohippus zeigen bereits Anpassungen an trockenere Lebensräume. Zu etwa dieser Zeit verabschieden sich Altwelt- und Neuweltaffen voneinander; gleichwohl noch brav durch Bäume hangelnd und am Boden auf allen vieren, wie bei ihrer Spezies üblich.

■ Mit Ausbreitung der Savannen vor 23-25 Millionen Jahren tauchte dann der Merychippus auf, inzwischen bereits von respektabler Größe, Grasfresser und flink auf den Beinen. Großzügig gerechnet entspricht es der Zeitspanne, in der die ersten menschenaffenähnlichen Vertreter vermutet werden, doch vom Homo sapiens sind sie noch weit entfernt.

■ Zu Beginn des Pliozäns bereitete sich der Pliohippus auf seine Rolle als erster echter Einhufer vor. Er schaffte es vor rund 7 Millionen Jahren, während sich vor ca. 8 Millionen Jahren der gemeinsame Stammbaum von Menschen und Menschenaffen trennte. In diesen Zeitraum datiert die derzeitige Expertenmeinung auch den aufrechten Gang, seit 1997 eine erneute Untersuchung des längst entdeckten Oreopithecus bambolii ergab, dass der vermeintliche Sumpfaffe bereits auf zwei Beinen gehen konnte. Noch eher als der erst 2001 im Tschad gemachte Sensationsfund des Toumai Sahelantropus tchadensis und gut 3-4 Millionen Jahre früher als die legendäre Lucy.

■ Vor ca. 2 Millionen Jahren konnten die jüngsten Modelle des Pliohippus ihre Verwandtschaft zu den Equiden nicht mehr leugnen, obwohl sich der gemeinsame Stammbaum von Pferden, Eseln, Halbeseln und Zebras noch nicht getrennt hatte. Die Krone der Schöpfung dagegen hatte wahrscheinlich 500.000 Jahre früher herausgekriegt, wie man Feuer macht und gerade die Stufe zum Homo habilis, dem geschickten Menschen, erklommen.

■ Und so geht es munter weiter. Mal werden Thesen aufgestellt, dann kommt ein neuer Fund, und alles wird wieder verworfen.

Geteilter Meinung

Es ist nur logisch anzunehmen, dass ein Wildpferd im trockenheißen Süden Spaniens andere Eigenschaften besitzen muss als eines, das in den sumpfigen Tundrengebieten Sibiriens überleben wollte. Ob man diese verschiedenen Wildformen nun Wildpferdearten, -unterarten oder -rassen nennt, dürfte für den praktischen Züchter und Beurteiler ziemlich gleichgültig sein. Entscheidend ist, dass es Unterschiede gab, die sich, da im Laufe vieler Jahrtausende entstanden, auch im Genom, der Erbsubstanz der Pferde, verankert haben und deshalb sehr konstant weitergegeben werden."

DR. MICHAEL SCHÄFER, GEKÜRZTER AUSZUG AUS „HANDBUCH PFERDEBEURTEILUNG"

Streitlustige Forscher und nicht ins Bild passende Fragmente

Von diesem Hin und Her bleibt auch die scheinbar lückenlose belegte Entwicklungsgeschichte des Pferdes nicht verschont. Spätestens im Pleistozän und mit Beginn der Eiszeit gehen die Forscher auf Konfrontationskurs. Welchen Stellenwert die einzelnen Populationen in der stammesgeschichtlichen Entwicklung hatten, wer bei Ponys, Kaltblütern, Warm- und Vollblütern mitmischte oder wann und wo das erste Pferd gezähmt wurde, sind nur einige Streitpunkte, die durch moderne Analyseverfahren allmählich geschlichtet werden (s. Kasten).

Seit die Herzöge von Croy bevorzugt Konikhengste einsetzen, zeigen viele Dülmener tarpanähnliche Merkmale. Das feingliedrige Wald- und Steppenpferd, das ebenfalls als Urahn vieler Rassen gehandelt wird. Außerdem interessant: Neun von zehn getesteten Dülmener Wildpferden wiesen einen iberisch/berberischen Genotyp auf; möglicherweise von einem Stutenkern iberischer Herkunft. Ein Besuch im Merfelder Bruch ist außerdem eine gute Gelegenheit, Pferdeverhalten unter weitgehend natürlichen Bedingungen zu studieren. Noch ursprünglicher ist das Familienleben der rund 600 Koniks verschiedenen Alters und Geschlechts im niederländischen Naturpark Oostvaardersplassen, bei Amsterdam Foto: Slawik.

Tipp

Weitaus lebendiger erschließt sich die Evolution des Pferdes beim Besuch eines Themenzoos oder paläontologischer Museen (super informativ: Deutsches Pferdemuseum in Verden, Westfälisches Pferdemuseum in Münster). Auch das Stöbern im Internet macht Spaß, wenn die Adresse stimmt; gut sind z.B. Leistungsarbeiten von Gymnasien und weiterführenden Schulen.

Paläontologen und erst recht Paläoanthropologen gelten als die streitlustigsten Wissenschaftler der Welt. Kein Wunder, bei den nach menschlichen Maßstäben kaum vorstellbaren Zeiteinheiten und den in Relation dazu stehenden wenigen Fragmenten, die oft obendrein gar nicht ins Bild passen wollen. „Stellen Sie sich vor", sagt Friedmann Schrenk, Professor für Paläobiologie der Wirbeltiere an der Johann-Wolfgang-Goethe-Universität in Frankfurt am Main, „Sie wollten die Geschichte Mitteleuropas schreiben und hätten als Grundlage dafür nur eine halbe römische Münze, einen Teil eines Mikrofons und das Taschentuch einer wilhelminischen Dienstmagd. Da sehen Sie, wie groß die Lücken sind." Und setzt hinzu: „In unserer Wissenschaft ist nichts unmöglich. Wenn wir etwas nicht finden, bedeutet es nicht, dass es diese Fossilien nicht gibt. Es bedeutet lediglich, dass wir sie bisher nicht entdeckt haben." Ersetzt man Münze, Mikrofon und Taschentuch durch lederne Hufsandale, Schlaufzügel und das Skelett eines Kaltbluts wird ersichtlich, dass die Geschichte des Pferdes ähnlich undurchsichtig ist.

ZOFF IN DER FRAKTION

Wem das Hauspferd seine Rassenvielfalt verdankt, ist ein heiß umstrittenes Thema:

■ Die **Polyphyletiker** gehen von mehreren Wildformen aus, die sich aus zeitlich getrennten amerikanischen Einwanderungsgruppen entwickelten. Bekannt ist die Klassifizierung nach Speed-Ebhardt: Typ I entspricht dem nordischen Urpony gemäßigter Zonen, Typ II dem Tundrenpferd kalter Regionen (nordischer Urkaltblüter); Typ III dem Steppenpferd wärmerer, oft vegetationsarmer Zonen (Ramskopfpferd, Urwarmblüter) und Typ IV dem grazilen Primitivaraber. Gestützt wird die Abstammungstheorie durch umfangreiche röntgenologische Skelett- und Gebissvergleiche.

■ Die **Monophyletiker** sehen eine spätere eurasische Wildpferdeart als einzigen Vorfahren heutiger Hauspferderassen, mit einer extrem großen genetischen Bandbreite. Nach der Kieler Schule war dies Equus prezwalskii Poljakoff (Przewalskipferd); für zeitgenössische Zoologen, wie Prof. Dr. Günter Nobis, ist es der Equus ferus, mit den Unterarten Przewalskipferd, Tarpan und Solutrépferd.

Laut biologischer Artendefinition müssen alle Wild- und Hauspferde zwangsläufig zu einer Art gehören, weil sie sich beliebig untereinander fortpflanzen, während die Nachkommen aus Kreuzungen zwischen Pferden, Eseln und Zebras fast immer unfruchtbar sind. Das spricht zunächst für die Monophyletiker. Ob jedoch ausschließlich die eurasischen Vertreter Alimente zahlen müssten wird zunehmend fraglicher, seit Molekularbiologen den DNA-Schlüssel der Mitochondrien (mtDNA) knackten. Denn weil die Zellkraftwerke ihre Erbstruktur nur weiblichen Nachkommen vererben, lässt sich die mütterliche Linie zurückverfolgen. Bei der bislang größten Untersuchung wurde das Genmaterial von über 650 Pferden verschiedener Rassen mit Daten mongolischer Wildpferde, amerikanischer Mustangs und prähistorischen Funden verglichen.

Das Ergebnis der Akribie, die das Przewalskipferd als Vorfahren aller Hauspferde nahezu sicher ausschloss, schlug wie eine Bombe ein. Bisher fanden die Molekularbiologen ein Netz von 17 Knoten oder Hauptgruppen, von denen die meisten aus der Zeit vor der Domestikation stammen. Alle Rassen, die einem dieser Knoten zugeordnet werden können, haben bestimmte Genotypen und sind mütterlicherseits verwandt; gehören sie zu zwei verschiedenen Knoten, sind sie es eben nicht (der väterliche Einfluss bleibt unberücksichtigt). Außerdem berechneten die Forscher, dass mindestens 77 wilde Stutenstämme aus geografisch weit auseinander liegenden Regionen ihren Genotyp zur heutigen Rassenvielfalt beisteuerten. Das gibt den Polyphyletikern Auftrieb, trotz der nach wie vor offenen Frage des letzten gemeinsamen Urahns.

Ein weiterer Bereich, auf den sich die Arbeit auswirken könnte, ist Ort und Zeitpunkt der Domestikation: Die ältesten, wissenschaftlich gesicherten Funde von Hauspferden werden auf knapp 4.000 Jahre v. Chr. datiert, wobei der Ursprung in der Ukraine vermutet wird. Berühmt wurde z.B. die Srednij-Stog-Kultur am Dnjepr, wo neben Pferdeknochen sechs aus Hirschhorn gefertigte Trensenknebel gefunden wurden. Andererseits gibt es Hinweise auf frühere Zähmungen in anderen Gebieten, da Wildpferde vor 10.000 bis 35.000 Jahren in Eurasien allgemein stark verbreitet waren, wie neuere Ausgrabungen belegen. Thesen, die durch die gefundenen Genotypen ebenfalls an Glaubwürdigkeit gewinnen. Ginge die Domestikation des Pferdes von nur einer Kultur aus, so die Überlegungen, hätten die prähistorischen Züchter Stuten aus mindestens 39 verschiedenen Populationen unterschiedlicher geografischer Herkunft gebraucht. Wegen dieser Unwahrscheinlichkeit vermuten die Wissenschaftler deshalb, dass mehrere Völkergruppen das Pferd unabhängig voneinander domestizierten.

Weitere Untersuchungen bleiben abzuwarten, aber es scheint, als ob nicht nur die Abstammung diverser Rassen, sondern auch die Domestikation des Pferdes teilweise neu geschrieben werden muss.

Nordische Kleiderschränke: Starkknochig, mit opulenten Rundungen, die zum Reinkneifen verführen, sind die Kraftprotze wie geschaffen für langsame Schwerstarbeit. Charakteristisch ist die gespaltene Kruppe, der schwere Kopf, die stämmigen Beine – oft mit Kötenbehang, tortenähnliche Hufe und gelassenes Temperament. Kaltblüter gibt es in kleineren und größeren, gröberen oder eleganteren Ausgaben. Zu den Riesen unter ihnen zählen die stark veredelten Shires. Eine Tierquälerei ist allerdings der kupierte Schweif, der dem Wallach das Abwedeln lästiger Fliegen verwehrt. Glücklicherweise ist es inzwischen in vielen Ländern verboten.
Foto: Neddens

Die wichtigste Lektion der Evolution: Pferde sind Steppentiere und können auf den Menschen verzichten

Und trotz abweichender Literaturangaben und wissenschaftlicher Meinungsverschiedenheiten kann es sich kein Reiter leisten, die Evolution des Pferdes komplett zu schlampern. Denn die darin enthaltene Lektion gipfelt nicht darin, die Millionenfrage in einem Quiz abzustauben, weil man den Stammbaum der Equiden nebst Seitenlinien lückenlos

herunterbeten kann. Es geht auch nicht um hunderttausend Jahre, die rauf- oder runter-
gerechnet werden; das Gebiet kann man getrost Spezialisten überlassen. Ein solcher
Streifzug hat einen ganz pragmatischen, täglichen Nutzwert:

Fakt 1: Das Pferd schaffte es weitgehend allein, sich in den meisten, ihm zugänglichen
Klimazonen der Welt auszubreiten, allen Widrigkeiten und Umwegen zum Trotz. Die
menschliche Selektion auf verschiedene Hauspferderassen ist lediglich die Spitze des
Eisbergs. Wie schnell entlaufene Hauspferde verwildern und wie gut sie erneut ohne den
Menschen klarkommen, sofern er ihren Lebensraum nicht eklatant beschneidet, beweisen amerikanische Mustangs, australische Brumbys oder die Wüstentrakehner und -
vollblüter der Namib. So gut, dass sie in günstigen Gebieten ohne natürliche Fressfeinde
sehr schnell zu einer regelrechten Plage werden.

Fakt 2: Seit rund 25 Millionen Jahren bewohnen Pferde offene Lebensräume. Welche
physischen und psychischen Voraussetzungen mögen notwendig sein, um auf weitgehend überschaubaren, tagsüber oft glutheißen und nachts eiskalten, Wind und Wetter
ausgesetzten Flächen zu überleben? Als Pflanzenfresser immer in Gefahr, angegriffen zu
werden? Dabei genügend Schlaf zu finden, genügend Reserven für die Fortpflanzung zu
bilden und gesund zu bleiben?

Welche Ansprüche stellt das Pferd an eine artgerechte Haltung?

Und, wie lassen sie sich erfüllen?

Denn erfüllt werden müssen sie. Und das umso penibler, je mehr Zeit das Pferd in der
künstlichen, vom Menschen strukturierten Haltungsumwelt verbringt oder je höhere
Ansprüche der Reiter an sein Tier stellt.

*In einem der gefundenen Abstammungs-
knoten sind iberisch/berberische Pferde
vertreten: Andalusier, Lusitanos und
Berber. Die Prototypen edler Reitpferde,
auf denen im Barock der gesamte europä-
ische Adel saß. Ihr Blut fließt in fast allen
europäischen Warmblutrassen und den
meisten amerikanischen Mustangs.
Kurios: Die Sorraias, eine iberische
Primitivpferderasse weisen einen anderen
Genotyp auf, sind dafür aber mit den
weitgehend isoliert lebenden Cerbat-
Mustangs im Nordwesten Arizonas
verwandt. Beide Genotypen gehen
vermutlich auf einen noch älteren gemeinsamen Urahn zurück, den Tarpan.
Foto: Neddens*

Defizite in der Haltung kosten so viel Energie, dass keine Kraft mehr übrig bleibt

Warum, schwant einem bereits bei einem Blick auf die embryonale Entwicklung, die jedes Säugetier in ähnlicher Form durchläuft. Kurz nach der Zeugung sind die kaulquappenähnlichen Gebilde von Pferd, Hund, Katze, Maus, Mensch oder Wal kaum voneinander zu unterscheiden. Kiemenbögen und -furchen des menschlichen oder die fünfzehige Anlage des Pferdekindes im Bauch seiner Mutter — nicht zu leugnende Hinweise, dass die prähistorischen Vettern auch im 21. Jahrhundert noch grüßen. Mit den Bedürfnissen ist es nicht anders, schließlich entwickelten sie sich, analog zu anatomischen Merkmalen, ebenfalls in Anpassung an einen ganz bestimmten Lebensraum.

Triebe sind der Hilfsmotor der Evolution (obwohl Verhaltensforscher bei dem Begriff „Trieb" gelinde Zahnschmerzen bekommen, s. Kasten). Das wissenschaftlich korrekte „arttypische Verhalten" einer Spezies ist Ausdruck vorhandener, elementarer und durch nichts wegzudiskutierender Bedürfnisse. Können diese Bedürfnisse weder ausgelebt noch in sozial verträgliche Bahnen kanalisiert werden, oder wird die Anpassungsfähigkeit des Individuums durch einen geänderten Lebensraum überfordert, führt der Bedürfnisstau — im Prinzip nichts anderes als massiver Dauerstress — bei jedem Organismus zu Krankheit, Tod, Neurosen oder Psychosen. Der berühmte Fisch auf dem Trockenen oder das Grundproblem der Kriminalität. Und ob das Pferd nun vor 5.000, 6.000 oder 7.000 Jahren domestiziert wurde — angesichts einer dahinterstehenden Entwicklungsgeschichte von 55-60 Millionen Jahren bleiben es lächerliche Zahlen.

Foto: Zeeb

TRIEBE — WISSENSCHAFTLICH PRÄZISIERT

Prof. Dr. Klaus Zeeb,
Langjähriger Leiter für Verhaltenskunde am Tierhygienischen Institut Freiburg,
bekannt u.a. durch seinen Quadrupedentest im Merfelder Bruch.
„Der Begriff „Trieb" wird in der Verhaltensforschung nur ungern verwandt, weil er unterschiedlich ausgelegt werden kann. Sicherer ist es, von angeborenem und erworbenem Verhalten zu sprechen. Es dient Lebewesen dazu, den zum Aufbau und Erhalt des Organismus notwendigen Bedarf mittels angeborenem und erworbenem Verhalten zu decken. Das sind physische Vorgänge. Der Antrieb zu diesem Verhalten sind Bedürfnisse, die das Lebewesen zu befriedigen trachtet. Das sind psychische Vorgänge. Verhalten wird durch Bedürfnisse im Zusammenhang mit Außenreizen aktiviert. Außerdem geht man davon aus, dass die Evolution — die ja nie abgeschlossen ist — durch Auslese der Individuen funktioniert, die am besten an den jeweiligen Lebensraum angepasst sind, oder die sich (durch Überleben) am besten an neue Lebensräume anpassen können. Diese Anpassung wird durch das Erbgut insgesamt bestimmt; ungeeignete Individuen pflanzen sich nicht fort."

Genau genommen ist die Arbeitsfähigkeit und Arbeitsmotivation des Pferdes ein reines Überschussgeschäft. Je besser die physischen und psychischen Grundbedürfnisse des Pferdes in der Haltung erfüllt werden, umso größer ist sein Arbeitspotential und die Bereitschaft zur Mitarbeit. Umgekehrt können Defizite das Pferd so viel Energie kosten, dass nicht nur die Arbeitsmotivation, sondern auch seine Selbstregulation regelrecht ausgeschaltet werden. Wer unzulängliche Haltungsbedingungen seines Pferdes in Kauf nimmt, darf sich weder über Leistungsabfall, Leistungsverweigerung, Krankheiten noch

Verhaltensstörungen beschweren. Denn was hier, in bis zu 23 Stunden pro Tag verbaselt wird, lässt sich mit dem besten Training der Welt innerhalb einer Stunde nicht kompensieren. Siege werden im Stall errungen. Beim Sport- und Freizeitreiten.

Defizite in der Haltung

Individuelles Grundpotenzial an Energie	Energiebedarf zur Deckung physischer Grundbedürfnisse wie Fressen, Atmen	Energiebedarf zur Deckung psychischer Grundbedürfnisse wie Kontakt zu Artgenossen	Verbleibende Restenergie im Training
Auswirkungen von Haltungsdefiziten	Mehrbedarf an Energie, verursacht z.B. durch Sauerstoffmangel	Mehrbedarf an Energie, verursacht z.B. durch fehlende Sozialkontakte	Verringerung des Leistungspotenzials

Von wegen „Macke"

„Wenn ein Pferd aber nicht seiner Natur entsprechend behandelt wird, sind häufig nicht nur Erkrankungen, sondern auch Verhaltensprobleme die Folge. Diese kommen nicht von ungefähr: Es steckt stets eine auslösende Ursache dahinter. Meist sind es Haltungs- und Umgangsfehler, die das Pferd zu einer Verhaltensanomalie geradezu zwingen. Vielfach wird diese als Macke abgetan, doch nicht selten hat ein solches Verhalten tierschutzrelevante Hintergründe."

PROF. DR. DR. HANS HINRICH SAMBRAUS NACH DR. MARGIT ZEITLER-FEICHT, AUS „HANDBUCH PFERDEVERHALTEN"

Sonderstatus Araber: Seine Herkunft konnte bisher nicht gelüftet werden. Laut mütterlichem Genotyp ist der originale Wüstenaraber weder mit dem Berber noch anderen iberischen Pferden direkt verwandt; dagegen wurde der Genotyp Kaspischer Pferde auch bei einigen der untersuchten Araber gefunden. Eine wieder aufgegriffene Hypothese ist, dass das Kaspische Pony möglicherweise eine Art Uraraber darstellt.
Foto: Neddens

Entwicklungsstadien des Pferdes

Erst starben die Vorläufer der Equiden in der Alten Welt aus. Dann machten sie sich in Nordamerika breit und wanderten über Landbrücken nach Südamerika, Asien und Afrika aus und in Europa wieder ein, bevor sie in der Neuen Welt ausstarben. Im Verlauf ihrer Evolution verzichteten sie auf überflüssige Zehen, wechselten Tupfen gegen Streifen, einen Aalstrich oder unifarbenes Haarkleid, entwickelten lange und kurze Ohren, eine Steh- oder Fallmähne — aber ihr Siegeszug war nicht zu bremsen.
Wichtige Stationen im Stammbaum des Pferdes:

Eozän

Oligozän

Eozän

Hyracotherium/Eohippus: Frühe Zwischenform im Stammbaum von Pferden, Eseln, Halbeseln und Zebras, aber auch Nashörnern und Tapiren; gehört zu den Perissodactylen (unpaarzehige Huftiere, die auf der 3. mittleren Zehe gehen). Auftreten vor ca. 55-60 Millionen Jahren im Eozän, Verbreitungsgebiet Nordamerika und Eurasien. Die europäischen Fossilien wurden als Hyracotherium, die amerikanischen als Eohippus bezeichnet (Eos = griechische Göttin der Morgenröte; Namenspatronin des Eozäns). Statt der ursprünglich fünfzehigen Säugetiergliedmaßen endeten seine Beine vorne in vier und hinten in drei Zehen, deren weich gepolsterte Ballen seitlich durch hufähnliche Hornkappen geschützt wurden. Der Eohippus war zwischen 20-50 cm hoch, besaß einen stark gekrümmten Rücken und relativ kurzen Hals, noch ein primitiv ausgebildetes Gehirn und ernährte sich als Waldbewohner vorwiegend von Blättern und Früchten.

Oligozän

Mesohippus und Miohippus: Stammesgeschichtlich markante Spezien im Oligozän, deren Entwicklung vor rund 40 Millionen Jahren begann. Laut Gebiss noch Blatt- und Weichkrautfresser, zeigten sie erste anatomische Anpassungen an trockenere Lebensräume: Die Schulterhöhe betrug beim Mesohippus ungefähr 47 cm, beim Miohippus bis 60 cm. Ihr Rücken ist bereits weniger gekrümmt, Kopf, Hals und Beine sind länger, und der mittlere Strahl ihrer dreizehigen Beine ist sichtlich stärker ausgebildet. Nachdem sämtliche Pferdeartigen auf dem europäischen Kontinent ausstarben, verlief die weitere Entwicklung der Equiden ab dem mittleren Oligozän in Nordamerika. Dort bevölkerten beide vermutlich noch ca. 4 Millionen Jahre denselben Lebensraum, ehe sich der Miohippus und verschiedene Unterarten durchsetzen konnten.

Miozän   **Pliozän**   **Pleistozän**

Miozän

Merychippus: Entwickelte sich aus dem Parahippus, einem Nachfolger des Miohippus, vor ca. 20-23 Millionen Jahren. Wichtigster Vertreter im Miozän, mit mindestens 19 verschiedenen Unterarten und schon weitgehend an halboffene und offene Steppenlandschaften angepasst: Schulterhöhe 90-100 cm; der fast modern wirkende Gesichtsschädel hat ein deutlich größeres Gehirnvolumen; Anordnung des Gebisses und die harten Kauflächen weisen ihn als Grasfresser aus (Ausbildung des Rupf- und Mahlgebisses heutiger Pferde). Obwohl noch dreizehig, ist die mittlere, inzwischen mit festem Hufhorn rundum geschützte Zehenspitze bereits so dominant, dass die Seitenstrahlen keinen direkten Kontakt mehr mit dem Boden haben.

Pliozän

Pliohippus: Nachfolger des Merychippus; Auftreten vor 11-15 Millionen Jahren. Erreicht vor ca. 7 Millionen Jahren als erste Gattung die echte Einhufigkeit (Monodactylie), nachdem sich die seitlichen Zehenstrahlen zu funktionslosen Griffelbeinen zurückgebildet hatten. Wanderte vermutlich in mehreren Wellen über Landbrücken von Nordamerika nach Südamerika und Ostasien ein; Ausbreitung bis Südafrika und Rückkehr nach Europa. Durch die lang anhaltenden Wanderungen im Verlauf Tausender von Jahren gelangten unterschiedliche Entwicklungsstufen des Pliohippus nach Eurasien. Gegen Ende des Pliozäns, vor 1-2 Millionen Jahren, waren die jüngsten Modelle des Pliohippus bereits so pferdeähnlich, dass sich ihre Weiterentwicklung mehr auf Detailverfeinerungen und die Anpassung an bestimmte Lebensräume bezog.

Evolution zu echten Pferden:

Bis ins mittlere Pleistozän zeigten die Vorfahren heutiger Pferde, Esel, Halbesel und Zebras gemeinsame Merkmale, ehe sich ihr Stammbaum trennte. Eine solche Übergangsform des Pliohippus war der Equus (Allohippus) stenonis, der erstmals in Italien und später auch in anderen Gebieten gefunden wurde. In den wechselnden Warm- und Kaltphasen der letzten Eiszeit entstanden unter dem Druck regionaler Isolation sowohl in der Alten wie in der Neuen Welt verschiedene Wildpferdepopulationen mit teilweise beträchtlichen Unterschieden in Aussehen und Größe. In Eurasien z.B. das Mosbacher Pferd, das Steinheimer Pferd, das Taubacher Pferd, das Solutrépferd oder das Mongolische Wildpferd, das unter dem Namen seines Entdeckers, Nikolai Michailowitch Przewalskij, berühmt werden sollte, während der Namenspatron des südrussischen Tarpans (Equus przewalski gmelini bzw. Equus ferus gmelini), benannt nach Samuel Gottlieb Gmelin, weniger bekannt ist.

Vor 8.000-12.000 Jahren starben sämtliche Urwildpferde in Nord- und Südamerika aus bislang noch nicht geklärten Gründen vollständig aus, sodass sich ihre Weiterentwicklung erneut verlagerte, diesmal in den asiatischen und europäischen Raum. Doch ob nun die Nachkommen des Pliohippus oder eines späteren eurasischen Vertreters als Vorläufer der echten Pferde zu werten sind, ist bis heute umstritten, da sowohl auf dem europäischen wie amerikanischen Kontinent pony- und kaltblutähnliche Funde von Urwildpferden entdeckt wurden. Nahezu ausgeschlossen wurde inzwischen lediglich, dass alle Hauspferde auf das Przewalskipferd zurückgehen, wie lange Zeit postuliert.

Horsemanship beginnt im Stall

Dass nur fitte Pferde Leistung bringen, ist bekannt. Dass an der Haltung mancher Ehrgeiz scheitert, weniger. Artgerechte Pferdehaltung auf dem Prüfstand.

Foto: Neddens

Tradition hat ihre Grenzen

Als Archäologen in Megiddo eine von König Salomos Festungen ausbuddelten, staunte die hippologische Fachwelt. Denn was unter Wüstensand verborgen lag, war unter anderem ein Stallkomplex für 450 Pferde, der sich von den Reitanlagen des letzten Jahrhunderts in Europa kaum unterschied und sich auch heute nicht zu verstecken bräuchte. Die um einen Hof mit gestampftem Kalkmörtelboden angelegten, antiken doppelreihigen Stallungen hatten bereits eine Art Vorläufer heutiger Trauf-First-Entlüftungen, die geräumigen, auch modernen Richtlinien entsprechenden Boxen besaßen integrierte Futterkrippen und Tränkanlagen, und die Boxenreihen selbst wurden durch einen 3 m breiten, künstlich aufgerauten Gang getrennt, auf dem die Pferde nicht rutschten. Die Ställe selbst waren hoch, luftig und blieben trotz offener Türen durch knapp unter dem Dach verlaufende Zulüftungen halbwegs kühl und schattig. Eine perfekte Anpassung an das trocken-heiße Wüstenklima und die grelle Sonne. Und obwohl spätere Forschungen ergaben, dass ausgerechnet die Stallung in Megiddo auf König Ahabs Konto ging, waren vergleichbare Anlagen über das ganze großisraelische Reich verteilt. Schätzungsweise 40.000 Stände und Boxen für Wagen- und Reitpferde des Heeres in den Garnisonen werden Salomo zugeschrieben.

Megiddo

Berühmtes Weltkulturerbe und auch für Reiter interessant. Denn die riesige Stallanlagen der historischen Garnisonsstadt für rund 450 Pferde waren für ihre Zeit geradezu ultra modern. Ursprünglich wurde die Anlage König Salomon zugeschrieben, neuere Untersuchungen datieren sie in König Ahabs Zeit (871-52 v. Chr.). Nachzeichnung eines Stalles nach Vorstellungen von Israel Finkelstein (Tel Aviv University) und Anne Killebrew (Pennsylvania State University).

Die Zeit scheint stehen geblieben zu sein. Knapp 3.000 Jahre später sind Einzelboxen und sogar Anbindeständer in dunklen Ställen für viele Reitpferde immer noch Realität. Allerdings mit zwei gravierenden Unterschieden: In Europa herrscht ein anderes Klima, und die israelischen Könige plagten weder Geld- noch Personalprobleme. Und da frühere Potentaten die Unversehrtheit ihrer Kriegsrösser gemeinhin höher schätzten als die Köpfe niederer Untertanen und ihren Wünschen drastisch Nachdruck zu verleihen pflegten, lebten deren kostbare Vierbeiner nicht schlecht. Glaubt man Chronisten, genossen sie neben dem täglichen ausgiebigen Training einen First-class-rund-um-die-Uhr-Service, der mit kaum vorstellbarem Aufwand betrieben wurde.

Das sieht heute etwas anders aus. Personal ist rar und teuer, und die Besitzer haben wenig Zeit. Ein Großteil aller Reitpferde wird maximal 1 Stunde pro Tag bewegt. Wird

Traditionelle Werte?

„Was die Siege im internationalen Pferdesport betrifft, so gehören wir sicherlich zu den erfolgreichen Nationen, was die Haltung von Pferden betrifft, so sind wir immer noch weitgehend der Tradition verhaftet und neueren Erkenntnissen zu wenig aufgeschlossen. Bei aller Liebe zum Pferd werden dessen artspezifische Bedürfnisse nach Bewegung, Frischluft, Helligkeit, Sozialkontakt und angepasster Fütterung in der breiten Praxis zu wenig berücksichtigt."

WOLF KRÖBER, 1991, AUS „PFERDEFREUNDLICHE BETRIEBE"

aus Personalmangel der Fütterungs- und Pflegeaufwand gleichfalls auf ein Minimum reduziert, verdämmern die Tiere in solchen Ställen den Rest des Tages in gähnender Langeweile. Verschlingen ihr Futter in Rekordzeit, stehen sich die Beine in den Bauch, atmen staub- und mistgeschwängerte Luft ein und husten sich die Lunge aus dem Fell. Noch 1991 monierte „Mr. Equitana", Wolf Kröber, dass die artspezifischen Bedürfnisse des Pferdes nach Bewegung, Frischluft, Helligkeit, Sozialkontakt und angepasster Fütterung in der breiten Praxis zu wenig berücksichtigt würden. Tatsächlich gehen auf das Konto dieser überholten Stallpolitik vier große Krankheitskomplexe, die Reitpferden gemeinhin das Leben schwer machen: Lungenprobleme, Verdauungsprobleme, Allergien und Erkrankungen des Bewegungsapparates. Das ist die erste Fraktion, die es immer noch gibt, aller Aufklärung zum Trotz.

Klappe zu, Affe tot: Typische überholte Stallarchitektur. Wenn die teilweise sehr alten und schönen Gebäude unter Denkmalschutz stehen, haben Stallbesitzer heute freilich ein Problem. Foto: Schmand

Artgerechte Pferdehaltung als Baukastensystem

Die zweite Fraktion hat aus den Fehlern der Vergangenheit gelernt. Wohlwissend, dass gesundheitlich angeknackste oder seelisch verkorkste Pferde unmöglich die Erwartungen erfüllen können, die man in sie setzt. Erst einmal vernünftige Voraussetzungen schaffen, lautet hier die Devise. Diese Gruppe setzt meist auf eine Mischung zwischen traditioneller Stallhaltung und modernen Erkenntnissen. Sowohl im Hochleistungssport wie in Kreisen, in denen Geld für den Unterhalt der Pferde eher eine untergeordnete Rolle spielt, weht längst ein anderer Wind. Muffige Kästen wurden durch großzügige, lichtdurchflutete Anlagen ersetzt, monotone Boxenfluchten mittels raffinierter Architektur aufgelockert und nüchterne Funktionalität um dekorative Elemente ergänzt. Eingebettet zwischen gepflegte Weiden und Paddocks vermitteln die Ställe das Bild einer perfekten pferdegerechten Landhausidylle. Eine Idylle freilich mit dem Nachteil, dass der Spagat zwischen traditioneller und naturnaher Pferdehaltung in größeren Betrieben

Dreams for Horses: Kein Vergleich mit den üblichen 08/15-Ställen. Allerdings ist die traditionelle Pferdehaltung an einen hohen Personalaufwand gekoppelt. Foto: Planungsgruppe Leve

nach wie vor nur mit Hilfe sehr viel und bestens geschultem Personal gelingt. Und laufende Personalkosten sind in jeder Kalkulation nun mal der teuerste Posten, den es überhaupt gibt.

Genau diese Kostenfalle versucht die dritte Fraktion zu vermeiden. Die dahinter stehenden Überlegungen lauten nicht, wie viel Personalreduzierung kann das Pferd ohne gesundheitliche Einbußen verkraften, sondern, wie lassen sich Ställe so umbauen, dass die Bedürfnisse des Tieres auch mit durchschnittlichem Pflegeaufwand rundum gedeckt werden? Und wie lässt sich dieser Effekt, im Hinblick auf die reiterliche Nutzung, steigern? Ein Trend, der mit den Selbstversorgern unter den Freizeitreitern in kleinem Rahmen begann und zu einer Revolution verschiedener Haltungstechniken führte. Mit Sicherheit die Haltungsform der Zukunft, denn wo man als Pferdebesitzer sein Geld sinnvoller investiert, ob in eine qualitativ hochwertige Pferdehaltung oder in Tierarztrechnungen, dürfte keine Frage sein. In einigen Regionen lassen sich überaltete Stallungen kaum noch vermieten. Aus dem einfachen Bewusstsein heraus, dass die Qualitätseinbuße mit der Gesundheit des Tieres erkauft wird und in der Endsumme teurer kommt als eine Pferdehaltung der gehobeneren Preisklasse.

„Artgerechte Pferdehaltung", ein oft missverstandener Begriff, beschränkt sich nicht auf Gruppenhaltung und unbegrenzten Weidegang. Aber es bedeutet immer eine Anpassung der Haltungssituation an das Instinktverhalten des Pferdes und seine ursprünglichen Bedürfnisse. Im Prinzip ist es ein Baukastensystem verschiedener Haltungstechniken, die entsprechend den Erfordernissen individuell kombiniert werden. Nur müssen dazu die Rahmenbedingungen stimmen, und die beginnen mit dem Stall.

Zeitbindung lockern

„Die bei herkömmlicher Haltung strenge Zeitbindung des Betreuers, der heute oft in vielfältigen Zeitzwängen steht, muss ohne Schaden für die Pferde und für die Mensch-Tier-Beziehung gelockert werden können. Kosten sparende, einfach zu handhabende Haltungsformen sind Voraussetzung, um vielen Pferdefreunden den Umgang mit Pferden zu ermöglichen, den sie sich aus Zeit- und Kostengründen bislang versagen mussten."

PROF. DR. JOACHIM PIOTROWSKI, AUS „PFERDEHALTUNG IN GRUPPEN"

Stallgeflüster

Ställe sind Wände mit einem Dach obendrauf, die Pferde vor Kälte, Hitze, Sturm, Nässe oder unberechtigtem Zugriff schützen sollen. Deshalb werden sie gern verriegelt und verrammelt wie Fort Knox, und dann herrscht in ihnen dicke Luft. Und dicke Luft macht Pferde krank. „Leider nehmen nur wenige Pferdehalter die Möglichkeit in Anspruch, das Stallklima objektiv erfassen zu lassen", bedauert Dr. Wilfried Bellinghausen und fügt hinterhältig hinzu: „Vielleicht haben sie Angst vor objektiven Zahlen."

Ein Verdacht, den Dr. Düe teilt: „Zwischen 60 bis 70 % aller Pferde in den Ställen leiden unter Atemwegsproblemen bis hin zu chronischem Husten", schätzt der Veterinär. Er kennt, wie alle seine Kollegen, die geschwollenen und verschleimten Atemwege und verkrampften Bronchien nur zu gut. Sie lassen Pferde keuchen wie Asthmatiker und führen, wenn die Haltung nicht geändert wird, über kurz oder lang in den Schlachthof. Kein Medikament der Welt kann einmal gründlich ruinierte Atemwege oder vernarbtes Lungengewebe wieder reparieren. Man kann Pferde höchstens davor schützen, krank zu werden oder noch kränker, als sie es schon sind.

Husten ist bei Pferden der Vorbote chronischer Lungenschäden

Die Kanaillen, die das Geröchel inszenieren, sind meistens unsichtbar und flirren durch die Luft. Es ist Staub, genauer gesagt, organischer Feinstaub: Pollen, Milbenkot, Pilze,

Haut- und Haarteilchen, Spelzbrösel und eine endlose Liste mehr. Mikroskopisch klein und gerade dadurch so gefährlich, weil sie lungengängig sind. An der Spitze stehen Schimmelpilzsporen aus Heu und Stroh, die selbst in bester Qualität enthalten sind; hochgiftig und Hauptverursacher der Heustauballergie. Andere Feinstaube schleppen Viren und Bakterien in die Lunge. Die Folge sind akute Infektionen, oft begleitet von hochgradigem Fieber. Wie gefährlich solche Invasionen für die Atemwege sind, lässt sich leicht daran ermessen, dass die maroden Lungen von Bergleuten oder Bäckern anerkannte Berufskrankheit sind oder Landwirten empfohlen wird, beim Misten und Füttern Staubmasken zu tragen und sich so selten wie möglich im Stall aufzuhalten. „Wer in der Anatomie einer

Tierärztlichen Hochschule die sezierte, durch nicht artgemäße Haltung erkrankte Lunge eines Pferdes einmal gesehen hat", meint Ingolf Bender, „wird sehr viel nachdenklicher im Hinblick auf die Umsetzung vorsorglicher Haltungskompromisse, die auch jedem Reitstall zugemutet werden müssen." Im Gegensatz zu diesem Killerpotential, nehmen sich die gröberen Sand- und Erdpartikel, die von den Pferden abgehustet werden können, beinahe harmlos aus. Aber eben nur beinahe, wie jede andere permanente Staubbelastung auch.

Das Problem in Pferdeställen ist also bekannt. Wie man damit umgeht, auch: staubarme Haltung und viel frische Luft. Trotzdem predigen Veterinäre gegen taube Ohren. Denn genau mit letzterem haben Pferdebesitzer, speziell bei kühler Witterung, Probleme. Aus Angst vor Zugluft bleiben Fenster, selbst wenn sie vorhanden sind, geschlossen. „Unbegründet", beruhigt Gerlinde Hoffmann, von der Deutschen Reiterlichen Vereinigung. „Die Angst vieler Pferdehalter vor Zugluft bezieht sich häufig mehr auf den Halter selbst als auf das Pferd." Das stimmt. Bedingt. Im Gegensatz zu Wind, den man am ganzen Körper spürt, ist Zugluft ein nur kleinflächiger Kältereiz, der einzelne Körperpartien auskühlt. Und wenn die körpereigene Klimaanlage diese partielle Auskühlung ignoriert, werden Pferde eben krank. Wie sollten sie auch anders, wenn sie nie Gelegenheit bekommen, ihre Fähigkeiten zu trainieren? Obwohl sie als ehemalige Steppenbewohner die vielleicht größte Klimatoleranz von allen Haustieren überhaupt besitzen; entsprechende Anpassung vorausgesetzt, natürlich.

Heimtückisch: Organischer Feinstaub. Um die Atemwege zu schonen, sollten Pferde beim Stroh- und Heuaufschütteln vorzugsweise nach draußen gestellt werden, fordern Tierärzte. Reagiert das Pferd bereits allergisch, hilft nur noch der Umzug in einen Offenstall und (wenn überhaupt) gründlich gewässertes Heu. Fotos: Prohn

Das Rezept, um dem Übel abzuhelfen, heißt demnach nicht Fenster zu, sondern höchstens Decke drauf und Nase in den Wind, bis die Thermoregulation wieder funktioniert. Das gilt auch für Hustenpferde. Erstens, weil jede Zellregeneration, ob sie nun Krankheits- oder Trainingsschäden beheben oder natürlichen Verschleiß verzögern soll, nur bei ausreichender Sauerstoffzufuhr funktioniert. Und das, wenn´s geht, rund um die Uhr. Nur ab und zu ein Fenster öffnen oder einmal täglich gründlich lüften, reicht nicht aus. Zweitens, weil die Muskeln des Pferdes proportional zur menschlichen Muskulatur bei gleicher Leistung erheblich mehr Sauerstoff verpulvern. Um die Sauerstoffmoleküle in die Zellen transportieren zu können, muss jedoch der Hämoglobingehalt des Blutes hoch genug sein. Bei Wohnzimmertemperaturen, Kunstlicht und Schadstoffbelastung werden weniger rote Blutkörperchen gebildet als gewünscht; dagegen kurbeln wechselnde Temperaturreize ihre Produktion gewaltig an.

Vermutlich ebenfalls ein Steppenerbe ist der hohe Lichtbedarf des Pferdes - übrigens ein ähnlich gesundheits- und trainingsrelevanter Faktor wie Sauerstoff. Und da Fensterglas UV-Strahlen fast vollständig absorbiert, schlägt man mit dem offenen Fenster gleich zwei Fliegen mit einer Klappe. Der Dank für die Frischluftkur sind dann nicht nur gesunde Atemwege und ein robustes Immunsystem, sondern auch erhöhte Leistungsfähigkeit. Diese Pferde sind weit widerstandsfähiger als ihre vor jedem Lüftchen abgeschirmten Artgenossen.

Windschutznetze, im modernen Stallbau absolute Favoriten: Vielseitig einsetzbar, kein Zug, dafür Frischluft satt.

Als Lichtbänder; je nach Stalltyp höher oder tiefer angebracht. Foto: Hit-Aktivstall

*Als Windschutzwand,
von innen kaum zu sehen.
Fotos: Hit-Aktivstall*

Falsch gedacht

*„Entgegen der weitverbreiteten
Ansicht, hustende Pferde müssten in einem warmen Stall
untergebracht und vor jedem
Wind geschützt werden, ist für
Hustenpferde nichts so schädlich
wie die mit zahlreichen Schadstoffen belastete Luft eines
geschlossenen Stalles."*

DR. MED. VET. JÜRGEN BARTZ, AUS „HILFE,
MEIN PFERD HUSTET!"

FRISCHLUFT-JUNKIES

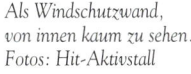

Alltag in der Steppe: Tagsüber brennt die Sonne, nachts kühlt der Boden zu einer Gefriertruhe ab; Wind zaust Mähnen und Schweife, Regen durchnässt das Fell. In den asiatischen und arabischen Halbwüsten sind Temperatursprünge von bis zu 60° Celsius im Laufe eines Tages möglich, und auf Hochebenen nördlicher Gebiete oder in den Bergen kann das Wetter innerhalb einer Stunde komplett umschlagen, von schönstem Sonnenschein zu eiskalten Hagelschauern. An solche extremen Anforderungen haben die Tiere gelernt sich anzupassen, auch wenn Wildpferde aus trockenen, heißen Gebieten verständlicherweise andere Fähigkeiten ausbildeten als Pferde aus sumpfigen oder schneereichen Gegenden. Denn dazu kommen noch jahreszeitliche Klimaänderungen - und die Schutzmöglichkeiten in weitgehend offenem Gelände sind begrenzt. Sie beschränken sich auf Felswände, lichte Gehölze und dicht belaubte Bäume. Wem das nicht reichte, der kam eben um, denn Höhlen werden gemieden. Zu groß ist die Gefahr, dass die Falle zuschnappt. Ein Instinkt, der die Dülmener im Merfelder Bruch, eigentlich ja verwilderte Hauspferde, ihre Futterunterstände bis heute selbst in harten Wintern nur kurzfristig aufsuchen lässt. Ebenfalls ein gemeinsames Merkmal aller Equiden ist ihr extrem hoher Sauerstoff- und Lichtbedarf; eine perfekte Ausnutzung der im Überfluss vorhandenen Ressourcen: Sauerstoff, um genügend Treibstoff für die jederzeit notwendige Flucht zu liefern, und Licht, damit die Knochen stabil bleiben und Muskelstoffwechsel und Hormonhaushalt reibungslos funktionieren. Dafür braucht der Körper genügend Vitamin D, eigentlich ein Vorläuferhormon, das zwar auch über die Nahrung aufgenommen, hauptsächlich aber unter natürlicher Sonneneinstrahlung in der Haut gebildet, gespeichert und in Leber und Nieren in eine für den Körper verwertbare Form umgebaut wird. Sehr empfindlich reagieren Pferde dagegen auf organische Feinstäube und Schadgase, denn vergleichbare Konzentrationen wie in geschlossenen Ställen gibt es in der Wildnis nicht.

Schwerkraftlüftung, Wanddurchbrüche und Windschutznetze treiben Mief aus dumpfen Ställen

Bleibt die Frage, wie man Luft und Licht allgemein verträglich in die Ställe bringt, um die genetisch verankerte Klimatoleranz auszunutzen bzw. zu trainieren. Denn selbstverständlich brauchen empfindliche oder geschorene Tiere bei feuchtkalter Nässe um den Gefrierpunkt mehr Schutz als nur ein Dach über dem Kopf und - ob mit oder ohne Decke - eine windgeschützte Ecke, in die sie sich verkrümeln können. Umgekehrt leiden Pferde und Ponys nördlicher Rassen unter knaller Sonne und sind im Sommer für schattige kühle Plätzchen dankbar. Natürlich müssen solche Haltungsdetails, die mit der ursprünglichen Umgebung einer Rasse zusammenhängen, individuell berücksichtigt werden - aber am grundsätzlichen Frischluftbedarf ändert es nichts.

Deshalb sollten Ställe möglichst hoch sein, um die erforderliche Luftrate von 40-50 m³ pro Pferd zu erfüllen, was gleichzeitig den erfreulichen Nebeneffekt hat, dass die aufströmende Luft Insekten etwas auf Abstand hält. Nebenbei kein schlechter Indikator für die korrekte Belüftung eines Stalles, denn besonders in Bodennähe ist immer eine leichte Luftbewegung nötig, um Ammoniak und Schwefelwasserstoff, verbrauchte Atemluft und Staub gegen Frischluft auszutauschen. Im Sommer etwas mehr, damit sich die Hitze nicht staut und im Winter weniger, damit der Stall nicht zu sehr auskühlt.

Schlecht vertragen Pferde außerdem Kondenswasser, das bei schlechter Dämmung von Wänden, Metall und Plastik oder bei zu vielen Tieren in geschlossenen Räumen rinnt. Das kann im Winter rheumatischen Beschwerden Vorschub leisten, vor allem, wenn der Stall sehr ungünstig in einer Talsenke und mitten in einem Kaltluftsee liegt. Bei feuchter Wärme bedanken sich die Parasiten: Fressen und sich vermehren unter perfekten Bedingungen, und das umso lieber, wenn die Hygiene ebenfalls zu wünschen übrig lässt. Zu trockene Luft ist aber auch nicht gut, weil es dann wieder mehr staubt.

Wie man alle Vorgaben unter einen Hut bekommt, ist von Fall zu Fall verschieden, aber Lösungswege gibt es immer: Ob über Schwerkraftlüftung, Abluftschächte, Wanddurchbrüche oder Windschutznetze.

Fehlerquelle Stall

„Eine Vielzahl von Pferdeställen werden nur über Fenster und Türen gelüftet. Das funktioniert allerdings nur bei großen Temperaturunterschieden zwischen innen und außen und ist in größeren Beständen (besonders nachts) nicht ausreichend. Es sind also zusätzliche Maßnahmen notwendig, um den Luftaustausch sicherzustellen. Diese Lüftungsvorrichtung muss funktionsfähig, ausreichend dimensioniert, steuerbar und zweckmäßig angeordnet sein… Es wird daher dringend empfohlen, einen Fachmann zu Rate zu ziehen."

PROF. DR. ULRICH SCHNITZER,
AUS „ORIENTIERUNGSHILFEN REITANLAGEN
UND STALLBAU"

Luftig umgebauter Boxenstall, inklusive Fenster zum Rausgucken.
Foto: Borchardt

Der optimale Stall sieht von Fall zu Fall verschieden aus

Am unproblematischsten sind Offenställe, bei denen eine Gebäudeseite fehlt oder größtenteils geöffnet ist, und die besonders in der Edelversion für große Pferdebestände zunehmend mehr Skeptiker überzeugen. Etwas verzwickter wird es mit geschlossenen Ställen in der klassischen Variante: Vier Wände und ein Dach. Schwierigkeiten bereiten hier in erster Linie ältere Gebäude, in denen eine zufriedenstellende Luftumwälzung über offene Fenster, Türen oder Zuluftöffnungen allein nicht funktioniert. Sei es, weil sie generell zu niedrig sind, weil die Dachneigung für eine Schwerkraftbelüftung nicht ausreicht oder weil Heu und Stroh unter der Decke gelagert werden. Regulär müsste dann eine Zwangsentlüftung her, doch genau die versucht man heute zu umgehen.

In solchen Fällen spart die Investition in eine ausführliche Fachberatung bares Geld, weil die Damen und Herren Stallbauarchitekten, wenn sie beruflich etwas auf dem Kasten haben, auch die neuesten Entwicklungen kennen und Fachliteratur perfekt ergänzen. Und diese Spezialisten geraten auch bei schmalen Börsen nicht in Verlegenheit. Denn da wären ja noch die Nebenflächen: Putzplatz, Waschplatz, Schmiedeplatz, Lagerräume für Futter- und Einstreu, Mistplatz, Stellplätze für Maschinen oder Gerätschaften, Sattelkammer, Parkplätze et cetera, die den Freiraum für Kreativität erweitern. „Ziel moderner Haltungsforschung ist es", fasste Altmeister Prof. Dr. Ulrich Schnitzer bereits Mitte der 70er Jahre zusammen, „über die Tierschutzrelevanz hinaus biologische Gesetzmäßigkeiten einer Tierart verfahrens- und bautechnisch geschickt zu nutzen und damit den Haltungszweck bei geringstmöglichen Eingriffen in die Physiologie zu erreichen."

Es geht auch preiswert: Die oft fotografierte, zu einem Pferdestall umgebaute Holzscheune in Reken.
Foto: Kleine-Hegermann

Alles im Dienste der Pferdegesundheit und die Kardinalfragen schlechthin: Wie lassen sich gesundheitsschädigende Staube und Schadgase in Pferdeställen generell dezimieren und Spitzenbelastungen vermeiden? Wie artgemäße Sozialkontakte erfüllen? Wie die notwendige Bewegung sicherstellen? Wie Fütterungs- und Hygieneaufwand pferdeverträglich rationalisieren? Und welchen Anforderungen muss die Einrichtung entsprechen, damit sich Pferde nicht verletzen können? Fragen, die nur beantworten kann, wer die Haken und Ösen der einzelnen Aufstallungsarten kennt. Denn die müssen in eine vernünftige Stallplanung natürlich ebenfalls einfließen.

*Ein einfacher Boxenstall
mit Kettenverschluss.
Foto: Schreiner*

Importpferde

„Neben Autos und Videorekordern importieren wir inzwischen auch Pferde aus aller Welt. Aber dann muss man natürlich Kultur, Klima und ursprüngliche Umgebung einer Rasse in der Haltung berücksichtigen."

URSULA BRUNS, GRÜNDERIN DES
REITZENTRUMS REKEN, KÄMPFTE FÜR
ARTGERECHTE HALTUNG

KLIMAKONFERENZ

- **Luftraum:** pro Pferd wenigstens 40 m². Ein alter Erfahrungswert besagt, dass die Stallhöhe in kleineren Stallungen für bis zu 8 Pferde nicht unter 3,50 m und in größeren nicht unter 4 m liegen sollte.
- **Licht:** Fensterflächen in geschlossenen Ställen mindestens 15% der Grundfläche; pro Pferd in Einzelhaltung mindestens 1 m²; eine Unterschreitung der Werte ist nur in Ställen mit frei zugänglichen Ausläufen vertretbar. Kunstbeleuchtung, ob 80 oder 100 Lux, ist kein Ersatz für natürliches Sonnenlicht.
- **Stalltemperatur:** Sollte zu jeder Jahreszeit der Außentemperatur gemäßigt folgen (Kaltställe), um Temperaturschocks, an die sich die Pferde nicht anpassen konnten, zu vermeiden.
- **Relative Luftfeuchtigkeit:** Optimal zwischen 60 bis 80%. Bei zu trockener Luft reizt Staub die Atemwege; zu feuchte Luft begünstigt die Vermehrung von Krankheitserregern, Parasiten und Schimmelbildung. Organischer Feinstaub und Schimmelpilzsporen sind die Hauptauslöser für Allergien.
- **Luftbewegung:** Winterluftrate bis 7 Grad mindestens 0,1 m pro Sekunde; zwischen 7-14 Grad ca. 0,2-0,3 m pro Sekunde; Sommerluftrate bei höheren Temperaturen 0,6 m pro Sekunde und mehr. Wichtig ist vor allem ein breitflächiger Luftaustausch in Bodennähe, um die Schadgasbelastung gering zu halten.
- **Schadgaskonzentration:** Ammoniak, NH_3, Reizgas aus bakterieller Zersetzung von Ausscheidungen; über 0,003% (30 ppm) erhöhte Anfälligkeit für Atemwegserkrankungen, Beeinträchtigung des Stoffwechsels. Schwefelwasserstoff, H_2S, Zellgift aus Fäulnis organischer Substanzen; erschwerte Sauerstoffaufnahme des Blutes, über 0,5% Lebensgefahr. Kohlendioxid, CO_2, Maximalwert in der Pferdehaltung zwischen 0,1-0,2%; in unzureichend belüfteten Ställen behindert der unbemerkt steigende CO_2-Gehalt aus der Ausatmungsluft der Tiere Zellatmung und Regeneration.

Haltungslust und Haltungsfrust

„Nach § 2 des Tierschutzgesetzes muss, wer ein Tier hält, es seiner Art und seinen Bedürfnissen entsprechend angemessen ernähren, pflegen und verhaltensgerecht unterbringen, und er darf die Möglichkeit des Tieres zu artgemäßer Bewegung nicht so einschränken, dass ihm Schmerzen, vermeidbare Leiden oder Schäden zugefügt werden". Die Grundforderung aus den Leitlinien zur Beurteilung von Pferdehaltungen unter Tierschutzgesichtspunkten von 1995 lässt bereits ahnen, dass es bei artgerechter Haltung um erheblich mehr geht als das Hickhack zwischen Einzel- oder Gruppenhaltung. Gemeint ist vielmehr der gesamte Tagesablauf des Pferdes im Herdenverband, der in der Haltung annähernd ausgeglichen werden muss. Und das ist sehr viel komplexer, als auf den ersten Blick ersichtlich.

10 % ist Reiten, der Rest reines Haltungsmanagement

Um herauszufinden, wie Pferde ticken und mit ihrer Umwelt reagieren, robbten Verhaltensforscher durch Sümpfe und kraxelten Pferden in den Bergen hinterher, schlugen sich Nächte um die Ohren und ließen sich von Stechmücken auffressen. Ihr Fazit: Sich selbst überlassen

- verbringen Pferde mindestens 60-70 % mit Grasen im langsamen Schritt,
- auf Herumstehen, Gucken oder Dösen entfallen ca. 20 %,
- sie liegen vielleicht 10 % im Verlauf von 24 Stunden und
- die restlichen 10 % sind für sonstige Aktivitäten reserviert.

Spielen, raufen, schäkern, Fellkraulen, wälzen, im Schlamm suhlen, an Bäumen schubbern, trinken, Fohlen erziehen, die Umgebung kontrollieren und was die Vierbeiner sonst noch animiert. Alle Aktionen minutiös in Tabellen erfasst und auf Filmmaterial dokumentiert.

Gesundheit ist Harmonie

„Leider wird in der Tiermedizin der Begriff der Gesundheit vorwiegend als ein „Freisein von Krankheiten" verstanden. Gerade aber das Pferd - welches uns in vieler Hinsicht Freude schenkt - sollte eine umfassendere Definition von Gesundheit erfahren: Gesundheit ist die Harmonie des Lebens, und Krankheit muss als Störung dieser Harmonie verstanden werden. Somit gehört zur Gesundheit nicht nur das körperliche „Intaktsein", sondern auch das seelische Gleichgewicht. Mit Schopenhauer könnte man - auch in Hinblick auf das Pferd - sagen: Gesundheit ist nicht alles - aber ohne Gesundheit ist alles nichts."

DR. MAXIMILIAN PICK,
AUS „NEUES HANDBUCH DER PFERDEKRANKHEITEN!"

Die Kunst in der Pferdehaltung ist es, die wechselnden Aktivitäten im Tagesablauf des Reitpferdes dem ihrer wild lebenden Verwandten anzupassen.
Foto: Slawik

Diese letzten 10 % oder umgerechnet 2,4 Stunden entsprechen bestenfalls der Zeit, die ein Reiter, inklusive Putzen und Abwarten, täglich insgesamt mit seinem Pferd verbringt. Der Rest, zwischen 90-95 % des Tages, ist reines Haltungsmanagement. Ein Management, das in einem 16-Stunden-Fulltimejob gipfeln kann, nimmt man die Untersuchungen der Verhaltensforscher ernst. Ein Warnhinweis darauf, dass nicht alles so ist, wie es sein sollte, sind die schwer unterschätzten „Stalluntugenden", die die Tiere mehr Kraft und Substanz kosten, als es viele Pferdebesitzer wahrhaben wollen.

Ohnehin ein Begriff, den Professor Dr. Klaus Zeeb schon vor Jahrzehnten vehement als falsch monierte, weil er dem Pferd ein „lasterhaftes" Verhalten unterstelle. Eine Einstellung, die Dr. Margit H. Zeitler-Feicht, von der Uni München, teilt. Die Wissenschaftlerin, die seit gut 20 Jahren der Frage nachspürt, was Pferde krank macht und sich eingehend mit Ursache, Entstehung und Therapie von Verhaltensstörungen und unerwünschtem Verhalten beschäftigt - sähe den Begriff am liebsten komplett aus der hippologischen und veterinärmedizinischen Literatur gestrichen. „Wissenschaftlich gesehen haben Tiere weder Tugenden noch Untugenden. Außerdem unterstellt der Begriff „Stalluntugend" dem Pferd, dass es an seiner Verhaltensstörung selbst schuld sei. Das ist ein völlig falscher Gedankenansatz: Schuld sind schlechte Haltungsbedingungen und ein nicht tiergerechter Umgang mit dem Pferd; das geht auf das Konto des Menschen. Ganz abgesehen von der dahinterstehenden langen, meist unbemerkt verlaufenden Leidensgeschichte."

Eine Leidensgeschichte mit Zinsen, weil im Gefolge von Verhaltensanomalien gesundheitliche Probleme langfristig nahezu garantiert sind. Sei es direkt - wie beim exzessiven Scharren, Klopfen oder Schlagen, wenn sich abgewetzte Hufspitzen und lädierte Knochen kaum mehr ignorieren lassen - oder indirekt durch Dauerstress. Bestes Beispiel dafür ist das „Koppen". Ein nervtötendes, sinn- und zweckentfremdetes, manchmal stundenlang ausgeübtes Luftschlucken des Pferdes, oft in Begleitung eines leisen Rülpsers, dem berüchtigten „Kopperton".

Nicht aus heiterem Himmel

„Haltungs- und umgangsbedingte Verhaltensstörungen setzen nicht unvermittelt ein. Im Vorfeld verantwortlich bzw. prädisponierend ist ein Umfeld, das ungenügend auf eine Bedürfnisbefriedigung der Pferde abgestimmt ist. Diesbezügliche Fehler werden nicht selten unwissentlich gemacht, weil man - oft mit bester Absicht - menschliche Ansprüche als Maßstab zugrunde legt."

Dr. Margit Zeitler-Feicht, aus „Handbuch Pferdeverhalten"

In einer anderen Welt: Typisch für Kopper ist der abwesende Gesichtsausdruck. Zum Aufsatzkoppen werden Krippen, Einzäunungen und manchmal die Kruppe eines Artgenossen genutzt. Freikopper frönen ihrem Drang auch solo. Fotos: Neddens

Wenn die Seele krank wird

Jahrhundertelang schworen Fachleute Stein auf Bein, dass a) Pferde Koppen durch Nachahmen lernen und b) Kopper durch die abgeschluckte Luft unweigerlich abmagern und zu Koliken neigen. Und weil man so felsenfest davon überzeugt war, wurde es in die Gewährsmängel aufgenommen.

Aktuelle Untersuchungen über Ursachen und Auswirkungen des Koppens beweisen jedoch das Gegenteil. Erstens bezweifeln sämtliche Forscher die Nachahmungstheorie, weil Koppen nicht zum natürlichen Repertoire des Pferdes zählt und in freier Wildbahn unbekannt ist. Damit fällt es unter die echten Verhaltensstörungen, die ausschließlich durch menschliches Versagen provoziert werden. Als Auslöser kommen im Bereich Haltung verschiedene Fehler in Betracht: Langeweile, zu konzentrierte Fütterung, Isolation, Bewegungsmangel, aber auch ein Saugdefizit mutterlos aufgezogener oder zu früh abgesetzter Fohlen. Letzteres freilich keine glaubwürdige Ausrede in Ställen, in denen gleich mehrere Kopper stehen oder verschiedene „Untugenden" zu beobachten sind. In dieser Konstellation, so die Meinung der Experten, dürfte es eher ein Wink mit dem Zaunpfahl auf allgemein unzulängliche Haltungsbedingungen sein.

Auch die zweite Behauptung, dass Kopper prinzipiell kolikanfällige Hungerhaken sind - ein Zusammenhang, dem Fachtierärzte seit Jahren widersprechen - wurde 1995 endgültig ins Reich der Ammenmärchen verwiesen. Eine Untersuchung an der englischen Universität Bristol mit modernen Messmethoden ergab einwandfrei, dass bestenfalls winzige Mengen Luft im Magen landen, weil es sich meist um eine angedeutete Schluckbewegung handelt, und die Luft umgehend aus dem Rachenraum wieder ausströmt. Wird die Luft aber nicht abgeschluckt, kann sie auch nicht zu einer vermehrten Gasansammlung im Magen- und Darmtrakt führen und scheidet damit als Schwarzer Peter aus. Wenn vermehrt hagere und kolikanfällige Pferde unter Koppern zu finden sind, so der folgerichtige Umkehrschluss, liegt das nicht am Koppen, sondern an dem dahinter stehenden gemeinsamen Auslöser Dauerstress. Denn der kann sehr wohl zu Appetitmangel wie chronischen Verdauungsbeschwerden führen.

Gestützt wird die Überzeugung durch die Tatsache, dass überwiegend höher im Blut stehende beziehungsweise sensible und meist wenig ausgelastete Pferde betroffen sind, die von Natur aus zu Übererregbarkeit neigen: „Ist der Mensch unfähig, auf die arttypischen Anforderungen des Tieres einzugehen", so das Resümee von Prof. Dr. Klaus Zeeb, „erfolgen seitens des Tieres schadensvermeidende Reaktionen, die vom Menschen dann fälschlicherweise als Verhaltensstörungen bezeichnet werden."

Koppen und Weben sind ungefährlich,
Dauerstress nicht

Deshalb werten Verhaltensforscher in einer solchen Zwangslage das Koppen sogar als positiven Selbstschutz des Tieres, um nicht total von der Rolle zu kommen. Entsprechend rigoros werden die teils barbarischen Mittel verurteilt, Pferden die „Unart" zu verleiden. Wie Stromschläge oder die immer noch im Handel vertriebenen, eng um den Halsansatz verschnallten Kopperriemen - beides eine glatte Tierquälerei. Abgelehnt wird auch die Kopperoperation ohne medizinischen Grund, denn selbst wenn das Unter-

---

Tipp

Hobbyforscher wissen mehr: Einen erstklassigen Anschauungsunterricht zum natürlichen Pferdeverhalten bieten Führungen in Wildpferdebahnen und Naturreservaten mit wild oder halbwild lebenden Pferden, die es in fast allen europäischen Ländern gibt. Sei es als Ausflug der Stallgemeinschaft (Kids eventuell mit einem Preis für präzise Beobachtungen belohnen, wie Einzelunterricht auf einem besonders tollen Pferd) oder als privates Urlaubsvergnügen; Auskünfte über das jeweilige Konsulat. Ebenfalls empfehlenswert: Videos über praxisbezogene Verhaltensforschung; Bezug z.B. über Prof. Dr. Klaus Zeeb, Adresse s. Serviceteil

binden des Koppens gelingt (was bei Freikoppern keineswegs garantiert ist), treibt es das Tier lediglich von einer Verhaltensstörung in die nächste, wenn nicht gleichzeitig der Auslöser abgestellt wird. Der Erfolg wäre lediglich ein erhöhter Stresspegel. Auch das selbstverständlich experimentell untersucht und durch den Anstieg der Cortisolkonzentration als Stressparameter belegt:

„Koppen baut beim Pferd Stress ab, der meist durch falsche Haltung oder Fütterung entsteht", bestätigt auch Dr. Dirk Lebelt, der darüber promovierte und Puls und Hormonspiegel beim Koppen näher unter die Lupe nahm. Auf dessen beruhigende Wirkung lässt sowohl die erniedrigte Herzfrequenz schließen, wie der typisch entrückte, abwesende Gesichtsausdruck der Tiere. Folge eines satten Endorphinschubs, ein Trick der Natur, um Schmerzen und Entbehrungen leichter zu ertragen. Leider mit dem Nachteil behaftet, dass die Gewöhnung daran süchtig macht. Der Grund, warum Kopper auch bei verbesserten Haltungsbedingungen ihr geliebtes Bäuerchen meist beibehalten. Das beste Rezept dagegen: Geduld bewahren und darauf vertrauen, dass die Pferde immer seltener koppen, je ausgefüllter ihr Leben ist und je wohler sie sich fühlen. Man darf hier Ursache und Auswirkung nicht verwechseln: Das Koppen selbst ist harmlos, Dauerstress dagegen nicht.

Linkes Bein, rechtes Bein: Bis zu 18.000-mal zählten Verhaltensforscher die wechselnde Gewichtsverlagerung im Laufe eines Tages. Einmal angewöhnt, weben Pferde auch bei besten Haltungsbedingungen oft lebenslang, sobald sie sich aufregen. Wenn, wie hier, der Weidekumpel weggeführt wird.
Fotos: Neddens

DER STOFF, AUS DEM DIE TRÄUME SIND

Endorphine (Zusammensetzung aus den Wörtern „Endogenous" und „morphines") sind eine Klasse von Neurotransmittern, die im Gehirn gebildet werden. Sie wirken wie eine Droge auf das vegetative Nervensystem und werden aufgrund ihrer euphorisierenden Wirkung als Stresskiller geschätzt. Im Blut von Koppern wurden erheblich höhere Endorphinwerte gemessen, auch der bekannte „Runners-high" bei Ausdauerleistungen resultiert aus einer erhöhten Endorphinausschüttung. Außerdem können sie das Schmerzempfinden beeinflussen: Endorphine lassen werdende Mütter und gebärende Stuten den Wehenschmerz leichter ertragen und unterdrücken bei einem Unfall im ersten Schock den Schmerz oft sogar vollständig (Beta-Endorphine gehören zu den wirksamsten schmerzlindernden Substanzen überhaupt). Bei Gewöhnung durch Dauerstress oder extern zugeführt machen Endorphine allerdings, wie Morphium, süchtig.

Ähnliches gilt für das Weben: Vergleichbare Auslöser, entgegen allen Behauptungen ungefährlich für die Pferdebeine und genauso therapieresistent wie Koppen, während sich andere Verhaltensstörungen bei Haltungsumstellung oft gänzlich verlieren. Grundsätzlich der erste und wichtigste Ansatzpunkt, um etwaige Macken des Pferdes oder eine labile Gesundheit in den Griff zu kriegen: Haltung optimieren und dann weitersehen. Noch besser ist natürlich, wenn es erst gar nicht zur Flucht vor dem Frust kommt. Welche Fehler vermieden werden sollten, und wie man sich und dem Pferd das Leben leichter machen kann, begreift man am schnellsten mit einem Einstieg über die Einzelhaltung. Die lange nicht so simpel ist, wie sie scheint.

Das selbstvergessene Zutzeln an der eigenen Zunge ist ebenfalls eine Verhaltensstörung, die sich auch bei Verbesserung der Haltungsbedingungen oft nicht mehr verliert. Foto: Luckow

DIE STALLNEUROTIKER

- **Koppen:** Angedeutete Schluckbewegung mit oft hörbarem Ton. Unterschieden werden Aufsatzkopper - Pferde, die dazu die Schneidezähne auf einen festen Gegenstand aufsetzen - und Freikopper. Weil lange Zeit geglaubt wurde, dass Pferde Koppen durch Nachahmen lernen und kolikanfälliger sind, zählte es früher zu den Gewährsmängeln; beide Behauptungen sind inzwischen widerlegt.
- **Weben:** Häufige Bewegungsstereotypie höher im Blut stehender Pferde. Dabei pendelt das Tier bei leicht gespreizten Vorderbeinen mit Kopf und Hals rhythmisch von einer Seite zur anderen; manchmal wird auch das Gewicht von einem Bein auf das andere verlagert, sodass es hin und her zu schwanken scheint. Entwickelt sich oft aus dem Erwartungsweben kurz vor der Fütterung und verliert sich auch bei Haltungsumstellung bei Aufregung nicht mehr vollständig; unschädlich für die Pferdebeine.
- **Boxen-, Zaun- und Achterlaufen:** Bewegungsstereotypie aus Übererregung, meist verursacht durch Triebstau oder Langeweile. Die Pferde können nicht entspannen und bewegen sich stereotyp nach einem stets gleich bleibendem Muster (Kreise, Achterfiguren oder Hin- und Herlaufen am Zaun).
- **Scharren, Klopfen:** Bei dieser Verhaltensanomalie scharrt das Pferd, teilweise stundenlang, mit einem Vorderbein oder donnert ebenso ausdauernd vor die Boxentüre und demoliert dabei seine Beine.
- **Krippen- oder Barrenwetzen:** Das Pferd schurrt mit den Schneidezähnen monoton über den harten Rand des Futtertrogs oder an Boxenstäben auf und ab; bei chronischen Krippenwetzern schleifen sich im Lauf der Zeit die Zähne zum Wetzergebiss ab.
- **Lecken, Lippen- oder Zungenspiele:** Speziell nach der Fütterung werden aus Langeweile Tröge oder Wände bis zu einer halben Stunde oder länger beleckt. Andere Pferde produzieren durch endloses Lippenklappern Töne oder schlackern mit der Zunge.
- **Exzessives Holznagen:** Hölzer oder Rinden beknabbern gehört eigentlich zum natürlichen Verhalten von Pferden; in exzessiver Form sind Fütterungsfehler oder Langeweile die Ursache.
- **Kot- oder Erdefressen:** Meist verursacht durch zu konzentrierte Fütterung und zu wenig Raufutter; kann auch auf ein Defizit in der Futterzusammenstellung hinweisen..
- **Beißen:** Häufiges Luftbeißen als Drohgebärde gegen Stallgefährten kann sowohl Ausdruck einer ausgeprägten Antipathie wie allgemein unterdrückte Aggression sein, die sich auch durch vehementes Beißen in Holzwände oder Begrenzungsgitter äußern kann oder gegen den Menschen gerichtet wird.
- **Automutilation (Autoaggression):** Dabei beißen sich die Tiere selbst in Brust, Schultern, Flanken oder Beine. Disponiert sind besonders sensible Hengste bewegungsfreudiger Rassen oder Pferde mit hohem Aggressionspotenzial; Ursache ist massiver Triebstau, oft ausgelöst durch Isolation.
- **Schlagen:** Ebenfalls Ausdruck ausgeprägter Antipathie oder unterdrückter Aggression, die sowohl gegen Nachbarpferde und/oder Menschen gerichtet wird. Seltener zu sehen ist das monotone Bollern eines Hinterhufes gegen Wände.

Auf Nummer sicher: Einzelhaltung

Pferde sind Herdentiere. Zumindest so lange, bis sie stark genug sind, um geritten oder gefahren zu werden. Mit Beginn ihrer Ausbildung endet dieser Zustand jedoch oft schlagartig. Frei nach dem Motto „Dienst ist Dienst, und Schnaps ist Schnaps" erfolgt der Umzug aus dem Herdenalltag ins Singledasein eines Reitpferdes. Ungefragterweise. Dienst ist Dienst, und Schnaps ist Schnaps; die meisten Reitpferde werden einzeln gehalten.

Nun gibt es viele Gründe, die eine Einzelaufstallung rechtfertigen. Bei Hengsten, beispielsweise, um die Herren daran zu hindern, ungebetenen Nachwuchs zu zeugen. Oder der Wert eines Tieres im aktiven Sport: Kaum jemand würde eine wandelnde Kapitalanlage in Millionenhöhe, die punktgenau für ihren Einsatz trainiert wird, dem geringsten Risiko aussetzen. Schließlich hängt im Profisport der Lebensunterhalt des Reiters von dessen Einsatzfähigkeit ab. In Handelsställen, mit einer hohen Fluktuation ist Einzelhaltung ebenfalls unumgänglich: Sei es, um Auseinandersetzungen zu verhindern oder die in solchen Ställen erheblich höhere Ansteckungsgefahr zu verringern. Alles Beispiele, in denen Einzelhaltung, unabhängig von persönlichen Präferenzen, situationsabhängig vorgegeben ist. Das gilt auch für Robustpferde, die sonst bevorzugt in Gruppen gehalten werden. Beliebt ist Einzelhaltung aber auch in Pensionsställen: Denn trennt man zänkische Vierbeiner und deren Besitzer säuberlich voneinander, schont es die Nerven aller Beteiligten und sichert den Frieden der Stallgemeinschaft. Aus menschlicher Sicht hat sie unbestreitbare Vorzüge:

- Das Pferd ist jederzeit griffbereit,
- es kann in keine Rauferei verwickelt und eventuell verletzt werden,
- eine individuelle Fütterung ist relativ leicht und
- die Überwachung des Tieres ebenso.

Deshalb dürfen die Nachteile der Einzelhaltung aber nicht übersehen werden. Denn unabhängig davon, wie groß ein Stall ist, hat das einzelne Pferd nur sehr wenig Platz zur Verfügung und ist in seinem Freiraum extrem begrenzt. Das steht in krassem Widerspruch zu seinem natürlichen Bewegungsverhalten und muss ausgeglichen werden. Der Hygieneaufwand ist deutlich höher, weil der Infektionsdruck zwangsläufig proportional zur Verringerung der Fläche steigt. Demzufolge fällt auch die aufwändige Grundreinigung umso häufiger an, je mehr Zeit das Pferd im Stall verbringt oder je dichter der Pferdebesatz ist. Außerdem ist der Sozialkontakt der Tiere drastisch eingeschränkt. Und was das für ein Flucht- und Herdentier bedeutet, lohnt eine nähere Überprüfung. Allerdings mit einem kleinen Umweg über Darwin und die K^2-Theorie.

Auch Robustpferde werden einzeln gehalten, wenn es die Situation erfordert.
Foto: Neddens

Kommunikation und Kooperation

Seit Darwins Hauptwerk „Über den Ursprung der Arten durch natürliche Auslese" prägt erbarmungsloser Kampf die moderne Biologie. Zwar war der Inhalt nicht grundlegend neu - Jean-Baptiste Lamarck oder Robert Chambers veröffentlichten schon früher Abstammungslehren, ebenso wie Darwins berühmtester Satz „survivel of the fittest" ursprünglich Herbert Spencer zugeschrieben wird - aber seine Selektionstheorie überzeugte: Die an ihre Umwelt am besten Angepassten überleben und können sich fortpflanzen, während die anderen - leider, leider - auf der Strecke bleiben. Bahn frei den Tüchtigen und Rabiaten? Ganz so einfach ist es nicht, aber warum, das erkannte man erst später. Zunächst gab es einigen Erklärungsbedarf.

Zum Beispiel, welchem Zweck Altruismus dient, das Hintenanstellen eigener Bedürfnisse bis zur selbstlosen Aufopferung oder der Verzicht auf eigenen Nachwuchs. Bei staatenbildenden Insekten, wie Ameisen oder Bienen, aber auch etlichen Säugetieren kann vom Streben aller Organismen, sich zu vermehren, keine Rede sein. Warum Homosexualität unter Tieren gar nicht so selten ist, oder weshalb einige Arten nicht daran denken, um die Vorherrschaft zu kämpfen, weil ihre Hierarchie genau umgekehrt funktioniert: Je netter einer ist, umso erfolgreicher sein Aufstieg. Paradebeispiel dafür ist der arabische Graudrossling, der sich an Freundlichkeit in seinem gefiederten Schwarm geradezu überbietet. Und den Satz „Make sex, not war" hätten, wenn sie schreiben könnten, garantiert Bonobos kreiert. Eine Unterart der Schimpansen, die Zwistigkeiten bevorzugt mittels Sex schlichtet, Sex als Gegenwert im Tauschhandel anbietet und ihr Triebleben in so ziemlich jeder bekannten Form ungeniert auslebt.

In das Schema vom Egoismus der Gene passen keine Löwenpaschas, die sich die Damen eines Rudels gemütlich teilen, und noch weniger Hengste, die in lebenslanger Freundschaft ein oder zwei Stuten gemeinsam verteidigen, beide zum Zuge kommen, und mit dieser Kumpel-Strategie obendrein erfolgreicher sind als solche, die allein keinen Harem erobern, geschweige halten können, wie die französische Ethologin Claudia Feh von der Forschungsstation Tour du Valat beobachtete. Oder warum Pferde kranke bzw. klapperig gewordene Herdenmitglieder schützen, statt prompt die Gelegenheit zu nutzen, sich für frühere Bisse und Knüffe zu rächen oder ihre Rangfolge zu verbessern.

Gesellig

„Pferde sind ihrem Wesen nach gesellige Tiere. Der streng geordnete Herdenverband, in dem alle Lebensabläufe wie Fressen, Ruhe, Fortpflanzung etc. stattfinden, wird durch ein feindifferenziertes Sozialverhalten ermöglicht, das erlaubt, Kontakte aufzubauen, Stimmungen zu übertragen, um z.B. gemeinsam vor Feinden zu fliehen. Sozialverhalten hat für den Selbstaufbau und den Selbsterhalt von Individuen, die in einer Gemeinschaft zusammenleben, die Funktion, dieses Zusammenleben in der Weise sicherzustellen, dass Einzeltiere, vor allem Schwächere, keinen Schaden leiden."

PROF. DR. KLAUS ZEEB UND C. LEIMENSTOLL,
AUS „PFERDEHALTUNG IN GRUPPEN"

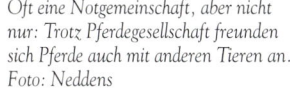
Oft eine Notgemeinschaft, aber nicht nur: Trotz Pferdegesellschaft freunden sich Pferde auch mit anderen Tieren an. Foto: Neddens

Einzelfälle aus dem Pferdeleben, gewiss, aber Fressen und Gefressenwerden, Egoismus, Kampf und Verdrängung ist nicht die einzige erfolgreiche Methode zu überleben. Erst recht nicht in einer lebensfeindlichen Umwelt. Graf Pjotr Aleksejewitsch Kropotkin brachte den Wert der gegenseitigen Hilfe in Tier- und Pflanzenwelt auf den Punkt: „Wenn wir die Natur fragen, wer sind die Tüchtigsten - jene, die ewig miteinander Krieg führen, oder jene, die einander unterstützen - dann sehen wir sofort, dass jene Tiere, die einander helfen, am besten angepasst sind." Ein Ansatz, der von den Wissenschaftlern weiterverfolgt, auf verschiedenen Ebenen nachgewiesen wurde und als K^2-Faktor in der Forschung Furore machte: Kommunikation und Kooperation als treibende Kraft der Evolution.

DIE K^2-THEORIE

Fürst Pjotr Aleksejewitsch Kropotkin, alias Peter Alexander Kropotkin, besser bekannt als russischer Schriftsteller und Anarchist, beobachtete als Armeeoffizier fünf Jahre die Tier- und Pflanzenwelt Sibiriens. Er erkannte, dass nicht Rivalität, sondern gegenseitige Hilfe in einer lebensfeindlichen Umwelt die Überlebenschancen erhöhen und machte das Solidaritätsprinzip zu Beginn des 20. Jahrhunderts populär.

Den Durchbruch verdankt die K^2-Theorie der Amerikanerin Lynn Margulis. Die Biologin ging der Frage nach, warum Mitochondrien, ursprünglich eine eigene Lebensform, von anderen Zellen zwar einverleibt, aber nicht gefressen wurden. Das Geheimnis lautete „Kommunikation und Kooperation": Die kleineren Mitochondrien lieferten der größeren Zelle Energie und wurden dafür von ihr beschützt.

Inzwischen kennt man viele verschiedene Symbiosen: Amöben, die sich zu Kooperativen zusammenschließen oder der schmierige Biofilm im Abguss. Er besteht aus Bakterien, Algen, Pilzen und Einzellern, die ohne Rivalität ganze Kolonien mit Zu- und Abwasserleitungen, Versammlungsplätzen und Fahrrinnen schaffen, in der jede Gattung überleben kann. In der Tierwelt werden Putzerfische für ihren Säuberungsdienst von Raubfischen verschont, und Madenhacker befreien Wirtstiere nicht nur von Parasiten, sondern dürfen bei Bedarf auch etwas Blut zapfen, während andere Tierarten zugunsten gemeinsamer Interessen lediglich miteinander kommunizieren.

Anschluss um jeden Preis: Einsames Pferd sucht Freund

Pferde haben die K^2-Theorie nicht erfunden - dazu ist ihr Rangordnungs- und oft auch Territorialverhalten zu strikt - aber sie partizipieren. Denn der Pflanzenfresser Pferd konnte nicht allein deshalb mit seinen schwer bewaffneten Fressfeinden konkurrieren, weil er schneller laufen konnte als sie, sondern weil seine gesamte Überlebensstrategie auf Kommunikation und Kooperation basiert. Sowohl in Reaktion mit anderen Tierarten zugunsten eines effizienten Frühwarnsystems, wie in Aufbau und Erhalt sozialer Bindungen innerhalb der Herde. Dieser Herdentrieb ist so übermächtig, dass Pferde notfalls auch mit Ziegen, Schafen, Schweinen oder Katzen eine Gemeinschaft eingehen oder sich mit einem Huhn anfreunden. Und vermutlich nicht ganz unschuldig daran, warum die Zusammenarbeit zwischen Pferd und Mensch, verständigen Umgang vorausgesetzt, eine an Gedankenübertragung grenzende Qualität erreichen kann. Aber dazu brauchen Pferde eben Kontakt. Denn damit Beziehungen stabil bleiben, müssen sie gepflegt werden.

Und das ist eben das ganz große Defizit bei Einzelhaltung. Der geforderte Sicht-, Geruch- und Hörkontakt zu anderen Pferden deckt nur das Mindestmaß ihrer Sozialbedürfnisse. Was fehlt, ist die Integration in einen Verband: Berührungen, Freundschaft, Sicherheit, Verlässlichkeit, Schutz und der vertraute Familienmief. Eben all das, was intakte Familien auszeichnet, selbst wenn mal Strom in der Tapete fließt. Wird Pferden dieser Familienanschluss zu Artgenossen verweigert und erfüllt der Mensch seinen Sozialpart ebenfalls nicht - der ohnehin die irritierende Eigenschaft hat, ständig zu verschwinden, statt, wie es sich gehört, bei der Herde zu bleiben - ist die Folge der bereits sattsam bekannte Dauerstress. „Wer seinem Pferd die Gesellschaft von Artgenossen vorenthält", schreibt die Westernreiterin Ute Holm, „darf sich nicht wundern, wenn das Tier unwillig oder verhaltensgestört reagiert." In Kombination mit anderen Haltungsfehlern ist es dann nur noch ein kleiner Schritt zu psychosomatischen Erkrankungen.

Wie groß die Gefahr ist, zeigt sich eindrucksvoll am Beispiel einer Aufstallungsform, die inzwischen glücklicherweise fast außer Konkurrenz läuft, der Anbindehaltung. Kein Grund, das Kapitel zu überschlagen, denn genau hier entlarvt eine neuere Studie die Schwarzmalerei der Haltungsfehler als bittere Realität.

Seltene Ausnahme

„Kontakt zu Artgenossen ist für alle Pferde wichtig, egal, ob es sich um junge oder erwachsene Tiere, Sport- oder Zuchtpferde handelt. Bei uns haben selbst die Deckhengste zusammen mit ihren Stuten Weidegang, während ihnen im Winter entweder ein älterer Wallach oder Junghengste Gesellschaft leisten. Die meisten Leute meinen, die Hengste würden wilder und schwieriger, wenn sie in der Herde stehen, aber genau das Gegenteil ist der Fall. Sie sind viel ruhiger, ausgeglichener und zeigen weniger Hengstmanieren."

PETRA ROTH-LEKKEBUSCH,

Trainingsstall Leckebusch: Deckhengst „Contoured" (im Vordergrund), AQHA Champion mit vielen Turniererfolgen, zusammen mit 3 Wallachen im Winterauslauf. Foto: Roth-Leckebusch

Die wilden Gene

GEMEINSAM STARK

Einzelkämpfer haben es schwer: Entweder müssen sie ständig ihr Revier verteidigen und anderen nach dem Leben trachten, um den Magen voll zu kriegen, oder sie leben in ständiger Alarmbereitschaft, um nicht darin zu landen. Alleine sein bedeutet für Wildpferde, die ihr Heil seit Millionen Jahren vorzugsweise in der Flucht suchen, hochgradiger Stress, weil sie nie zur Ruhe kommen. Das kostet zu viel Energie, und gefährlich ist es auch.

Viel sicherer ist es, wenn mehr Augen, mehr Ohren und mehr Nasen aufpassen, und man sich auf die Wachsamkeit der anderen verlassen kann. Aber das funktioniert nur, wenn das Pferd möglichst in Sichtweite der Herde bleibt und die Kommunikation nie ganz abreißen lässt. Außerdem will ein stabiles Zusammengehörigkeitsgefühl, wie in jeder anderen Gruppe auch, permanent gepflegt werden. Über Beschnuppern, Berühren, Belecken, Beknabbern und stimmungsübergreifende Aktionen. Ein Pferd steckt das andere an: Gemeinsam fressen, gemeinsam trinken, gemeinsam wälzen, gemeinsam dösen und immer orientieren, was der Rest der Herde gerade macht. Egal, wie groß oder wie klein sie ist.

Unterschiede gibt es höchstens in der Individualdistanz. Die einen wollen ihre Ruhe und schätzen etwas mehr Abstand zu ihren Nachbarn, andere sind stets im dicksten Getümmel zu finden. Verhaltensforscher vermuten, dass es mit der ursprünglichen Umgebung einer Pferderasse zusammenhängt. Kamen die Vorfahren aus offenen kargen Weidegründen und brauchten ein entsprechend großes Territorium, um satt zu werden, lebten die Pferde in eher lockeren Familienverbänden und verteilten sich auf eine größere Fläche. War genug für alle da oder das Gelände so unübersichtlich, dass sich die Herde schnell aus den Augen verlor, zogen sie ein engeres Zusammenleben vor. Innerhalb der Herde wiederum diktieren die jeweilige Situation, aber auch Rangordnung, Antipathie und Sympathie, wer wem wie dicht auf die Pelle rücken darf. Während der Siesta, zum Beispiel, lassen sich Kopf an Schweif die Fliegen aus dem Gesicht wedeln; beim Grasen lockert sich der Pulk, aber auch da sind befreundete Pferde leicht auszumachen.

Jugendliebe: Hält manchmal lebenslang, wenn die Tiere nicht getrennt werden. Foto: Neddens

An die Kette gelegt

„Die Freiheit der Sklaven misst man an der Länge ihrer Ketten", befand der polnische Philosoph Janislaw Jerzy Lec kurz und drastisch. Pferde lebten Jahrhunderte festgebunden in hinten offenen Ständern: Kopf zur Wand, Schweif zur Stallgasse, ausgerichtet wie der Fuhrpark einer Spedition. Der Status, den sie im Prinzip ja auch hatten. Ob die Haltung pferdegerecht war oder nicht interessierte wenig. Sie war praktisch, platzsparend, die meisten Pferde hatten eine Ganztagsarbeit, und wer seine PS gerade nicht brauchte, schickte sie nach Möglichkeit auf die Weide, denn das war billiger.

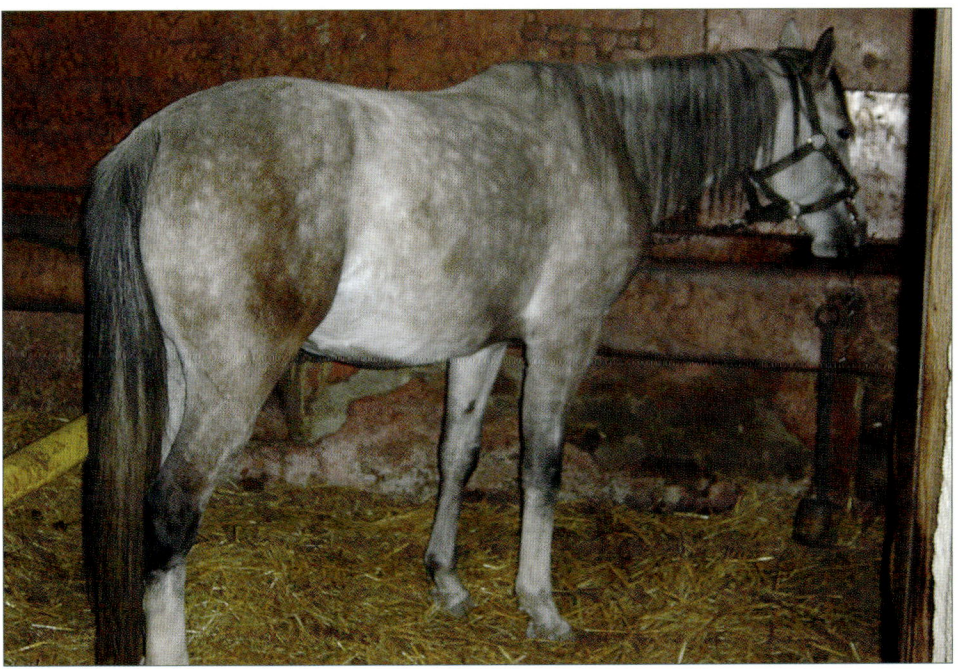

Ständerhaltung: Kopf zur Wand, Hintern zur Stallgasse ist als Daueraufstallung mit artgerechter Pferdehaltung nicht vereinbar. Foto: Schmand

Auffällig: Erhöhte Aggression, Krankheiten und Verhaltensstörungen

Für arbeitslose oder kurzzeitbeschäftigte Pferde grenzt das ganztägige Anbinden dagegen an Tierquälerei. Keine unbedingt neue Erkenntnis. „Die Ständerhaltung ist als Daueraufstallung für Pferde unter Tierschutzgesichtspunkten abzulehnen; für Fohlen und Jungpferde ist sie tierschutzwidrig. Noch bestehende Stallungen mit Ständerhaltung sind baldmöglichst zu pferdegerechten Aufstallungssystemen umzubauen", ließ sich denn auch in den bereits genannten Leitlinien zur Beurteilung von Pferdehaltungen nachlesen. Wenn man sich die Mühe machte. „Genau das ist unser Problem", ärgert sich Dr. Margit H. Zeitler-Feicht. „Würde in den Leitlinien eindeutig stehen ‚Ständerhaltung ist tierschutzwidrig' hätte man bessere Karten." Weil Leitlinien im Gegensatz zu Verordnungen tatsächlich lediglich empfehlenden Charakter haben und selbst bei eklatanten Missständen rechtlich nicht eingeklagt werden können, wird die Ständerhaltung zum Schutz des Pferdes zunehmend verboten. Den Anfang machte in Deutschland 1998 Hessen, andere Bundesländer zogen nach.

Den Stein endgültig ins Rollen brachte eine von der Verhaltensforscherin angeregte und betreute Studie, durchgeführt von Stephanie Buschmann. Auffällig schien Dr. Margit H. Zeitler-Feicht bei der Vorplanung bereits die rigorose Ablehnung vieler Betriebe, sodass weniger Pferdehaltungen in die Untersuchung einbezogen werden konnten als erhofft. „Wer daraus schließt, dass diese noch mit am besten geführt wurden, liegt sicher nicht falsch", kommentiert sie. „Noch auffälliger war, dass gehäuft registriertes Problemverhalten und selbst massive Verhaltensstörungen - sieht man von Koppern und Webern ab - von darauf angesprochenen Besitzern als „Macke" abgetan wurden, statt Haltungsfehler in Betracht zu ziehen."

Zu diesen Haltungsfehlern zählte beispielsweise die notwendige individuelle Größenanpassung der Ständer an jedes einzelne Tier. Denn was einem Shetty kommod ist, zwickt einem Riesen um die Hüfte, obwohl für die Minis auch nicht alles Zuckerschlecken war. Einige Futtertische waren so hoch angebracht, dass sich Zwerge auf die Hufspitzen stemmen mussten, um mit dem Maul überhaupt in den Trog zu gelangen. Nach wie vor in Gebrauch waren auch die antiquierten, seit Jahren von Veterinären verdammten Hochraufen, die den Grasfresser Pferd in eine Giraffe mit Rückenschmerzen verwandeln und dem Vierbeiner obendrein Bindehautentzündungen und Allergien durch den herabrieselnden Heustaub bescheren. Dazu kamen verpappte Tränken, versiffte und durch-

*Leise rieselt der Staub: Bindehautentzündungen und Rückenschmerzen sind die Quittung antiquierter Heuraufen.
Foto: Neddens*

weichte Einstreu, eingeschränkte Sozialkontakte, zu kurze oder falsch angebrachte Anbindungen und vor allem viel zu wenig Bewegung. Koppeln und Paddocks war für die meisten Pferde ein Fremdwort; fast 70% aller Pferde hatte speziell im Winter keine Gelegenheit, sich wenigstens einmal täglich außerhalb des Stalles zu bewegen. Das galt selbst für Jungpferde, bei denen die Ständerhaltung ohnehin tierschutzwidrig war.

Als Dauerzustand nicht mehr vertretbar

Insgesamt eine so negative Bilanz, dass Ställe, in denen wenig zu beanstanden war, schlicht untergingen. „Die Studie belegt eindeutig, dass Ständerhaltung für Pferde heutzutage nicht mehr vertretbar ist", schrieb Stephanie Buschmann in der Zeitschrift „Freizeit im Sattel", die darüber mehrere Folgen veröffentlichte. „Sicherlich kann das Argument gebracht werden, dass einige der genannten Mängel auch in Boxenhaltung, ja sogar in Offenstallhaltung vorkommen können. Doch in Ständerhaltung ohne jeglichen Bewegungsfreiraum wirkt sich jede Unzulänglichkeit wesentlich gravierender aus als in allen anderen Haltungssystemen."

Zu den noch nicht erwähnten Haltungsmängeln zählten vor allem zu kurze und viel zu schmale Kastenständer. An Wälzen war gar nicht zu denken, und selbst zum Schlafen trauten sich viele Pferde nicht hinzulegen oder kauerten mit eng an den Leib gezogenen Beinen in ihren Schuhkartons. Abgesehen davon, dass das Unterbinden der natürlichen

Schlafgewohnheiten ebenfalls per se ein tierschutzwidriger Tatbestand ist, kann sich wohl jeder vorstellen, wie verheerend sich das auf Gesundheit und Leistungsbereitschaft des Tieres auswirken muss.

Absolutes Muss

„Unabhängig von der Aufstallungsart muss gewährleistet sein, dass Pferde ungehindert abliegen und aufstehen sowie in Seitenlage liegen und sich wälzen können."

„LEITLINIEN ZUR BEURTEILUNG VON PFERDEHALTUNGEN UNTER TIERSCHUTZGESICHTSPUNKTEN"

AUSGEZEICHNETE STUDIE

Die Studie zur Ständerhaltung dauerte fast zwei Jahre und erfasste 65 Pferde aus 13 Ställen, wobei die Pferde direkt oder per Videokamera überwacht wurden. Für dieses Projekt wie für ihr Gesamtwerk wurde Dr. Margit H. Zeitler-Feicht 2003 von der Deutschen Vereinigung zum Schutz des Pferdes mit dem Horsemanship-Preis geehrt; Stephanie Buschmann erhielt für ihre Diplomarbeit „als beste Arbeit bezüglich Tierschutz in der Tierhaltung" den Schweisfuhrt-Preis. Obwohl die Ergebnisse der Studie nicht durchweg negativ waren, wurden beträchtliche Mängel festgestellt. Auszüge aus der Publikation:

- Von den 65 Pferden standen 20 (31%) im Vollblut-, 12 (18%) im Warmbluttyp. 28 Pferde (43%) waren Kaltblüter und 5 (8%) Ponys. 13 Pferde (20%) waren jünger als 5 Jahre. Gemäß den Leitlinien hätte etwa die Hälfte der Pferde aufgrund ihrer Hochblütigkeit bzw. wegen ihrer Jugend nicht in Ständern aufgestallt werden dürfen; alle Tiere lebten dauerhaft und nicht nur vorübergehend in Anbindehaltung.
- 77% der Pferde wurde nicht täglich geritten oder gefahren; 89% der Pferde bekamen keine Möglichkeit zum Freilauf. Besonders im Winterhalbjahr kam es beim Bewegungsbedarf zu gravierenden Defiziten.
- 51% der beobachteten Pferde wies mindestens eine Verhaltensstörung auf. Die Hälfte dieser Pferde war mehrfach auffällig; ein Pferd zeigte sogar fünf verschiedene Stereotypien. In der Literatur werden Verhaltensstörungen mit ca. 0,7-14% angegeben.
- Vier der Ständerpferde fielen durch hochgradige Aggressivität gegenüber Artgenossen oder Personen auf, drei durch hypernervöses Verhalten, aber auch das andere Extrem - durch Isolation hervorgerufene Apathie — konnte bei einem Pferd beobachtet werden.
- Über 50 % der überwachten Pferde standen zwischen mehr als brusthoch gebauten Trennwänden oder mit stark separierenden Aufsatzgittern. Deshalb zeigten die Pferde auch kaum Sozialkontakte, weder positive noch negative.
- 68 % dieser Kastenständer waren zu schmal für das darin angebundene Tier; bei jedem vierten dieser Pferde unterschritt die Standbreite sogar die Widerristhöhe, sodass die Tiere nur in Kauerlage mit extrem an den Körper gezogenen Extremitäten liegen konnten.
- In Relation zur Körpergröße erwies sich die effektiv zur Verfügung stehende Standlänge bei jedem dritten Pferd (38%) als zu kurz. Pferde in solchen Ständern legten sich weniger ab als Pferde, deren Stand lang genug war, und zeigten während der Beobachtung öfter Verhaltensauffälligkeiten.
- Fast 30% der Anbindevorrichtungen wiesen zum Teil erhebliche Mängel auf. Einige Tiere konnten nur erschwert fressen, anderen wurde der Kopf beim Liegen durch einen zu kurzen Strick hochgezogen, obwohl eine dauerhafte Verhinderung des Ablegens ein tierschutzwidriger Tatbestand ist.
- Fast ein Drittel der Ständer war mit Hochraufen ausgestattet, die das Tier zu einer unphysiologischen Fresshaltung zwang, sofern das Raufutter nicht in großen Büscheln ausgerissen und auf den Boden fallengelassen wurde.
- Fast jedes zweite Pferd stand auf stark verschmutzter und durchweichter Einstreu. Auch die Hygiene von Tränke- und Fütterungseinrichtungen ließ in über der Hälfte der untersuchten Kastenständer zu wünschen übrig.

Verdreckte Einstreu, die Ständer zu kurz und so schmal, dass sich die Pferde kaum hinlegen können. Das Foto von Stephanie Buschmann belegt die im Rahmen der Diplomarbeit festgestellten Mängel.   Foto: Buschmann

Jungbrunnen Schlaf

Gähnen steckt an. Wenn Vierbeiner die Augen zukneifen und die Klappe aufreißen, gähnen Zweibeiner oft mit und umgekehrt. Gähnen ist Ausdruck von Sauerstoffmangel, Langeweile oder signalisiert das simple Bedürfnis nach einer Mütze voll Schlaf.

Fohlen mit angewinkelten Beinen in Kauerstellung liegend. Der graue Kollege dagegen, platt wie eine Flunder, im Tiefschlaf. Fotos: Neddens

Liegeverhalten

„Das Pferd muss die Möglichkeit zum Tiefschlaf haben, weil Tiefschlaf stressfrei ist. Dabei hängt das Wohlbefinden wesentlich vom Liegeverhalten ab. Eine zu kleine Boxe hindert manche Pferde daran, sich in Seitenlage auszustrecken, weil sie Angst haben. Sie liegen, wenn überhaupt in Kauerstellung. Für ein Arthrose-Pferd bedeutet das zum Beispiel eine Beugehaltung. Das heißt, dieses gesundheitlich ohnehin schon angegriffene Pferd macht im Liegen eine Beugeprobe für 2-3 Stunden. Hier muss die Haltung unbedingt korrigiert werden."

Dr. Karl Blobel,
„Gesundheitliches Management von Sport- und Freizeitpferden"

Weil Mensch und Tier normalerweise mindestens einmal innerhalb von 24 Stunden in diesen Stand-by-Modus schalten, in dem Körper und Seele regenerieren, zählt Schlaf zu den zirkadianen Biorhythmen. Ausreichender ungestörter Schlaf ist ein wahrer Jungbrunnen: Herzschlag und Atmung werden langsamer, die Temperatur sinkt, das vegetative Nervensystem kommt zur Ruhe; die Muskeln entspannen und Stoffwechsel, Blutdruck, Verdauungs- und andere Systeme werden neu justiert. Man erwacht frisch, gestärkt und bereit zu neuen Taten. Umgekehrt gilt, dass zu wenig Schlaf oder ständige Störungen den Organismus auf Dauer extrem belasten.

Auch Pferde haben einen ausgeprägten Schlaf-Wach-Rhythmus. Nur sind sie als Fluchttiere in ihren Ansprüchen an optimale Schlafbedingungen so heikel, dass das Märchen entstand, das Ausruhen im Stehen reiche erwachsenen Pferden vollkommen aus. Das stimmt natürlich nicht. Zur vollständigen Erholung brauchen sie die Tiefschlafphase in Seitenlage. Außerdem durchleben Pferde, wie Menschen und andere Säugetiere, unterschiedliche Schlafphasen: Sie dösen, schlummern, träumen oder ratzen so tief, dass sie nichts mehr wahrnehmen. Einige schnarchen sogar und das ziemlich laut.

MELATONIN

Das stammesgeschichtlich sehr alte Hormon der Zirbeldrüse ist an der Regulation zahlreicher Systeme mitbeteiligt. Melatonin beeinflusst z.B. die Melaninproduktion zur Pigmentierung der Haut und bei Säugetieren und Menschen den 24-Stunden-, aber auch den saisonalen Jahres-Rhythmus. Bei Pferden sorgt es für den pünktlich einsetzenden Fellwechsel, dafür, dass sich die Keimdrüsen im Winter erholen und Stuten im Frühjahr rossen. Während man früher annahm, dass nur die Zirbeldrüse Melatonin bildet, wiesen jüngere Forschungen dessen Produktion auch in anderen Zellen nach. Mitte der 90er-Jahre stellte sich heraus, dass Melatonin besser als andere Substanzen aggressive Sauerstoffmoleküle und Zellgifte neutralisiert und die Antikörperbildung fördert. Nach Angaben der Deutschen Gesellschaft für Endokrinologie werden rund 90 % des im Körper vorkommenden Melatonins von enterochromaffinen Zellen gebildet und in das Darmlumen abgegeben. Die Wissenschaftler vermuten, dass das im Darm schwimmende Hormon den Organismus bereits hier vor Irritationen, Infektionen und Entzündungen schützt.

Wer auf optimale Erholung seines Pferdes Wert legt, sorgt deshalb für optimale Liege-flächen: luftig, trocken, eventuell mit Sichtkontakt zu anderen Pferden und vor allen Dingen groß genug, zum Ausstrecken der Beine. Außerdem sollte man auf möglichst natürliche, der Jahreszeit entsprechende Lichtverhältnisse achten: tagsüber hell, nachts dunkel - um den Superstoff Melatonin zu locken, dessen Produktion durch Licht stimuliert, das aber erst bei Dunkelheit freigesetzt wird. Es ist nämlich erheblich mehr als nur ein Gute-Nacht-Hormon; betätigt sich als Abfangjäger für freie Radikale, neutralisiert Zellgifte, ist an der Regulation anderer Hormone beteiligt, stimuliert die Antikörperbildung und beugt dadurch Krankheiten vor.

WER SCHLÄFT, LEBT GEFÄHRLICH

Die wilden Gene

Wenn Menschen im Stehen einschlafen, kippen sie aus den Pantinen. Für Pferde ist ein solches Kunststück normal, denn wer liegt, vergeudet im Falle eines Angriffs Zeit und eventuell sein Leben. Im Gegensatz zu Jungtieren legen sich ausgewachsene Pferde deshalb nur bei absoluter Sicherheit hin; geschwächte, hochträchtige oder alte Tiere verzichten oft darauf, obwohl das Relaxen im Stehen die Liegephasen nicht ersetzt. Geschlafen wird im Schichtbetrieb: Ein Pferd schiebt so lange Wache, bis sich ein anderes erhebt; vom Wachdienst ausgenommen sind lediglich Fohlen. Als Schlafplatz wird ein übersichtliches, trockenes und leicht erhöhtes Gelände bevorzugt, um Warnsignale möglichst früh wahrzunehmen. Außerdem ist durch den dort herrschenden Luftzug die Insektenplage geringer. Abhängig von Witterung und Ernährungsangebot betragen die Ruhezeiten wildlebender Pferde im Schnitt ca. 7 Stunden täglich, die auf relativ kurze Ruhephasen rund um die Uhr verteilt werden:

- **Dösen Im Stehen:** Bei halbgeschlossenen Augen und hängender Unterlippe wird ein Hinterbein mit der Hufspitze aufgestützt (Schildern). Denn während der Sehnen- und Bandapparat der Vorderbeine ein Feststellen der Gelenke ohne aktive Muskelanspannung erlaubt, muss die muskulöse Hinterhand wechselseitig entlastet werden. Die Reaktionsfähigkeit bleibt voll erhalten.
- **Schlummern in Kauerstellung:** In der zweiten Phase liegt das Pferd mit an den Leib gezogenen Vorderbeinen, beide Hinterbeine leicht geöffnet nach einer Seite gewinkelt, oft wird das Kinn aufgestützt. Obwohl die Sinneswahrnehmungen reduziert sind, ist das Pferd relativ schnell auf den Beinen, weil es zum Aufspringen lediglich die Vorderbeine in Stützstellung vorstrecken muss.
- **Tiefschlaf in Seitenlage:** Zum Tiefschlaf kippen die Pferde seitlich um. Kopf und Hals liegen entspannt am Boden, die Beine sind weggestreckt und Sinneswahrnehmungen weitgehend ausgeschaltet. Auch wenn die Tiefschlafphase bei Equiden selten mehr als eine halbe Stunde beträgt, ist sie für eine vollständige Regeneration immens wichtig.

Aufstehen kostet Zeit - für Fluchttiere eine so gefährliche Situation, dass sich Pferde nur hinlegen, wenn sie sich absolut sicher fühlen.
Fotos: Neddens

Boxenhaltung oder Einzelhaft?

Mit seiner geänderten Rolle als Sport- und Freizeitpferd wurden Ständer zunehmend durch Boxen ersetzt, die gängigste Aufstallung für Reitpferde. Boxen gab es natürlich schon sehr viel früher, aber sie waren bis Ende des zweiten Weltkrieges eher privilegierten Pferden vorbehalten; selbst renommierte Landgestüte musterten die letzten Ständer erst vor wenigen Jahren aus. Und Boxenhaltung ist nicht gleich Boxenhaltung. Was bis Mitte der 90er-Jahre vielen Pferden zugemutet wurde - und heute noch zugemutet wird! - ruinierte als „pferdefreundlicher Standard" gleich reihenweise die Gesundheit der Tiere.

In zu kleinen Boxen gehen Pferde nicht, sondern drehen

Auf den ersten Blick ging es den Rössern natürlich besser, weil sie nicht mehr angebunden wurden. Auf den zweiten Blick beschleicht einen schon Unbehagen. Denn beim Einbau der Boxen blieben vorhandene Stallgebäude entweder unverändert oder wurden als Neubau im gewohnten Stil kopiert, samt ihren Unzulänglichkeiten. Wie die hoch liegenden kleinen Fenster, ungedämmte Wände, deckenlastige Strohlagerung und einiges mehr. Außerdem ist überbaute Fläche bekanntlich teuer und, speziell in Pensionsställen, bares Geld. Je mehr Pferde man in einem Stall unterbrachte, umso mehr Boxenmiete ließ sich kassieren. 3 x 3 m - unten Holz, oben eng vergittert - galten, wenn überhaupt, als Maß aller Dinge und wurden bis weit nach dem Mauerfall noch ungeniert als moderne Stalltechnik in den Osten verscherbelt.

3 x 3 m hatten auch die königlichen Boxen in Megiddo. Nur dürften ihre Bewohner vermutlich ein Stockmaß von maximal 1,50 m gehabt haben. Für Pferde mit einer Widerristhöhe von 1,65 m, 1,70 m und mehr und der entsprechenden Körperlänge bedeutete es dagegen, dass vorne und hinten vielleicht 30-40 cm Luft blieb. Auf so einer

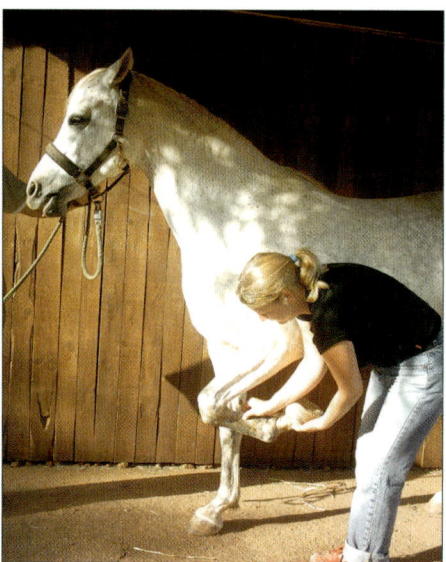

Die Bewegungseinschränkung in zu kleinen Boxen und häufiges Drehen über eine Fessel hat schon viele Pferdebeine ruiniert. Das maulige Gesicht der Stute bei der Sehnenprobe spricht Bände. Foto: Schreiner

Fläche geht kein Pferd. Es steht. Oder dreht sich bestenfalls nach ein, zwei angedeuteten Schritten über eine Fessel. Dahinter steckt eine Scherbewegung! Die um so bedenklicher ist, wenn man weiß, wie viele Dressurlektionen erst mit sechs oder sieben Jahren intensiver trainiert werden, um genau diese Scherbewegung zu vermeiden. Wie muss erst das Gefährdungspotential für den Bänder- und Sehnenapparat bei Tieren hochgerechnet werden, die bis zu 23 Stunden in zu kleinen Boxen verbringen, weil ihre Besitzer keine Zeit haben? Und eine Stunde pro Tag intensiv geritten werden? Nachteil Nr. 1 war also die zu kleine Fläche. Nachteil Nr. 2 zu wenig Bewegung.

Warm- und Vollblüter haben eine große Individualdistanz

Nachteil Nummer 3 war Frust. Die Aussicht reduziert auf kahle Wände, vergittert der Blick auf die Stallgasse und die Sozialkontakte beschränkt auf Sehen, Hören und Riechen. Tatsächlich waren ringsum hochgezogene Gitter bei dieser Sparversion der Boxenhaltung aber kaum vermeidbar. Denn erstens haben bewegungsfreudige Warm- und Vollblüter mit die größte Individualdistanz von allen Rassen und reagieren auf zu dichte, aufgezwungene Nachbarschaft sehr schnell aggressiv; zweitens litten sie unter dem Bewegungsmangel. Häufige Zu- und Abgänge wie der ungelöschte Reiz zur Herstellung einer Rangordnung gaben ihrer Gemütsverfassung dann den Rest.

Beinahe komisch, wenn es nicht so deprimierend wäre, liest sich heute ein alter Text von Prof. Dr. Ulrich Schnitzer: „Durch die Unfreundlichkeiten, die ständig durch das Gitter hindurch ausgetauscht werden, ermüdet eines Tages das Material." Davon abgesehen unterbanden die Gitter auch das Spießrutenlaufen in der Stallgasse, explizit in zweireihigen Boxenställen. Denn bei einem knapp 3 m breiten Durchgang, abzüglich links und rechts herausragender Pferdehälse mit einer Reichweite von je ca. 1,20 m, wurde das Passieren zwischen zwei Giftnickeln schnell zu einer Mutprobe. Erst recht mit einem Pferd an der Hand.

Fütterungs- und Hygienefehler machten Pferde krank

Nachteil Nr. 4 waren die zwei, maximal drei konzentrierten Fütterungen pro Tag, um Personal einzusparen. Das brachte die Verdauung des Dauerfressers Pferd gründlich durcheinander, potenzierte den Stressfaktor und rächte sich unter anderem in erhöhter Kolikanfälligkeit.

Nachteil Nr. 5 war die Kontaminierung der Boxen, weil Pferde, die sich nur um die eigene Achse drehen können, mit ihren Ausscheidungen die gesamte Fläche verschmutzen. Aber gemistet wurde meist nur einmal am Tag. Kein Wunder, dass der Parasitendruck und die Krankheitsanfälligkeit ins Uferlose stieg.

Nachteil Nr. 6 war die bereits ausgeführte Staubbelastung in geschlossenen Ställen und ihre Auswirkungen auf die Bronchien. Die Aufstallung erkrankter Tiere auf staubarme Einstreu ist ohnehin sinnlos, wenn von allen Seiten Stroh- und Heupartikel über die Abgrenzung stieben, erzeugte bei den betroffenen Pferden aber zusätzlichen Stress, da auch die Ablenkung durch Knabbern entfiel. Selbst wenn die Einstreu verschmutzt war. Nicht zu vergessen, der früher übliche Stehtag; Nachteil Nr. 7.

Das ist keine Einzelhaltung, das ist Einzelhaft.

Das hier geschilderte Szenario hört sich nach bodenloser Übertreibung an. Es war Usus. Untersuchungen über Verhaltensstörungen und Krankheitsstatistiken aus dieser Zeit belegen es eindeutig, und sie gingen nicht ausschließlich auf das Konto übertriebener Leistungsanforderungen. Seit Mitte der 70er Jahre bemühen sich Ethologen nachzuweisen, wie gravierend sich der Tagesablauf natürlich lebender Equiden von dem eines unter solchen Umständen dahinvegetierenden Boxenpferdes unterscheidet und wie

---

Muss die Box ein Gefängnis sein?

„Wie viel Platz braucht ein Fenster? Wie viel Platz braucht eine Tür, die halb zu öffnen ist? Keinen Zentimeter mehr als das geschilderte Gefängnis. Weshalb macht ihr es dann nicht so? Ein Fenster könnte eingetreten werden", höre ich immer wieder, „deshalb möchten wir die Pferde erst gar nicht in seine Nähe bringen. Und natürlich vergittern wir es. Die Tiere könnten sich verletzen. „Lasst es offen, sage ich, dann können sie es nicht eintreten und sich nicht verletzen. Und den Kopf hinausstecken und mehr sehen. Und es kommt mehr Luft in den Stall. Und was hilft es, wenn ihr verhindert, dass sie sich an den Knochen verletzen und eine gemütskranke Seele haben?"

URSULA BRUNS, GEKÜRZTER AUSZUG, AUS „PFERDEHALTUNG IN GRUPPEN"

wichtig der Ausgleich bei Haltungsbeschränkungen ist. Es gibt etliche Arbeiten darüber. 1995 sorgte ein Artikel von Dr. Heidrun Caanitz, in der Arbeitsgruppe kritische Tiermedizin, für Aufregung. Einige spielten ihn als zu gefühlsbetont herunter oder bemäkelten fehlende Aktionen, anderen blieb der Bissen, trotz solcher Unzulänglichkeiten, im Halse stecken. Er zeigte nämlich, wie Boxenhaltung nicht aussehen darf. Und so sieht pferdegerechte Boxenhaltung auch nicht aus.

Zeitbudget des Pferdes im Vergleich

in Anlehnung an Duncan/Kiley-Worthington

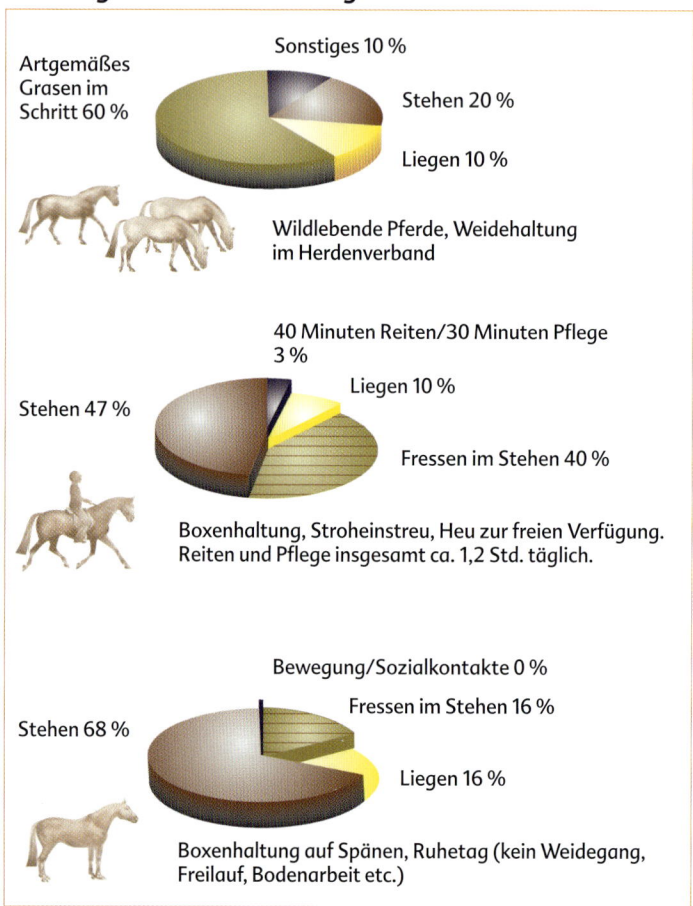

Artgemäßes Grasen im Schritt 60 %

Sonstiges 10 %

Stehen 20 %

Liegen 10 %

Wildlebende Pferde, Weidehaltung im Herdenverband

40 Minuten Reiten/30 Minuten Pflege 3 %

Liegen 10 %

Stehen 47 %

Fressen im Stehen 40 %

Boxenhaltung, Stroheinstreu, Heu zur freien Verfügung. Reiten und Pflege insgesamt ca. 1,2 Std. täglich.

Bewegung/Sozialkontakte 0 %

Fressen im Stehen 16 %

Stehen 68 %

Liegen 16 %

Boxenhaltung auf Spänen, Ruhetag (kein Weidegang, Freilauf, Bodenarbeit etc.)

EIN LANGER TAG

24 Stunden im Leben eines Boxenpferdes. Der Beitrag von Dr. Heidrun Caanitz ist durch die Vermenschlichung des Tieres eigentlich eine wissenschaftliche Todsünde. Und gleichzeitig ein Protokoll, wie Boxenhaltung nicht aussehen darf. Er wurde 1995 von den Lesern der „Freizeit im Sattel" als Artikel des Jahres ausgezeichnet.

5.30 Uhr. Dösen. Mein rechter Nachbar steht auf und schüttelt sich. Stehen. Kurze Begrüßung mit den Nüstern durch die Gitterstäbe. Im Kreis herumgehen. Stehen. Meine linke Nachbarin liegt noch auf der Seite und schläft. Stehen. Es ist dunkel. Im Kreis herumgehen. Stehen. Jetzt fängt auch sie an aufzuwachen und schnaubt dabei laut. Stehen. Lauschen.

7.30 Uhr. Stehen. Scharren. Das Licht ist jetzt an. Stehen. Lauschen. Der Hafer ist bereits gefressen. Stehen. Unruhe im Stall. Im Kreis herumgehen. Das Fenster ist so hoch angebracht, dass ich nur den Himmel sehen kann. Wenigstens haben sie es letzte Woche sauber gemacht, vorher konnte ich gar nichts mehr sehen. Stehen. Wir warten auf das Heu. Scharren. Aber erst wird der Mist entfernt. Stehen. Boxentür auf, der Stallmensch drückt mich zur Seite, Mist wird weggenommen. Boxentür zu. Drei Schritte vor, drei zur Seite, kurzes Drohen gegen den Nachbarn. Stehen. Warten. Scharren. Gegen die Tür schlagen, nochmals dem Nachbarn drohen. Stehen. Boxentür auf, das Heu wird hineingeworfen, Boxentür zu. Fressen.

9.30 Uhr. Stehen. Das Heu ist weggefressen. Stehen. Von oben fällt Stroh herunter. Es staubt. Der Stallmensch hat beim rechten Nachbarn Stroh hineingeschüttelt. Hustenreiz. Stehen. Draußen ist der Himmel klar, es muss sehr kalt sein. Stehen. Hier ist es warm, und ich trage eine Decke. Stehen. Neulich haben sie mein Fell kurzgeschoren. Stehen. Der Stallmensch fegt die Stallgasse. Es staubt. Stehen. Mein Gegenüber schaukelt immer noch von einem Bein auf das andere. Stehen. Im Kreis herumgehen. Stehen. Lauschen. Dösen.

Foto: Schmand

11.30 Uhr. Stehen. Mit dem Kopf nicken. Gegen die Boxentür schlagen. Der Besitzer meiner linken Nachbarin ist gekommen und hat sie herausgeführt. Stehen. Mein rechter Nachbar knabbert etwas Stroh. Stehen. Ich stehe auf Torf und bekomme kein Stroh. Einmal im Kreis herumgehen, der Nachbarin hinterherwiehern, sie antwortet nicht. Stehen. Lauschen. Jetzt sind mehr Menschen im Stall, die mit ihren Pferden an mir vorbeilaufen. Hin- und hergehen. Stehen. Warten auf die nächste Mahlzeit. Unruhe. Scharren. Nochmals wiehern.

13.30 Uhr. Stehen. Es gab Hafer und wieder etwas Heu. Alles aufgefressen. Stehen. Der Stallmensch hat wieder die Stallgasse gefegt. Es hat gestaubt. Die Nachbarin ist längst wieder da. Sie hat sich, als sie wiederkam, in der Box gewälzt, aber dabei sind ihre Füße immer gegen die Wand geschlagen. Einmal wäre ich dabei fast nicht mehr hochgekommen, seitdem wälze ich mich hier drinnen nicht mehr. Stehen. Kurzes Beschnuppern durch die Gitterstäbe. Stehen. Es ist nun kein Mensch mehr im Stall. Stehen. Dösen.

15.30 Uhr. Stehen. Warte auf meine Besitzerin. Im Kreis gehen. Stehen. Lauschen. Immer mehr Menschen kommen jetzt. Stehen. Wieder werden Pferde an mir vorbeigeführt. Im Kreis gehen. Stehen. Die Gitterstäbe behindern die Sicht. Stehen. Auf die Weide komme ich nicht mehr. Stehen. Draußen ist der Himmel jetzt trüb. Stehen. Hunde laufen in der Stallgasse herum. Zwei spielen miteinander. Stehen. Im Kreis herumgehen. Stehen.

17.30 Uhr. Stehen. Meine Besitzerin war immer noch nicht da. Stehen. Lauschen. Mein rechter Nachbar ist jetzt fort, hinterherwiehern. Stehen. Kurzes Beschnuppern mit der anderen Nachbarin. Im Kreis gehen. Mit dem Wasser in der Tränke herumpanschen. Stehen. Bald muss es wieder etwas zu fressen geben. Unruhe. Herumgehen. Scharren. Stehen. Lauschen.

19.30 Uhr. Fressen. Meine Besitzerin war da, hat mich geputzt und in der Halle geritten. Es war staubig, und ich musste mehrfach husten. Dafür habe ich aber andere Pferde ohne Gitterstäbe gesehen, zwei sogar begrüßt und beschnuppert. Ansonsten musste ich immer im Kreis herumlaufen. Habe nicht immer verstanden, was sie von mir wollte, das machte sie ungeduldig. Wenn sie nicht auf mir sitzt, ist sie freundlicher, streichelt mich, redet mit mir und hat immer etwas Leckeres dabei. Das Herumlaufen hat mich angestrengt, sodass meine kurzen Haare völlig nass geschwitzt waren. Sie hat mich dann unter ein Gerät gestellt, welches sehr viel Wärme abgibt, und ich trocknete schnell. Stehen. Die Stallkatzen haben sich dazugehockt. Als ich wiederkam, war schon Hafer und Heu da. Dem Nachbarn kurz drohen. Fressen.

21.30 Uhr. Stehen. Mit dem Kopf nicken. Es sind immer noch Menschen im Stall, aber weniger. Stehen. Es ist alles aufgefressen. Etwas hin- und hergehen. Stehen. Die Nachbarin durch die Gitterstäbe beschnuppern. Ein Mensch kommt vorbei und gibt jedem eine Möhre. Stehen. Dösen.

23.30 Uhr. Dösen. Es ist dunkel. Ein paar Pferde rascheln mit ihrem Stroh. Stehen. Einige haben sich hingelegt. Im Kreis gehen. Stehen. Dösen.

1.30 Uhr. Dösen. Ein paar Ratten laufen auf den Gitterstäben. Stehen. Strohgeraschel. Dösen.

3.30 Uhr. Habe mich hingelegt. Schlafen. Dösen. Die Luft ist schlecht hier am Boden. Dösen. Schlafen.

5.30 Uhr. Stehen. Lauschen. Im Kreis gehen. Stehen.

Luxus pur: Erstklassige Boxenhaltung

**Sicherheit hat ihren Preis.
Hinter guter Boxenhaltung steht guter Service,
und das heißt jede Menge Arbeit.**

Foto: Hit-Aktivstall

Zimmer mit Service

Aus Sicht eines Flucht- und Herdentieres ist die Boxe zweifellos ein menschlicher Fehlgriff. Dem Anbinden zwar vorzuziehen, aber als angenehm empfunden wird sie nur, wenn Komfort und Service stimmen. Das Ziel moderner Boxenhaltung ist, den Aufenthalt im Stall für das Pferd so stressfrei wie nur möglich zu gestalten, seinen natürlichen Bedürfnissen Rechnung zu tragen und Krankheiten, Verletzungen oder Unfälle zu verhüten.

Flächenbedarf

Unter Komfort fällt zunächst die Größe: Zu große Boxen gibt es nicht — kann es für ein Lauftier gar nicht geben - zu kleine dagegen schon. Berechnet wird die Mindestfläche nach einer Formel von Prof. Dr. Ulrich Schnitzer: Doppelte Widerristhöhe im Quadrat $(WH \times 2)^2$. Danach sind die alten 3 x 3 m Boxen bestenfalls für Pferde bis 1,50 m vertretbar, und alles was größer ist, braucht entsprechend mehr Platz: Ein 1,65 m großes Ross rein rechnerisch 10,89 m²; bei 1,75 m Widerristhöhe sind es 12,25 m². Exakt die Fläche, die heutige Standardboxen mit einer Kantenlänge von 3,5 x 3,5 m abdecken.

Und so großzügig die Boxen wirken, sollte man sich dadurch nicht verwirren lassen. Mindestmaß heißt tatsächlich Mindestmaß. Jeder zusätzliche Meter, der Pferden, ohne direkte Anbindung zu Weiden oder Paddocks, zugestanden werden kann, ist von Vorteil. „Sie nützen die zur Verfügung gestellte Boxe durch Hin- und Hergehen voll aus", stellt Dr. Michael Schäfer fest, „und jeder über das Mindestmaß hinausgehende Quadratmeter Fläche wirkt bei ihnen absolut gesundheitsfördernd." Die Tiere legen sich bereitwilliger, können sich ungefährdeter wälzen, sich zurückziehen, wenn ihnen danach ist, und sind insgesamt entspannter. Der Grund, warum in Profiställen Boxen mit 16 oder 20 m² zunehmend beliebter werden; ein Luxus, der früher höchstens Deckhengsten oder Stuten mit Fohlen zugestanden wurde.

Nie zu groß

„Noch kein Pferd hat sich beschwert, dass seine Box zu groß war, aber in zu kleinen Boxen haben schon viele Pferde physische und psychische Schäden erlitten. Im Zweifelsfall also lieber eine Box weniger einplanen, als zu viele Pferde auf engem Raum drängen. Pferde sind sehr unterschiedlich groß und damit lang. Auf die Länge käme es eigentlich an. Je länger ein Pferd ist, umso mehr Platz braucht es, um sich drehen zu können."

SONDERHEFT ST. GEORG, „STALL UND WEIDE"

Die reinsten Tanzsäle sind die Mutterstutenboxen im Gestüt Röttgen. Der tief einfallende Lichtstrahl rechts zeigt, dass auch dem Sichtverhalten der Tiere Rechnung getragen wird. Foto: Prohn

Grundriss und Anordnung der Boxen

Maßgeblich zum Wohlbefinden eines Pferdes, trägt auch der Grundriss einer Boxe bei. Denn das ist ein weiterer Nachteil der Boxenhaltung: Sie zwingt dem Pferd als Einzelzelle eine Raumaufteilung auf, die seiner Natur eigentlich widerspricht, weil in der freien Wildnis Wasserstellen, Weidegründe, bevorzugte Wälz- oder Ruhezonen oft weit auseinander liegen.

Quadratisch, praktisch, gut ist demzufolge nicht das Non-plus-ultra. Der Vorteil eines Rechtecks ist zum Beispiel, dass das Pferd wenigstens einige Schritte geradeaus gehen oder Klo und Liegefläche voneinander trennen kann, wenn die Boxe groß genug ist und es noch die natürliche Abneigung besitzt, sich in die eigenen Ausscheidungen zu legen oder direkt daneben zu fressen. Schwer in Mode sind in neuen Ställen auch die Wabenboxen, und zwar nicht nur, weil sie die Monotonie elend langer Boxenfluchten brechen. Praktisch ist der Grundriss nämlich auch. Die dreieckige Nische zwischen den Boxen bietet sich als Kombifläche an: Zur Aufbewahrung von Halftern oder Decken, zum Einbau separater Boxenschränke oder als externe Futterzone; die räumliche Trennung erlaubt eine Absenkung der Gitteraufsätze, und der vorgebaute Raum vergrößert den Sichtbereich des Pferdes, besonders bei halbhohen Türen. Ihr Nachteil: Wabenboxen erfordern breite Ställe und gerade billig sind sie nicht.

Eine andere Lösung ist die Verlagerung zentraler Einrichtungen, wie Sattelkammer, Putz- und Waschplatz oder Toiletten in die Mitte und die Anordnungen der Boxen an den Außenwänden oder zu den Außenwänden hin.

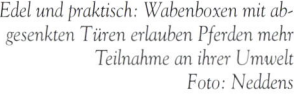

Edel und praktisch: Wabenboxen mit abgesenkten Türen erlauben Pferden mehr Teilnahme an ihrer Umwelt
Foto: Neddens

Fressen und Gucken: Die vergitterte Diagonalraufe verhindert ein Verstreuen des Raufutters, das darüber liegende großzügige Fenster bietet freie Sicht.
Foto: Hit-Aktivstall

Servicebereich nach innen verlagert, außen liegende Stallgasse; durchgehendes, mit Windschutznetzen verkleidetes Fensterband im Boxenbereich

Wabenboxen; Lichtband und Glaskuppel im Dach

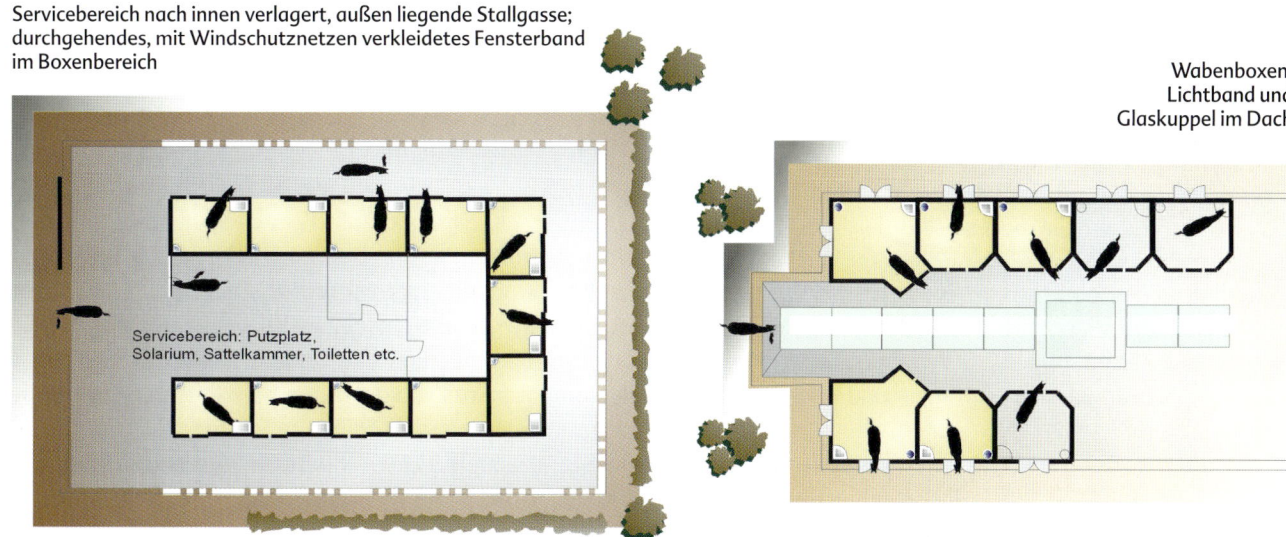

Servicebereich: Putzplatz, Solarium, Sattelkammer, Toiletten etc.

Sichtanreize und Ablenkung

Dahinter steht das Bemühen, die Pferde, wie in Außenboxen, an ihrer Umwelt teilnehmen zu lassen. Offene Fenster oder freie Sicht nach draußen dienen nicht nur der Luftverbesserung. Sie lenken das Pferd ab, mildern Langeweile und erfüllen gleichzeitig ein weiteres Urbedürfnis: Die Kontrolle seiner Umgebung. Für Fluchttiere absolut verständlich.

Die teilweise hermetische Ruhe in den Ställen ohne jeden Sichtanreiz ist nicht natürlich. Hat aber den Nachteil, dass sensible Pferde noch dünnhäutiger werden als sie es schon sind. „Es gibt keinen größeren Frust für einen Reiter", zitierte der St. Georg vor Jahren Paul Schockemöhle, „der zu Hause auf dem besten Pferd der Welt sitzt und dann eine große Prüfung verliert, weil das Pferd die Blumen nicht mag oder sich ein Zuschauer die Nase putzt". Wenn ein Pferd schon aufgrund solcher Nichtigkeiten die Contenance verliert, geht das weniger auf Kappe des Tieres, sondern auf die Kurzsichtigkeit seitens Züchter und Besitzer. Verursacht durch allzu reizarme Aufzucht, die in Kombination mit einer ebenso reizarmen Haltung schnell eskaliert. Und dem lässt sich durch ein Fenster wenigstens teilweise gegensteuern; vor allem in Kombination mit regelmäßigem Paddock- und Weidegang.

„Entsprechend sollten auch Belästigung durch Lärm, spielende Hunde oder Besucher in den Ställen, in gewissem Rahmen natürlich, nicht überbewertet werden", findet Michael Putz. Die Nacht zum Ausruhen ist schließlich lang genug. Und last, but not least: Bei jedem neugierigen Umheräugen aus dem Fenster werden Hals und Kopf bewegt und leichtere Verspannungen der Halsmuskulatur gelockert, was auch nicht zu verachten ist.

Training & Haltung

„Der erste Ansatz muss bei einem gesunden Pferd immer der Psyche des Pferdes gelten. Ohne sie gibt es keine äußere Losgelassenheit. Die Haltungsformen unserer Sportpferde sind geprägt von den Zielen, die wir Menschen verfolgen und oft zu wenig nach den grundlegendsten Bedürfnissen des ursprünglichen Herden- und Steppentieres ausgerichtet. Scheuen, Übermut, Übereifer oder ganz einfach mangelnde Konzentration sind oft die Symptome nicht artgerechter Haltung."

ELMAR POLLMANN-SCHWECKHORST, AUS „SPRINGPFERDE-AUSBILDUNG HEUTE"

Innenausstattung

Ein weiteres Kriterium ist die Einrichtung. Sie sollte, zumindest ansatzweise, natürliche Verhaltensmuster berücksichtigen und muss sicher genug sein, um Pferdekräften standzuhalten.

Unter Berücksichtigung natürlicher Verhaltensmuster fällt zum Beispiel das Separieren von Futterbereich und Tränke über die größtmögliche Distanz. Nicht nur, weil gewiefte Rösser trockenes Futter gerne stippen und dabei ihre Tränken verschmutzen, sondern weil sie weniger gründlich kauen und schlechter einspeicheln. Aber beides ist für die Pferdegesundheit immens wichtig, weil Speichel für die Verdauung notwendige Mineralstoffe und Bikarbonate enthält und durch ausgiebiges Kauen die Futterstoffe besser aufgeschlüsselt werden. Außerdem werden zahnschädigende Säuren durch den Speichel neutralisiert, die Zähne gereinigt, das Pferd ist länger beschäftigt, und das Zermahlen sperriger Bestandteile sorgt für einen gleichmäßigen Zahnabrieb.

Dazu gehört der Futtertrog: Breit und tief genug und leicht nach innen gewölbt soll er sein, damit Müsli, Pellets und Körner nicht zum Gaudi von Spatzen, Mäusen und Ratten herausgeblasen werden, aber nicht so hohl gekehlt, dass sich das Pferd beim Herausfischen der letzten Brösel verrenken müsste. In der Höhe muss er dem Pferd eine ungezwungene Kopf- und Halshaltung erlauben, um den Speichelfluss nicht zu behindern, darf aber nicht so niedrig liegen, dass es hineintreten und sich verletzen könnte. Und leicht sauber zu halten und bruchsicher muss die Futterkrippe ebenfalls sein.

Bei der Raufuttervorlage bleibt die Qual der Wahl zwischen verschiedenen Systemen. Am gebräuchlichsten ist die Bodenfütterung; vorzugsweise mit Verlagerung des Raufutters nach draußen, der derzeitige Trend. Einerseits will man durch die Abtrennung vom Liegebereich die ständige Neuverwurmung vermeiden, andererseits die Boxenfläche nicht verkleinern. Also werden Heu, Silage oder Futterstroh bei geöffneter Tür mit vorgehängter Kette oder durch einen Fress-Spalt in der Boxenfront auf der Stallgasse vorgelegt. Noch aktueller sind Fressgitter vor einer leicht erhöhten Futterrinne; eine saubere Lösung, vor allem für eingeweichtes Heu. Kann sie den Trog in der Boxe obendrein ersetzen, umso besser. Das bringt noch mehr Platz, verringert die Verletzungsgefahr, erlaubt für alle Pferdegrößen eine bodennahe Fütterung und schließt bei sorgfältiger Planung die maschinelle Grundreinigung der Boxen nicht aus. Eine Option, die man heute stets im Hinterkopf behalten sollte, selbst wenn der praktische Helfer noch im Laden steht.

Tipp

Sicherheitsaspekte theoretisch nachzuvollziehen ist schwer. Nutzen Sie die nächste Messe zum Vergleich verschiedener Systeme und informieren Sie sich über Abmessungen und Ausführung pferdegerechter Boxeneinrichtungen. Schulen Sie Ihren Blick für potenzielle Gefahrenquellen im eigenen Stall, wie schlecht versenkte Nägel, herausragende Schrauben, gelockerte Verbindungen, angesplittertes und morsches Holz, verrostetes Eisen oder scharfkantige Grate. Entfernen Sie splitternde Materialien aus dem Umfeld des Pferdes, lassen Sie nie Heubänder oder Arbeitsgeräte herumliegen, nehmen Sie unbeaufsichtigten Pferden in der Boxe das Halfter ab.

Fressgitter: Das erhöhte Niveau der Futterwanne gleicht das vorgestellte Bein beim Grasen aus.
Foto: Prohn

Es wird nichts dem Zufall überlassen. Weder die Ausführung von Böden, Türen und Wänden, noch zusätzliche Sicherheitsmaßnahmen, um das Festliegen beim Wälzen in der Boxe zu verhindern (s. Kasten). Eine für Pferde höchst brisante Lage, oft mit tödlichen Folgen, in die sich einige Spezialisten immer wieder hineinzumanövrieren wissen.

WENN DIE BOX ZUR FALLE WIRD

Wälzen ist für Pferde ein elementares Bedürfnis und zeigt Wohlbefinden an. Wer kann, gönnt ihnen das Vergnügen regelmäßig nach der Arbeit in der Reitbahn oder im Paddock, denn wenn sich Pferde in der Boxe wälzen, weil die frische Streu besonders reizt, wird es schnell gefährlich. Gefährlich, wenn die Tiere in einer so ungünstigen Position zur Wand rollen, dass ihnen der Platz zum Aufstehen fehlt, sie mit den Beinen unter oder zwischen Abgrenzungen geraten oder die Hufe von Boxenwänden und Gitterstäben abrutschen.

Die fruchtlosen Aufstehversuche erschöpfen die Tiere, die Muskulatur wird übersäuert, sie geraten in Panik oder bekommen massive Kreislaufprobleme. Doch auch wenn das Pferd ruhig bleibt, ist die Zwangslage fatal: „Ähnlich wie bei einer langen Narkose, kann es durch das Gewicht zu einer Unterversorgung von Haut, Unterhautgewebe oder Muskulatur kommen", erklärt Tierärztin Heike Luckow, „typisch sind Durchblutungsstörungen, aber auch Nervenquetschungen. Um solche Folgen bei aus medizinischen Gründen liegenden Pferde zu vermeiden, werden sie deshalb alle zwei Stunden umgebettet." Das Pferd allein aus der Klemme zu befreien, ist durch die rudernden Hufe oft gefährlich und schwierig. Besser ist es, gefährdete Körperteile, soweit möglich, mit Stroh zu unterpolstern und Hilfe zu holen. Dann hält einer Kopf und Hals des Tieres unten, um die Strampelei zu reduzieren, der andere befestigt den Strick mit einer Doppelschlaufe an den Beinen (verbreitert die Auflagefläche, ggf. mit Handtuch unterpolstern), und dann erst versucht man das Tier herumzurollen oder in eine günstigere Position zum Aufstehen zu ziehen.

„Noch besser wäre es, solche Situationen im Vorfeld zu entschärfen", meint Stallbauarchitekt und Dipl. Ing. Ferdinand Leve. „Aus meiner Sicht wäre die beste Einzelbox rund, die zweitbeste acht- oder zumindest sechseckig. Früher hat man sich anders beholfen: Die Böden bekamen an den Wänden Schrägen anbetoniert, oder es wurde ein dickerer Strohwall aufgeschichtet. Eine andere Möglichkeit ist das Anbringen halbrunder horizontaler Stoßleisten, damit das Pferd einen Druckpunkt zum Abstoßen findet."

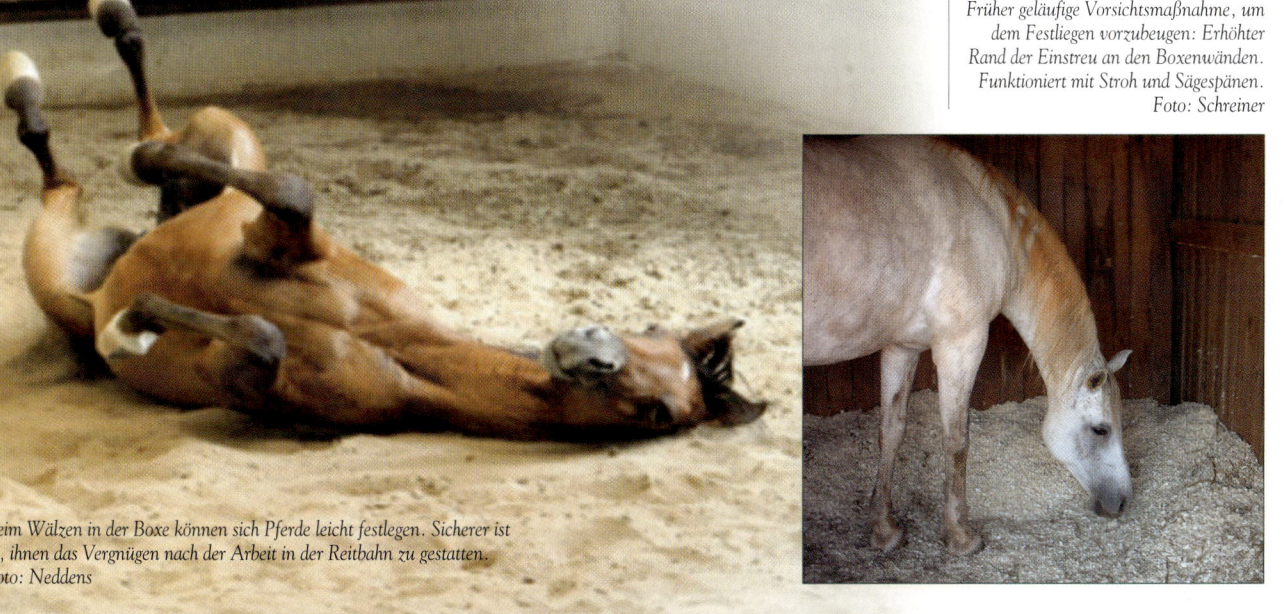

Früher geläufige Vorsichtsmaßnahme, um dem Festliegen vorzubeugen: Erhöhter Rand der Einstreu an den Boxenwänden. Funktioniert mit Stroh und Sägespänen. Foto: Schreiner

Beim Wälzen in der Boxe können sich Pferde leicht festlegen. Sicherer ist es, ihnen das Vergnügen nach der Arbeit in der Reitbahn zu gestatten. Foto: Neddens

Unfallverhütung und Sicherheit

Eine Frage, die im Kontext zur Sicherheit immer wieder auftaucht, ist, in welchem Bereich Trennwände geschlossen und in welchem sie offen ausgeführt werden sollten. Aber genau das lässt sich pauschal nicht beantworten. Denn der Grundsatz, „so offen wie möglich, so geschlossen wie nötig", hängt von der jeweiligen Situation ab.

■ In Ställen mit häufig wechselnden Pferdebeständen, bei Hengsthaltung oder sozialen Problempferden steht die Sicherheit im Vordergrund. Folglich sind unten geschlossene, mit Aufsatzgittern versehene hohe Trennwände zwischen den Tieren durchaus sinnvoll. Andererseits haben auch diese Pferde, ebenso wie die wertvollsten, im aktiven Sport gehenden Kracher arttypische Bedürfnisse nach Sozialkontakten und Abwechslung. Wenn eben möglich, sollte man zumindest im Frontbereich halbhohe Trennungen wählen oder oben zu öffnende Außenklappen.

■ Eine blickdichte Verschalung im Kopfbereich ist bei sehr futterneidischen Pferden manchmal neben der Krippe angebracht, damit sie beim Drohen gegen die Boxennachbarn nicht ihr Fressen vergessen, das halbe Futter verstreuen oder zu hastig schlingen.

■ Eher luftig wird die Abtrennung im Liegebereich gefordert, damit sich keine schadgasbelastete Luft staut. Das heißt entweder eine bodentiefe Gitterausführung oder Spalten in der Boxenwand. Diese Vorsichtsmaßnahme bringt nach Dr. Karl Blobel allerdings nur dann den gewünschten Effekt, wenn der Mief im Liegebereich auch abgeleitet wird, zum Beispiel durch ein offenes Fenster auf der gegenüberliegenden Wand. Speziell bei gemauerten Außenboxen kommt es im Liegebereich, seiner Erfahrung nach, trotz halbhoher Türen oft zu hohen Schadgaskonzentrationen; er empfiehlt deshalb, den Luftstrom mit einem Räuchermännchen zu überprüfen.

■ Je länger Pferde nebeneinander stehen und je sympathischer sie sich sind, umso eher sind sie bereit, freundschaftliche Kontakte zu knüpfen. Spätestens hier ist die Überlegung angebracht, ob nicht auch offene Panels aus dem Westernbereich genügen oder brusthohe Trennwände, um den Tieren die für ihre Psyche so wichtigen Streicheleinheiten mit der damit verbundenen Ablenkung zu gestatten.

Zufrieden, Hengst? Für frische Luft sorgt die halbhohe Gittertür. Unter dem großzügigen Vordach ist die Boxe vor Regen geschützt.
Foto: Schreiner

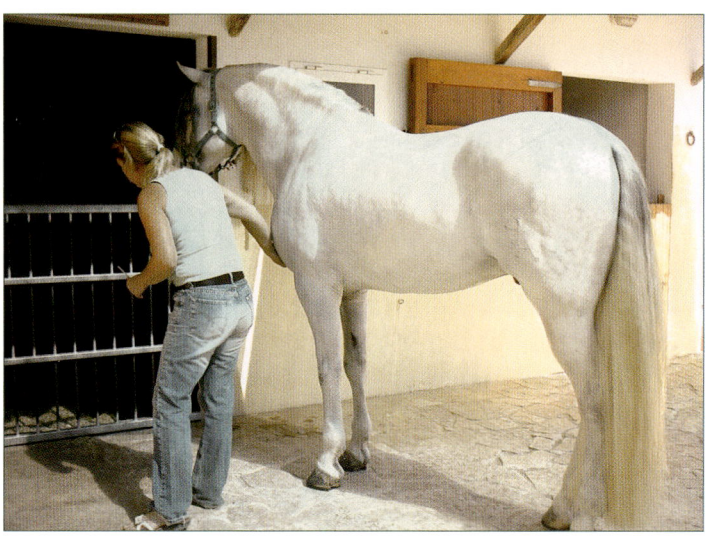

Halbhohe Trennwände zwischen befreundeten Tieren erlauben größere Sozialkontakte. Wenn sich die Pferde absolut vertragen und die Fläche groß genug ist, sind auch Zweiergemeinschaften möglich.
Foto: Prohn

Keine Isolation

„Die Wahrnehmung von Sicht-, Hör- und Geruchskontakten wird wesentlich von der Ausführung der Boxentrennwände beeinflusst. Trotz individueller Unterbringung sollten die Tiere den sozialen Kontakt zueinander behalten, der ihrem Leben im Herdenverband entspricht. Rundum geschlossene, deckenhohe Trennwände, die etwa aus Ersparnisgründen vom Maurer geschaffen wurden, sind aus Verhaltensgesichtspunkten abzulehnen. Derart isoliert gehaltene Pferde stehen unter dauernder nervlicher Anspannung, da sie ihre Umgebung nur noch akustisch wahrnehmen und unbekannte Geräusche nicht mehr auf ihre Ungefährlichkeit hin überprüfen können."

DR. KIRSTEN SILKE WACKENHUT, VETERINÄRIN, AUS „UNTERSUCHUNGEN ZUR HALTUNG VON HOCHLEISTUNGSPFERDEN"

Die wichtigste Unfallverhütungsmaßnahme und beste Gesundheitsprophylaxe ist ohnehin nicht die solide Ausführung der Trennwände allein. Ein tobendes Pferd zertrümmert auch 40-mm-Hartholzbohlen, verbiegt massive Eisenrohre und zerlegt seine Boxe in ihre Bestandteile. Gefragt ist Sorgfalt in Kleinigkeiten und Ausgeglichenheit und Zufriedenheit der Tiere. Das heißt, Erzfeinde trennen und einander sympathische Nachbarn zusammenstellen. Und seine menschliche Verpflichtung in Bezug auf Hygiene, Bewegungsausgleich, Fütterung und Pflege zu erfüllen. Das ist der hinter jeder Boxenhaltung stehende, oft unterschätzte, aber zwingend notwendige Service.

Beheizbare Tränke, solide montiert – da können Fenster auch im Winter offen bleiben.
Foto: Fink

SICHERER WOHNEN FÜR PFERDE

- **Stallböden:** Trocken, eben, wasserundurchlässig, rutschfest und leicht zu reinigen, ca. 1-2% Gefälle, um Urin abzuleiten. Die Liegefläche sollte wegen der besseren Luftzirkulation nicht tiefer als die Stallgasse liegen.

- **Stallgasse:** Mindestbreite in einreihigen Ställen 2,50 m, in zweireihigen Ställen 3,00 m.

- **Fenster:** Pro Pferd wenigstens 1 m², sollte bequem im Sichtbereich des Pferdes liegen; Fensterklappen müssen sich vollständig öffnen lassen. Bei verglasten Fenstern entweder Sicherheitsglas verwenden oder Scheibe mit einem Gitter schützen.

- **Türen:** Mindestbreite 1,20 m (auch für Kleinpferde). Drehtüren sollten rechts zur Stallgasse aufschwingen (Scharniere links) und einen Radius von 180° haben. Schiebetüren müssen gegen Verkanten oder Herausfallen in einer stabilen Führungsschiene gesichert sein; bei hohen Schiebetüren auf genügend Kopffreiheit der oberen Schiene achten.

- **Trennwände:** Dürfen Sozialkontakte nicht stärker als notwendig unterbinden. Ausführung für geschlossene Füllungen: 28-40 mm oder dickere Bohlen in U-Profilen (je nach Holzart), ca. brusthoch. Im Bereich der Liegefläche sorgen Luftschlitze für bessere Luftzirkulation. Bei Gittertüren, Aufsatzgittern und Panels auf stabile Ausführung und Verschweißung der Stäbe in verdeckten Löchern achten; normalerweise kommen 3/8- beziehungsweise 3/4-Zoll-Rohre aus feuerverzinktem Stahl zum Einsatz (mindestens 22 mm breit). Im Schlagbereich der Hufe darf das Tier nicht hängen bleiben; für Großpferde wird bei vertikalen Stäben ein Abstand von unter 5 cm oder über 20 cm empfohlen. Bei waagerechten Gitterstäben im Kopfbereich sind ca. 35 cm erforderlich. Solche Empfehlungen müssen für Kleinpferde, Ponys oder Fohlen, wie auch alle anderen Maße, selbstverständlich umgerechnet werden, um Unfälle auszuschließen.

- **Futtertröge:** Sollten groß genug sein (bewährt: 60-70 cm x 40 cm, Tiefe ca. 20 cm; Ecktröge 50 x 50 cm), abgerundete Kanten und eine leicht nach innen gewölbte Form haben sowie pflegeleicht sein. Viele Modelle sind zu klein für eine vernünftige manuelle Fütterung und verleiten die Tiere zum Schlingen. Auf Wandabstand achten, damit sich das Pferd nicht den Kopf stößt; den Trog maximal in Brusthöhe anbringen.

- **Raufuttervorlage:** Verschiedene Systeme. Bodenfütterung in/außerhalb der Boxe; Stabraufen unter dem Futtertrog und Sparraufen mit verstellbaren Gittern verlängern die Fresszeiten. Offene Raufen entweder brusthoch mit abgeschrägter Vorderwand oder so flach und stabil installieren, dass nichts passiert.

- **Fressgitter:** Müssen besonders stabil gebaut sein, da sich die Tiere beim Fressen oft mit der Brust dagegen lehnen; der dahinter liegende Fresstisch sollte 30-40 cm angehoben sein, um den Ausgleichschritt beim Grasen zu kompensieren. Der lichte Stababstand beträgt 30-35 cm; senkrechte Rohre in T-Verbindern lassen sich unterschiedlichen Pferdegrößen einstellen. Achtung: Das Tier darf keine Möglichkeit haben, den Kopf durch das Fressgitter hindurch in eine Nachbarboxe zu fädeln. Erschrickt das Pferd und reißt den Kopf zurück, kann es sich das Genick brechen; unbedingt im Verbindungsbereich schließen.

- **Tränken:** Möglichst weit von der Futterzone anlegen, verschiedene Systeme im Handel. Druckzungentränken müssen leichtgängig sein und sollten einen hohen Wasserdurchsatz haben; erfahrungsgemäß bevorzugen Pferde Schwimmertränken oder Systeme mit einer einstellbaren Wasserfüllhöhe, um in langen Zügen trinken zu können. Gute Selbsttränken sind einzeln abstellbar, frostsicher installiert oder beheizbar.

Die Saubermänner

„Seinen Liebsten bettet man auf Rosen, seine Feinde versenkt man in Jauchegruben. Pferde leben gewöhnlich irgendwo dazwischen, auf einer Mischung aus Knabberzeug und verstopfter Toilette", begann Birgit Stosch eine von der „Cavallo" in Auftrag gegebene Untersuchung über Saugfähigkeit, Keim- und Staubbelastung diverser Einstreuarten. Ein regelmäßig wiederkehrender Dauerbrenner in allen Fachzeitschriften an verschiedenen Instituten, mit der ebenso regelmäßig wiederkehrenden Erkenntnis, dass qualitativ hochwertige Pferdebetten zwar viele Krankheiten verhüten, aber auch die teuerste Einstreu Hygiene im Stall nicht ersetzt.

Wie sollte sie auch? Unter natürlichen Bedingungen strullen Pferde im Schnitt alle vier Stunden und setzen als Dauerfresser relativ gleichmäßig über 24 Stunden verteilt ungefähr 8-12-mal mehr oder weniger fest geformte Pferdebollen ab. Je nach Rasse, Größe, Ernährung und einigen anderen Faktoren plätschern so zwischen 6-10 l Urin zu Boden, garniert mit bis zu 20 kg Kot und mehr. Das stinkt zum Himmel und verleiht Pferden, die dem Mief ständig ausgesetzt sind, das anheimelnde Odeur einer Kloake. „Wir riechen es", bestätigt Jochen Schumacher, „ob Gastpferde aus sauberen oder schmutzigen Beständen kommen. Diese Gefahr ist bei Boxenpferden natürlich besonders groß, wenn man sich vergegenwärtigt, wie klein 12 m² in Relation zur Größe des Tieres und der Menge seiner Ausscheidungen sind. Obwohl, machen wir uns da nichts vor, Pferde aus versifften Offenställen duften auch nicht besser." Und hofft, dass die Besitzer der Schmutzfinken durch die Vorbildfunktion peinlich sauberer Ställe und Ausläufe und das gemeinsame Misten von Lehrern und Schülern zum Umdenken angeregt werden.

Bis zu 20 kg Kot kann ein Pferd in 24 Stunden absetzen. Auf der Weide oder größeren Ausläufen reicht einmal täglich Misten aus - bei Boxenhaltung nicht. Foto: Neddens

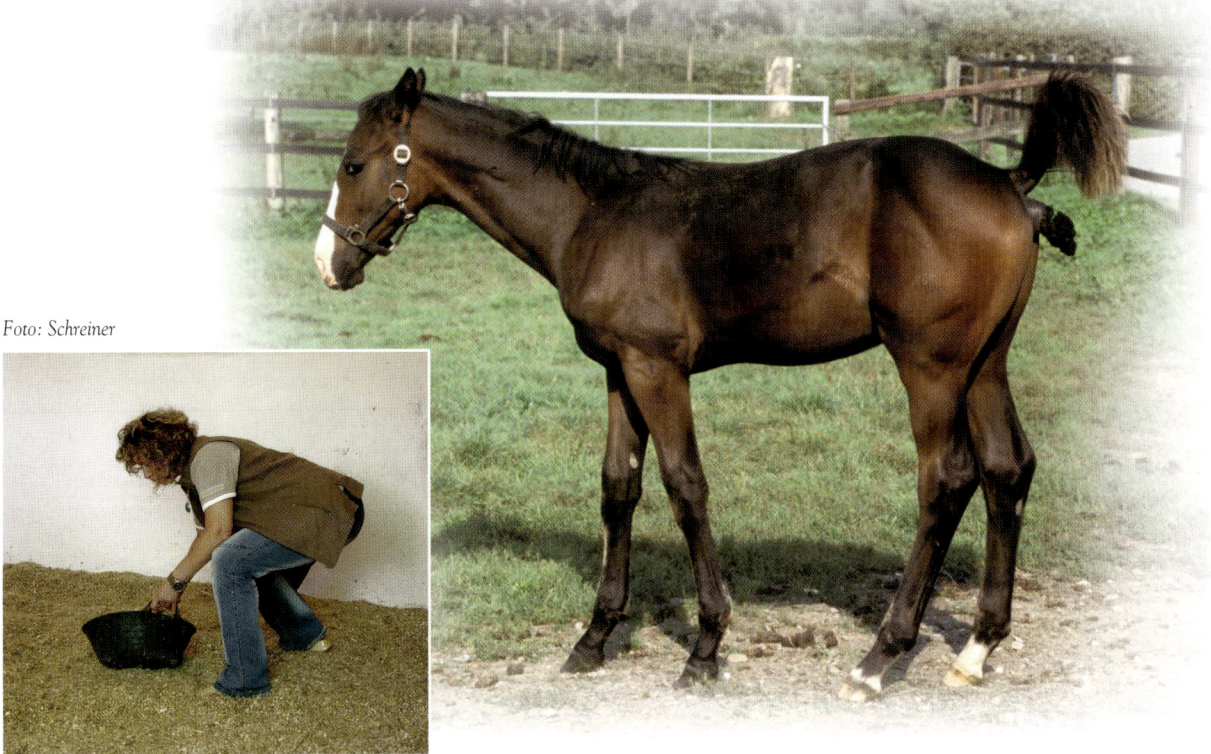

Foto: Schreiner

Die wilden Gene

HYGIENE OHNE WURMKUR

Einerseits sind Pferde standorttreu, andererseits zählen sie zum Fernwanderwild. Der Widerspruch erklärt sich dadurch, dass sie einen relativ großen Aktionsraum „bewohnen". Je karger die Weide war, je weiter die Wasserstellen auseinander lagen, umso größere Strecken mussten die Tiere zurücklegen, um ihren Bedarf zu stillen. Dazu kamen jahreszeitliche Witterungseinflüsse, die Pferde nördlicher Gebiete im Winter in geschützte Täler zwang und Pferde südlicher Zonen bei Trockenheit bewog, dem Gras nachzuwandern. In einem so riesigen Areal brauchten Wildpferde keine festen Toiletten, um Endoparasiten in Schach zu halten. Es reichte, alte Kotplätze erst wieder zu beweiden, wenn der Geruch im nachwachsenden Gras getilgt war. Dabei half ihnen der Umstand, dass sie ihre Weidegründe mit anderen Pflanzenfressern teilten und die meisten Parasiten auf bestimmte Wirtstiere angewiesen sind. Fraßen Wiederkäuer, zum Beispiel Rinder, das höher schießende Geilgras aus den Kotplätzen von Pferden, verkümmerten die dabei aufgenommenen Parasiten, und umgekehrt ebenfalls. Zwar waren Wildpferde (ebenso wie heutige Hauspferde) nie ganz wurmfrei, aber in diesem Gleichgewicht konnten alle leben. Dass Pferde ein so auffälliges Interesse an den Ausscheidungen ihrer Artgenossen haben und an Wildwechseln oder Grenzen von Paddocks und großen Boxen so etwas wie Toiletten anlegen, hat einen anderen Grund. Die in Kot und Urin enthaltenen Duftstoffe, die Pheromone, dienen ihnen als Post. Die Pferde erkennen daran, wer sich hier erleichtert hat, Stuten signalisieren ihre Paarungsbereitschaft und Hengste markieren ihr Territorium oder melden Besitzansprüche an. Wer als Letzter die Ausscheidungen anderer männlicher Tiere überdeckt, fühlt sich als Boss, und wer sich nicht traut, erkennt dessen Überlegenheit an.

Pferdepost: Duftstoffe im Kot verraten dem wuchtigen Bretonen, wer sich hier erleichtert hat.
Foto: Neddens

Der Mief im Fell ist noch das kleinste Übel

Tatsächlich ist der Muff im Fell ja nur das äußere Anzeichen einer Großoffensive auf die Gesundheit des Pferdes. Innerhalb einer Stunde verändert sich bereits der ph-Wert durchnässter Einstreu, werden durch bakterielle Zersetzung aus Harnstoff und Kot Ammoniak und Schwefelwasserstoff freigesetzt. Die aggressive Brühe ruiniert das Hufhorn, während die aufsteigenden Dämpfe schon in geringer Konzentration das Lungengewebe angreifen und Zellen vergiften. In den Fäkalien reifen Wurmeier und tummeln sich Parasiten, Viren und Bakterien, die sich unter günstigen Bedingungen rasend schnell vermehren. Aus dem Kot kriechen ansteckungsfähige Larven und heften sich an Stroh, Heu, Grashalme und Wände als Startrampe, für ihre Wanderung durch den Zwischenwirt Pferd. „Dabei ballen sie sich am Magenausgang, bohren Löcher in Lunge und Leber und verstopfen Blutgefäße", verdeutlicht Dr. Helmut Ende ihren verheerenden Streifzug, der viel gefährlicher ist als die im Darm angesiedelten ausgewachsenen Endoparasiten, weil sich selbst nach Jahren noch Blutgerinnsel lösen, in Richtung Darm wandern und Gefäße verstopfen können. Veterinäre schätzen, dass gut die Hälfte aller Koliken auf das zerstörerische Werk dieser Larvenwanderungen geht, gegen die sporadische Wurmkuren nach Gutdünken relativ machtlos sind. Dazu kommen Sporen aus verschimmelter Einstreu, Staub, Allergene aus chemischen Verbindungen, und alles zusammen fährt die Abwehrkräfte der Tiere langsam, aber sicher auf Null.

Gegen solche Attacken auf die Gesundheit helfen keine aufgesprühten ätherischen Öle

 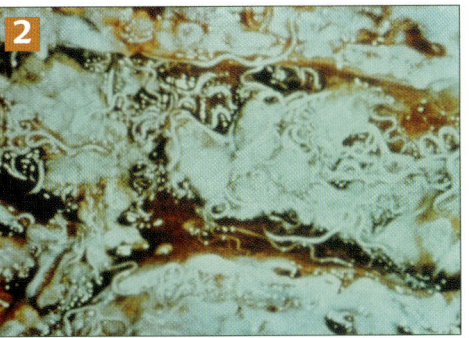

Fa. Merial

oder Duftfallen, dagegen hilft nur Sauberkeit. Von Natur aus fressen Pferde ohne Not nicht unmittelbar neben, geschweige über ihren Ausscheidungen und legen sich auch nicht in ihren Kot, wenn pferdegerechte Alternativen vorhanden sind. Aber man kann ihnen Unsauberkeit natürlich beibringen. „Bei ständiger unsauberer Haltung setzt eine zwangsläufige Gewöhnung ein, die bei älteren Pferden kaum noch umzukehren ist", schreibt Ingolf Bender, in Praxishandbuch Pferdehaltung. „Dagegen sind Fohlen, die aus einwandfrei peniblen Haltungen kommen und später ebenfalls unter hygienischen Bedingungen gehalten werden, ein Leben lang sauber - sie trennen selbst im geschlossenen Stall, wenn er großflächig genug ist, den Liegebereich vom Kotplatz."

WER SCHLÄFT SCHON GERNE AUF DEM KLO?

Von hochwertiger Einstreu wird viel verlangt, und das ist leider oft eine Frage des Geldes:

- **Stroh:** Meist Roggen- oder Weizenstroh; preiswert, dient auch als Raufutter, wird in Klein- oder Rundballen angeboten. Nachteile: Staubt, teilweise Herbizid-Rückstände; kaum belastet ist Bio-Stroh, Hanf- oder Leinstroh (Flachs). Wichtig: Nie verschimmeltes oder muffiges Stroh verwenden; extrem gesundheitsgefährdend.
- **Häcksel/Schäben:** Geschnittenes Getreidestroh (kann mit einer Strohmühle auch im Stall zerkleinert werden). Flachsschäben, gesäubertes, staubfreies Abfallprodukt der Flachserzeugung, für Matratzenstreu geeignet (Urin klumpt wie Katzenstreu). Beides sehr gut kompostierbar.
- **Strohpellets:** Zerkleinertes, gepresstes Feinstroh; wird mit oder ohne Zusätzen angeboten, geringer Pflegeaufwand. Ohne Bindemittel sehr saugfähig und gut kompostierbar.
- **Weichholzspäne/-Granulate:** Gereinigte, entstaubte, getrocknete Sägespäne sind für Allergiker gut geeignet; gute Saugkraft, geringer Pflegeaufwand, aber schlecht kompostierbar. Ähnliche Eigenschaften besitzen für Pferdehaltung aufbereitete Weichholzgranulate. Ungeeignet ist meist von Sägemühlen kostenlos abgegebenem Holzmehl (zu feucht, zu staubig oder verunreinigt).
- **Torf:** sollte, um die letzten Moore zu schonen, nur bei medizinischer Notwendigkeit eingesetzt werden.
- **Mischungen:** Mixe aus Strohhäcksel, Torf, Spänen o.Ä. vereinen verschiedene gewünschte Eigenschaften. Der Mist wird von einigen Herstellern unter bestimmten Auflagen kostenlos zurückgenommen.

Um Pferde daran zu hindern, ihre Einstreu als Raufutter zu vernaschen, werden vielen Produkten Bitterstoffe zugesetzt oder aufgesprüht. Ätherische Öle binden Staub, haben aber nicht die oft versprochene gesundheitsfördernde Wirkung. Andere Firmen verwenden Enzyme oder Rottestarter, um die Ammoniakbildung zu hemmen, Bakterien abzutöten und die Geruchsbelastung zu verringern. Bitterstoffe, ätherische Öle und Rottestarter gibt es im Handel auch separat zu kaufen, ersetzen aber keine Hygiene.

Geeignete Produkte für Grundreinigung und Desinfektion von Pferdeställen nennt der Tierarzt oder die Deutsche Veterinärmedizinische Gesellschaft (DVG).

Unbeeindruckt

„Seien Sie sich darüber im Klaren, dass mit den meisten Wurmkuren immer nur die erwachsenen Würmer bekämpft werden können. Wandernde Larvenstadien lassen sich von einer Wurmkur nicht beeindrucken."

DR. BEATRICE DÜLFFER-SCHNEITZER, AUSZUG AUS „PFERDEGESUNDHEITSBUCH"

Kapitel 6

Einwandfreie Hygiene in Boxenhaltung ist unglaublich aufwändig

Hygiene

„Die Aufgabe der Hygiene ist die Erhaltung der Gesundheit und Vorbeugen gegen Krankheiten. Um eine Keimanhäufung in den Ställen zu vermeiden, sind regelmäßige Reinigung und Desinfektion mit geprüften Desinfektionsmitteln vonnöten. Dies gilt insbesondere für Ställe mit großer Fluktuation, z.B. Handelsställe und Ställe, deren Pferde auf Wettbewerben oft mit Tieren aus anderen Beständen zusammentreffen, z.B. Turnierställe. Nach Meinung von Uppenborn sollte jede Stallung mindestens einmal im Jahr gründlich desinfiziert werden. Könekamp weist ausdrücklich darauf hin, dass vor Desinfektion eine Reinigung der Wände, Decken und Böden mit dem Hochdruckreiniger zu erfolgen hat.

DR. KIRSTEN SILKE WACKENHUT, AUSZUG AUS „UNTERSUCHUNG ZUR HALTUNG VON HOCHLEISTUNGSSPORTPFERDEN"

Sauberkeit heißt in Boxenhaltung mehrmals tägliches Ablesen der Pferdebollen und mindestens zweimal täglich ein gründliches Ausräumen verunreinigter oder nasser Stellen. Das heißt bei Stroh auch unter scheinbar trockenen Oberflächen prüfen, ob sich keine Urinpfützen gebildet haben und bei Spänen feuchte Stellen restlos zu entfernen. Sonst breitet sich der Sumpf von Tag zu Tag stärker aus, und dann darf man innerhalb kürzester Zeit alles ausräumen. Das kostet mehr Material, als kontinuierliche Sorgfalt. Nachgestreut wird unterschiedlich. Bei einer gesundheitlich noch tolerierbaren Matratzenstreu wird auf die trockenen und sauberen (!!!) zertretenen Einstreuteile, die sich schnell filzartig verdichten, täglich großzügig nachgestreut; ersetzt wird sie mindestens viermal im Jahr. Bei Wechselstreu wird zu Beginn dick eingestreut und das Einstreumaterial komplett ersetzt, sobald der Liegekomfort unterschritten wird; meist nach 2-3 Tagen oder im Verlauf einer Woche. In beiden Fällen versucht man, trotz pingeliger Sauberkeit durchsickernden Urin so gut wie möglich abzuleiten. Entweder durch eine auf dem Stallboden aufgebrachte dicke Sandschicht, Tonminerale (ähnlich saugfähig wie Katzenstreu) oder durchlässige Stallmatten. Letztere können Stroh, Pellets oder Sägespäne als Liegefläche zwar nicht vollständig ersetzen, erlauben durch ihre isolierenden Eigenschaften aber eine dünnere Decke und erleichtern damit den regelmäßig anfallenden Großputz, bei dem Stallmatten gespült und gelüftet, muffige Drainage ersetzt und Boden, Decken und Wände gründlich gereinigt werden. Per Dampfstrahler oder Hochdruckreiniger oder mittels Neutralreiniger und Muskelschmalz. Das killt zwar einen Großteil der Bakterien, aber eben nicht alle. Deshalb fordern Tierärzte zusätzlich, Ställe mit großer Fluktuation ein- bis zweimal jährlich zu desinfizieren. Mit für Pferde geeigneten Mitteln selbstredend, um nicht den Teufel mit dem Beelzebub auszutreiben und das Tier zu verätzen.

Klappe auf, Mist weg: Unterflurmisten haben sich in großen Ställen bewährt.
Fotos: Fink

Das alles hört sich unglaublich aufwändig an. Es ist unglaublich aufwändig - und in First-class-Ställen Normalität. Wenngleich zunehmend beliebter unter Ausnutzung technischer Finessen, wie Unterflurmisten, Kehrmaschinen, Hoftracs, Frontladern und beweglicher Boxenwände. Denn, so die Überlegung, wie sollen Pferde gesund und leistungsfähig bleiben, wenn sie von innen aufgefressen werden? Bleibt die Frage, wie sich auch eine andere wichtige Forderung der Tierärzte erfüllen lässt, nämlich die Tiere bei der täglichen Putzorgie und beim Aufschütteln der Streu nach draußen zu stellen. Ein Problem, das bei gut gehaltenen Boxenpferden freilich selten existiert.

DA IST DER WURM DRIN

Sie sind klein, gemein und richten verheerende Schäden an. In einem äußerlich gesund wirkenden Pferd können locker eine halbe Million Endoparasiten ihr Unwesen treiben: Blutwürmer oder Palisadenwürmer; Spulwürmer; Zwergfadenwürmer; Bandwürmer; Larven der Magenbremse beziehungsweise der Dasselfliege und etliche Schmarotzer mehr. Eine hartnäckige Bande, die nicht eher Ruhe gibt, bis das Pferd total abgemagert ist, ein stumpfes, glanzloses Fell hat, Husten, Fieber oder blutigen Durchfall bekommt. „Während der Evolution hatten die Parasiten viele Millionen Jahre lang Gelegenheit, sich optimal auf das Pferd einzustellen", fasst Agrarwirt Otfried Lengwenat die unterschiedlichen Einnistungstaktiken zusammen. „Jeder Parasit hat eine andere Möglichkeit gefunden, seine Chancen zu verbessern, um in ein Pferd zu gelangen. Nur die Kenntnis dieser Strategien ermöglicht eine strategisch richtige Parasitenbekämpfung." Zwar ist das Problem mit Wurmkuren allein nicht zu lösen, peinliche Hygiene gehört immer dazu, aber dass Wurmkuren notwendig sind, um die größten Schäden zu verhindern, ist unbestritten. So bekommt man die Quälgeister in den Griff:

■ Wurmbefall durch Kotuntersuchung feststellen lassen; Entwurmungsplan mit dem Tierarzt festlegen.

■ Bewährt haben sich vier gleichmäßig über das Jahr verteilte Wurmkuren. Pferde mit Weidegang bekommen die erste Dosis im Frühjahr drei Tage vor dem Weideaustrieb; die zweite im Sommer während der Weidesaison, die dritte gegen Ende der Weidesaison und die vierte im Winter. Eventuell eine zusätzliche Wurmkur gegen Dasselfliegen-Befall Anfang Dezember einplanen; bei Bandwurmbefall gesonderte Medikation mit dem Tierarzt absprechen.

■ Nur speziell für Pferde ausgewiesene Wurmkuren verwenden; Wirkstoffe nach dem Rotationsprinzip wechseln, damit Parasiten nicht gegen einen speziellen Wirkstoff unempfindlich werden.

■ Lieber zu viel als nur etwas zu wenig eingeben. Unterdosierung ist der Grund für die massive Zunahme resistenter Wurmstämme. Vom Tierarzt verordnete Wurmkuren sind gut verträglich und selbst bei mehrfacher Überdosierung ungefährlich.

■ Wirksamkeit der Wurmkuren von Zeit zu Zeit durch eine zusätzliche Kotprobe überprüfen.

■ Immer alle Pferde eines Stalles gemeinsam entwurmen; Einstreu danach komplett austauschen.

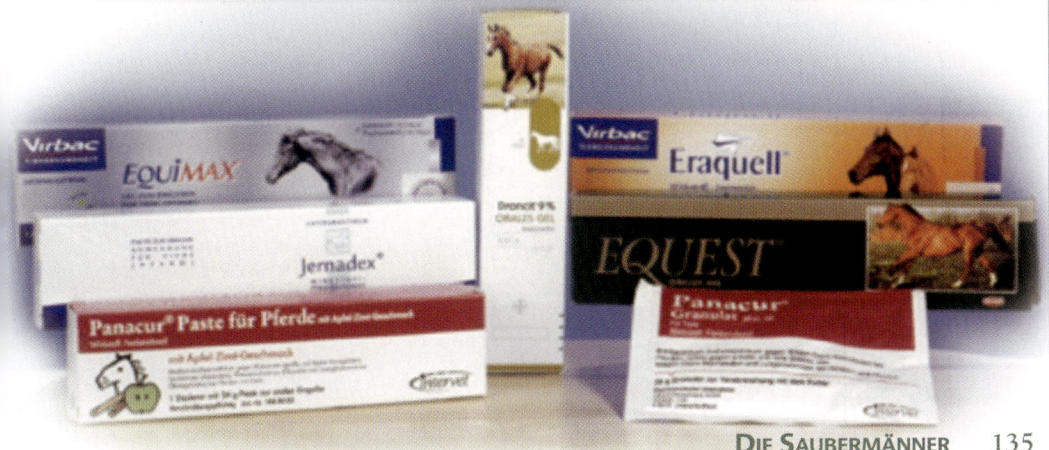

Die Überdosierung moderner, speziell für Pferde entwickelter Wurmpräparate sind ungefährlicher als eine Unterdosierung, die zur Resistenz gegen bestimmte Inhaltsstoffe führen kann.
Foto: Prohn

Gesunde Beine, klar im Kopf

Raubtiere können schlafen, Pferde müssen sich bewegen. Und ein gravierender Nachteil der Boxenhaltung ist, dass das Pferd größtenteils steht. Das ist besonders für die Pferdebeine Gift und brachte sie in den Ruf, empfindlich zu sein. Was die sehnigen Gebilde von Natur aus gar nicht sind, aber sie werden es zwangsläufig bei regelmäßiger Unterversorgung mit Nährstoffen und einem ebenso regelmäßigen Stau in der Abfallentsorgung, wenn das Blut in die Haxen sackt und mangels Bewegung dort auch bleibt.

Auf Dauer rächt es sich mit schwachen Sehnen, Bändern und Gelenken oder diversen Hufproblemen. Sichtbares Zeichen für den eingeschränkten Stoffwechsel sind die angelaufenen Beine vieler Boxenpferde; zwar nicht die einzige, aber häufigste Ursache von Stauungsödemen. Schmerzlose Schwellungen unterhalb von Karpal- und Sprunggelenken, die sich mit dem Finger eindellen lassen und nach dem Reiten meist verschwunden sind. Nur leider nicht für lange, dann sind die Beine wieder schwer wie Blei. Ein Übel, dem nur durch mehr Bewegung abzuhelfen ist, mahnt Dr. Peter Cronau, der das Geheimnis des wohltrainierten Pferdebeines in der „harmonischen, täglichen Submaximalbelastung des Bewegungsapparates" sieht. Wie alle seine Kollegen. Die freilich ist gleich über mehrere Stunden gefragt und hauptsächlich im Schritt, wie es dem genetischen Bauplan des Pferdebeins entspricht. Und weil, wie bereits bekannt, auch die gesamte Zellregeneration umso besser funktioniert, je länger das Ross durch die Botanik schlendert, vergnügen sich gut gehaltene Boxenpferde auch mehr als nur eine Stunde täglich draußen.

Eine Bewegungsanimation, die der Gesundheit wie der Leistungsbereitschaft der Pferde gleichermaßen dient. Denn wie die Vierbeiner ihre Freizeit verbringen, ob passiv zu Zwangsruhe vergattert oder aktiv ihrem Instinktverhalten frönend, ist ein gewaltiger Unterschied. „Nichts ist so stupide für ein Pferd, wie 23 Stunden in der Box und eine Stunde Reiten am Tag", findet Ludger Beerbaum und lässt damit anklingen, wie abwechslungsreich der Tagesablauf hochdekorierter Sportcracks aussieht.

*Vorne hoch und hinten hoch tobt
der Welsh-Hengst seine Lebensfreude
im Paddock aus.
Fotos: Neddens*

SCHWER WIE BLEI

Wenn Pferde zu viel stehen, werden ihre Beine schwer wie Blei. Denn der Druck, der das Blut durch den Herzschlag und den Sog der großen herznahen Arterien durch den Körper pumpt, nimmt mit zunehmender Entfernung zum Herzen ab. Besonders niedrig ist er in den unteren Gliedmaßen, wo die Haargefäße der Arterien in die Kapillaren der Venen übergehen. Um das Blut von dort aus wieder hoch zum Herzen zu befördern, brauchen die dünnwandigen Venen Unterstützung.

Die Hauptarbeit leisten dabei die Kontraktionen der sie umgebenden Skelettmuskulatur. Verdickt sich der arbeitende Muskel, wird die Vene verengt und das Blut in Richtung Herz gedrückt; erschlafft der Muskel, weitet sich die Vene und füllt sich mit nachfließendem Blut. Venenklappen, die sich bei Füllung schließen und bei Entfüllung öffnen, sorgen dafür, dass das Blut nur in Richtung Herz fließen kann. Weil das Pferdebein im unteren Bereich aber sehr sehnig ausgebildet und nur schwach bemuskelt ist, leistet hier der Hufmechanismus erste Hilfe. Bei jedem Schritt weitet und verengt sich die Hornkapsel und trägt dadurch zur Entblutung des venösen Geflechts im Huf- und Fesselbereich bei.

Durch das Zusammenwirken aller Mechanismen in der Bewegung kommt die Durchblutung wieder in Gang, angesammelte Gewebeflüssigkeit wird abgebaut und die Beine schwellen ab. Erst dann kann man auch von einer ausreichenden Versorgung der hornbildenden Lederhaut oder der nur gering durchbluteten Sehnen und Bänder ausgehen. Angewiesen auf Bewegung ist auch der Zellstoffwechsel der Gelenke. Denn der elastische Knorpel, der die Knochenenden schützt und die Beweglichkeit der Gelenke gewährleistet, wird nicht durch den Knochen ernährt, mit dem er verwachsen ist, sondern über die Gelenkkapsel. „Die Innenseite der Kapsel ist mit einer Gelenkhaut ausgekleidet, die die Gelenkflüssigkeit produziert", erklärt Dr. Beatrice Dülffer-Schneitzer. „Diese Flüssigkeit versorgt den Knorpel mit Nährstoffen, die er während der Druckentlastung aufsaugt. Bei Druckbelastung auf den Knorpel gibt er die Abfallstoffe ab, die über die Gelenkhaut aus dem Gelenk transportiert werden". So lange das Pferd steht, ist dieser Austausch blockiert.

Dicke Beine

„Bei vielen Pferden, die nicht ausreichend bewegt werden, sackt der Kreislauf leicht ab und das Blut fließt etwas langsamer durch den Körper. So kann die Gewebsflüssigkeit leichter durch die Wände der Blutgefäße dringen und sich im Unterhautgewebe ansammeln, die Beine schwellen an. Werden die Pferde bewegt, kommt die Durchblutung wieder in Gang und die Flüssigkeit wird wieder abgebaut."

DR. BEATRICE DÜLFFER-SCHNEITZER,
AUSZUG AUS „PFERDEGESUNDHEITSBUCH"

Für Abwechslung im Round Pen sorgt hier ein Ball.
Foto: Neddens

Bummeln, Paddock oder Weide gehören zum täglichen Programm

Ob Hufschlag- oder Stangenakrobaten, die Pferde kommen mindestens zweimal täglich raus; vormittags und nachmittags. Neben dem Training wird im Gelände gebummelt, es wird longiert oder die Kondition in Führanlage und Laufband verbessert. Das sind genau die Freiräume, in denen Putzteufel ans Werk gehen können, ohne dass Staub die Atemwege reizt. Zusätzlich im Angebot sind Weidegang und Paddock. Früher von Spring-, mehr noch von Dressurreitern misstrauisch beäugt, wird heute beides - gerade für die Stars der Szene - umso eifriger genutzt, wenn es die Witterung erlaubt. Denn nur relaxte Pferde sind gute Pferde, und nichts beruhigt ramponierte Nerven schneller, als den Partner einfach mal wieder Pferd sein zu lassen.

Für Walter Feldmann absolut nichts Neues, kennt er doch Weidegang und Paddock seit

Führanlagen und Laufbänder
bringen Kondition und halten
Pferdebeine in Schuss.
Foto: Neddens

In Zeitlupe

„Kleine kurzzeitige Bewegungen,
bei denen das menschliche Auge
viel zu träge ist, um sie zu erkennen, können vom Pferd gleich-
sam in Zeitlupe gesehen werden.
Wenn wir mit unseren Augen
einen Film sehen, verschwimmen
die einzelnen Bilder zu einer flie-
ßenden Bewegung. Das Pferd
würde einen derartigen Film als
hintereinander folgende Einze-
laufnahmen erkennen können."

PROF. DR. BODO HERTSCH,
AUS „ANATOMIE DES PFERDES"

jeher als Äquivalent gesunder Boxenhaltung. „Unseren Pferden sind Titel und Medaillen
völlig schnuppe", ist der Gangpferdeprofi überzeugt. „Ich muss also auf andere Weise
versuchen, den Willen des Pferdes zur Mitarbeit zu stärken. Es geht hier um Motivation,
die innere Leistungsbereitschaft; sie muss ich wecken und erhalten, sie ist mein kostbar-
stes Gut. Das gilt auch - oder gerade -, wenn ich von einem Pferd noch viel erwarte."
Ähnlich sehen es die anderen Lager und erst recht Distanz- und Vielseitigkeitsreiter, die
sich Versorgungsdefizite in den Beinen oder spinnerte Rösser schon gar nicht leisten
können.

Denn das ist ein weiterer Vorzug von Paddock und Weide: Die Pferde entwickeln ein stabiles Nervenkostüm und reagieren nicht so schreckhaft. „Eine gesteigerte Form der Auf-
merksamkeit und Skepsis allem Neuen gegenüber", verteidigt der Springreiter und
Züchter Elmar Pollmann-Schweckhorst den empörten Protest des Fluchttieres Pferd auf
ungewohnte Reize. „Dieser natürliche Instinkt hat das Pferd Jahrmillionen überleben lassen. Und er will abgerufen werden. Sonst staut er sich auf und sucht nach Gelegenhei-
ten, sich zu trainieren."

Lernen müssen Pferde vor allem, das nicht alles, was sich plötzlich bewegt, flattert,
knattert oder blitzt automatisch Gefahr bedeutet. Gar nicht so einfach, wenn man
einen Panoramablick besitzt, der die geringste seitliche Bewegung links wie rechts automatisch registriert, als Alarm ins Pferdehirn funkt und selbst das Huschen einer Maus in
einzelne Standbilder zerlegt. Jedes hinter ihrer Kruppe aufwirbelnde Blatt, Lichtreflexe
auf Motorhauben, das Schattenspiel sich bewegender Äste oder die vorbeirasende, gefährlich jaulende Enduro, alles irritiert das Pferd und fesselt instinktiv dessen Aufmerk-
samkeit, bis es den Auslöser als bekannt und ungefährlich eingestuft hat. Und von dieser Ungefährlichkeit können sich Pferde draußen eben sehr viel schneller überzeugen als
aus dem eingeschränkten Sichtfeld eines Fensters.

Gesichtsfeld des Pferdes
in Anlehnung an Brückner

Beim Grasen mit gesenktem Kopf hat das Pferd ein fast vollständiges, wenngleich seitlich verschwommenes Gesichtsfeld. Lediglich unmittelbar vor und hinter dem Pferd befindet sich ein toter, nicht einsehbarer Winkel. Durch die seitlich angeordneten Augen mit der divergierenden Blickachse sieht das Pferd links und rechts verschiedene Einzelbilder. Ein räumlich scharfes Sehen mit erhobenem Kopf und vorwärts gerichtetem Blick ist nur in einem relativ geringen Ausschnitt möglich. Exzellent ausgebildet ist dafür die Bewegungssehschärfe; selbst die geringste Veränderung wird wahrgenommen.

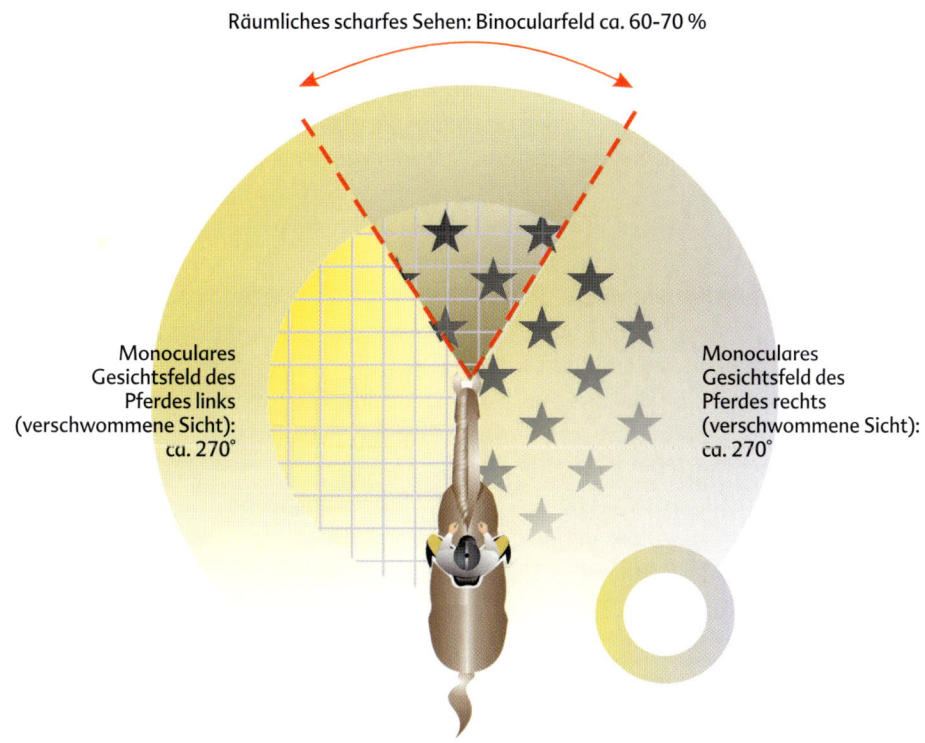

Räumliches scharfes Sehen: Binocularfeld ca. 60-70 %

Monoculares Gesichtsfeld des Pferdes links (verschwommene Sicht): ca. 270°

Monoculares Gesichtsfeld des Pferdes rechts (verschwommene Sicht): ca. 270°

Vermutetes Farbspektrum des Pferdes: Als gesichert gilt, dass Pferde gelb, weiß, blau, grün, rot und schwarz erkennen können - allerdings scheinen sie rot und grün eher wie rot-grün-blinde Menschen zu sehen. Vermutlich, weil die Wellenlängen dieser Farben relativ ähnlich sind und sich wenig voneinander abheben. Sehr gut ausgebildet, wie bei allen dämmerungs- und nachtaktiven Tieren, ist dagegen das Hell-Dunkel-Sehen.

Boxenpferde einfach in die Freiheit zu entlassen, ist keine gute Idee

Boxenpferde einfach in die Freiheit zu entlassen, um Unterversorgung der Beine wie Schreckhaftigkeit zügig zu kurieren, ist jedoch keine gute Idee. Nicht mit ausgekühlten Beinen oder wenn die Tiere schon lange nicht mehr draußen waren. Das gleicht einem russischen Roulette: Meistens geht es gut, manchmal leider nicht. Auf großen Weiden entwickeln durchtrainierte Kraftpakete Rennbahnambitionen oder geraten außer Rand und Band. Dann passiert leicht das, was nicht passieren sollte: Hufeisen fliegen durch die Luft, die Pferde rutschen aus, vertreten sich oder ziehen sich eine Muskelzerrung zu. Erfahrungen, die vor einer Wiederholung abschrecken, selbst wenn man sich der positiven Auswirkungen bewusst ist. „Ein Pferd, das mehrere Jahre in der Boxe stand und nur

Risiko

„Ich würde Pferde so lange es eben geht, auf die Weide bringen. Nur darf man nicht vergessen, dass Tiere, die keinen regelmäßigen Weidegang kennen und sich dort richtig ausbuckeln, auch verletzen können. Und dann muss man das leider etwas begrenzen. Deshalb haben wir zusätzlich zu den großen Weiden neben dem Reitplatz noch mehrere kleinere Grasparzellen eingezäunt."

KLAUS BALKENHOL

geritten wurde", warnt Dr. Karl Blobel, „kann mit der plötzlichen Freiheit auf der Weide überfordert sein. Es hat verlernt, sich frei zu bewegen".

Fast noch problematischer sind großzügige Ausläufe. Zwar prächtig geeignet für mehrere Pferde, um sich die Beine zu vertreten und Sozialkontakte aufzufrischen, haben sie in Einzelhaltung ihre Tücken. Denn auf der Weide darf man darauf hoffen, dass das Pferd über kurz oder lang die Nase ins Gras steckt und sich beruhigt, beim Auslauf aber nicht. Nach dem ersten Ausbuckeln finden ihn viele Pferde ähnlich öde wie Stadtkinder die früheren trostlosen, als „Spielplätze" deklarierten Sandkästen und Hinterhöfe. Fehlt obendrein der Sichtkontakt zu Artgenossen, beginnt das Ross zu maulen. Statt sich glücklich und zufrieden leichten Schrittes zu entspannen und Lunge und Atemwege zu ventilieren, krakeelt es, dass die Heide wackelt oder rennt nervös am Zaun entlang. Im Stall sind seine Kumpel, außerdem gibt es dort etwas zu fressen, und genau da will es wieder hin. Auslöser für dieses Verhalten ist der unterschätzte Herdentrieb.

Für die Fortsetzung der Aktion muss man kein Hellseher sein. Da große Ausläufe freundlicherweise genügend Anlauf bieten, oft auch zu niedrig eingezäunt oder insgesamt zu schwach gebaut sind, geht das Pferd - entsprechend der Ausgangssituation und seinen Fähigkeiten, entweder über oder durch den Zaun. Und steht kurz darauf freundlich grüßend wieder vor dem Tor. Falls es sich zurücktrollt und nicht die Gelegenheit zu einem kleinen Ausflug nutzt, darf sich der Pferdebesitzer den Schweiß von der Stirne wischen, denn solche Eskapaden können ja gefährlich enden.

Durchaus kein unbekanntes Verhalten, wie sich in der Deutschen Reitlehre nachlesen lässt: „Wenn die Pferde auf der Weide nicht genügend Beschäftigung haben (z.B. knappes Futter) oder beunruhigt werden (z.B. durch Insekten) neigen sie eher zum Ausbrechen. Das ist auch der Grund dafür, dass die Einzäunung für Paddocks höher als für Weiden sein soll." Zwar wissen die Fachleute, dass auch das beste Zaunsystem keine hundertprozentige Sicherheit garantiert, „allerdings", so der einhellige Tenor, „macht es sich auf keinen Fall bezahlt, an der Einzäunung zu sparen."

Täglich

„Natürlich wäre ich nicht erfreut, wenn Bonaparte über riesige Weiden knattert, weil es zu gefährlich ist. Stattdessen kann er sich an der Longe freilaufen, wo man ihn besser kontrollieren kann. Damit er und die anderen Sportpferde trotzdem zum Grasen kommen, benutzen wir mobile Graspaddocks, die auf der Weide versetzt werden können. Im Winter haben die Pferde regelmäßig Auslauf in kleinen Sandpaddocks. Und regelmäßig heißt für mich täglich."

HEIKE KEMMER

Sicher ist sicher: Gamaschen schützen die kostbaren Pferdebeine. Foto: Neddens

PADDOCK & CO.

Der ideale Auslaufboden federt, ist elastisch, rutsch- und trittfest, lässt sich im Handumdrehen säubern, saugt Regengüsse wie ein Schwamm auf, staubt wenig und gefriert selbst in härtesten Wintern ebenso wenig wie das Stadion von Schalke 04. Das ist hinzukriegen, nur billig ist es nicht. Billig ist Naturboden mit einer Fuhre Sand oder Rindenschnitzel obendrauf. Auf den ersten Blick. Bis Pferdehufe den schicken neuen Paddock zu einem fesseltiefen Sumpf zermatschen, der brutal nach Kot und Urin stinkt und innerhalb kurzer Zeit komplett abgeschoben werden muss. Dann weiß man, dass das Lehrgeld besser von Anfang an in einen vernünftigen Paddockboden investiert worden wäre.

Damit Ausläufe ganzjährig nutzbar sind, müssen sie befestigt werden. Je nach Untergrund, Größe der Ausläufe und Geldbeutel fällt die Entscheidung zugunsten eines konventionellen Aufbaus aus Tragschicht, Trennschicht und Tretschicht oder einem modernen Paddocksystem.

- Bei der klassischen Variante wird der Mutterboden abgeschoben, ausgekoffert und im ersten Schritt eine wasserableitende Drainage mit ein bis zwei Prozent Gefälle aus Schotter, Splitt und eventuell Drainagerohren aufgebaut. Darauf kommt verdichteter Feinsplitt oder Ähnliches. Die Tragschicht wird mit einem wasserdurchlässigen Vlies oder Gittergewebe als Trennschicht abgedeckt, damit sich Schotter und Splitt nicht nach oben arbeiten beziehungsweise Kot oder Sand nach unten und die mühsam aufgebaute Drainage verstopfen. Und erst im dritten Schritt wird die Tretschicht aufgebracht, auf der sich das Pferd vergnügt, wie Sand oder Rindenschnitzel.

- Bei modernen Paddocksystemen reicht meist das Abschieben des Mutterbodens und eine relative dünne Tragschicht aus Schotter und Splitt; genaue Angaben zur Bodenvorbereitung erhält man über die jeweilige Firma. Darauf kommen Paddockgitter, -matten oder Waben, die mit Feinsplitt, Rundkornkies oder Lava verfüllt werden. Einige Fabrikate begnügen sich nach dem Verfüllen mit einer minimalen Tretschicht oder können ganz darauf verzichten, was das Abäpfeln auf kleinen, stark beanspruchten Flächen erheblich erleichtert. Größere Paddocks, auf denen das Pferd traben oder einige Galoppsprünge machen kann, erhalten mit einer dickeren Tretschicht die gewünschte sehnen- und gelenkfreundliche Federung.

Weil auf Dauer aber auch das beste System mit den Kotmengen der Tiere überfordert wäre, müssen Paddocks täglich abgelesen und eine vorhandene Tretschicht ein- bis zweimal jährlich aufgefüllt beziehungsweise alle paar Jahre komplett ersetzt werden. Wer schlau ist, wählt deshalb einen Belag, der kostengünstig entsorgt werden kann und nicht als Sondermüll ein dickes Loch in die Tasche reißt.

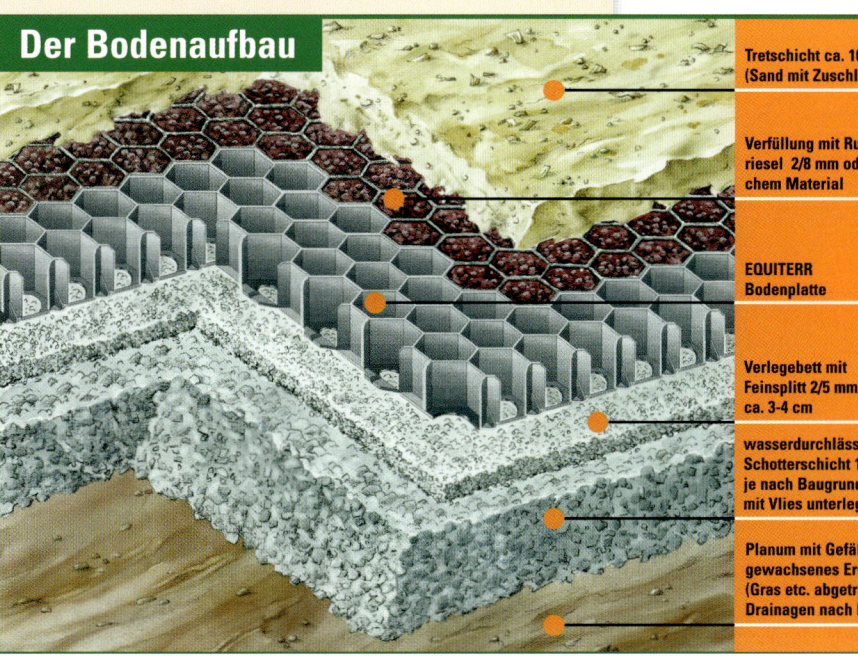

Der Bodenaufbau

Tretschicht ca. 10-12 cm (Sand mit Zuschlagstoffen)

Verfüllung mit Rundkornriesel 2/8 mm oder ähnlichem Material

EQUITERR Bodenplatte

Verlegebett mit Feinsplit 2/5 mm ca. 3-4 cm

wasserdurchlässiche Schotterschicht 15-25 cm, je nach Baugrund, evtl. mit Vlies unterlegt

Planum mit Gefälle 0,8-1% gewachsenes Erdreich (Gras etc. abgetragen) Drainagen nach Bedarf

Grafik: Equi Terr, Ritter GmbH

*Egalisieren des Bodens, mit ca.
1 % Flächengefälle. Wasserdurchlässiges
Material aufbringen und mit einer Walze
verdichten. Auf diese Tragschicht werden
die Bodenraster verlegt und, je nach Einsatzbereich und Ausführung der Raster,
mit einer Tretschicht abgedeckt.
Fotos: Hit-Aktivstall*

Vorsicht ist die Mutter der Porzellankiste

Um Gefahrenquellen zu entschärfen, reicht es nicht, lediglich Sicherheitsstandards zu erfüllen. Das Ziel besteht erneut darin, eine Ausgangssituation zu schaffen, in der sich das Pferd wohl fühlt. Und natürlich ist gerade bei den ersten Ausflügen etwas Vorsicht angebracht, bekanntlich die Mutter der Porzellankiste:

- Gründlich aufwärmen. Pferde mit aufgestautem Bewegungsdrang, die längere Zeit nicht frei laufen durften, erst abreiten oder ablongieren. Beim Pferd bleiben, bis es sich beruhigt; vorsichtshalber die Beine schützen. Grasen: An der Hand anweiden; mit 15 Minuten beginnen und langsam steigern, um die Verdauung nicht zu irritieren (s. auch Kapitel Weidelust und Weidefrust, Seiten 222ff.).
- Auf sichere, stabile und genügend hohe Einzäunungen achten; bei Springkanonen und Hengsten mindestens in Widerristhöhe (für Großpferde wird in Paddocks eine Einzäunung von 1,60-1,80 m empfohlen).
- Isolation vermeiden. Bei Einzelhaltung sind nebeneinander liegende, kleinere Gras-parzellen und Paddocks, auf denen sich die Pferde sehen oder beschnuppern können, sinnvoller als eine große Weide oder ein einzelner Auslauf.
- Im Paddock Raufutter anbieten, eventuell auch Wasser. Das lenkt die Pferde ab, spricht ihr natürliches Fressverhalten an und schützt Holzzäune vor Verbiss; einige vergnügen sich kurzzeitig auch gern mit einem Ball.

Und falls nichts hilft, bleibt vorerst nur Galgenhumor. Isabell Werth weiß davon ein Lied zu singen: „Man möchte dem Pferd ja sehr viel Liebes tun, aber das ist nicht immer ein-fach. Einige Hengste entwickeln ein derartiges Imponiergehabe, dass sie kaum zu brem-sen sind. Satchmo ist schon ein paarmal über den Zaun gesprungen, deshalb war's das für ihn erstmal." Die Dressurreiterin trägts mit Fassung, und im Stall stehen und sich mopsen muss Satchmo trotzdem nicht. Er darf in der Longierhalle laufen und statt Wei-degang und Paddock gibt's eben Spaziergänge oder Grasen an der Hand.

Auch das ist natürlich eine Lösung. Zwar aufwändig, aber es rechnet sich, wie Elmar Pollmann-Schweckhorst am Beispiel Losgelassenheit erklärt: „Ein junges Pferd wird nach einem Stehtag gesattelt in die Halle gebracht, prustet, hebt den Schweif bis auf den Rücken und bewegt sich nur in zackelndem Schritt und in Schwebetritten. Führt hier nicht Bewegungsmangel und vielleicht auch falsche Fütterung zu fehlender Losgelassenheit, die sich negativ auf den Takt auswirkt? Ist hier wirklich nur geschicktes Reiten gefragt oder schafft nicht eher eine tiergerechtere Haltung die bessere psychische Voraussetzung zur Leistungsentfaltung?"

Fütterung ist das nächste Stichwort. Denn üppiges Futter will verarbeitet werden, und da zu wenig Bewegung auch eine eingeschränkte Blutversorgung des Darmes bedeutet, leidet gerade bei Boxenpferden schnell die Verdauung. Und das ist nur einer von vielen Fütterungsfehlern.

Stabil eingezäunter Hengstpaddock; vor Verbiss schützt das umlaufende Elektroband. Pfiffige Details: Der Schatten spendende Baum ist in der Schneise als Abstandhalter vor Verbiss sicher; die Metallstangen des rechten Auslaufs sind mit alten Tennisbällen entschärft.
Fotos: Luckow

KALTSTART, NEIN DANKE!

Als Fluchttiere haben Pferde ein Problem. Ihre Muskeln, Sehnen und Bänder dürfen nie vollständig auskühlen, damit sie jederzeit durchstarten und hungrigen Fleischfressern aus sicherer Entfernung eine lange Nase drehen können, ohne dass Sehnen hops gehen oder Muskelfasern reißen. Entsprechend hoch ist ihr Bewegungsdrang. Allerdings ist übermütiges Herumtoben, Laufen und Raufen mehr dem Jungvolk vorbehalten. Trächtige und säugende Stuten oder Familienhengste, die mit Wichtigerem beschäftigt sind, denken nicht daran, Kraftreserven unnütz zu vergeuden. Von relativ kurzen Ausnahmen abgesehen.

Für den Rest des Tages hat sich die Natur eine bessere Lösung einfallen lassen und schlägt damit gleich zwei Fliegen mit einer Klappe: Weil Pferde einen sehr kleinen Magen haben, müssen sie sich, um satt zu werden, stundenlang Schritt für Schritt durch die Pampa beißen. Auch der Wechsel zwischen Weide, Ruheplätzen oder Wasserstellen erfolgt im Schritt. Diese permanente leichte Bewegung kostet wenig Kraft, versorgt aber Sehnen, Bänder und Gelenke kontinuierlich mit Nährstoffen, beseitigt Schlacken, unterstützt die Verdauung und hält den Körper aufgewärmt. Gleichzeitig ist das Pferd aber nie vollgefressen oder träge. Dann kann auch mal ein Puma kommen. Fazit: Wer zu viel schlingt und nur herumsteht, ist schneller tot.

Die wilden Gene

Gut gemümmelt, ist halb verdaut

Unter dem Phonendoskop des Tierarztes gluckert, rülpst und grollt es wie in einer Schwarzbrennerei im Schichtbetrieb. Die Geräuschkulisse im Pferdebauch, verursacht durch den Durchfluss des Nahrungsbreis, Gärungsprozesse und Darmbewegungen, ist freilich kein Anlass zur Besorgnis. Gefährlich wird es erst, wenn sich das Gurgeln zu einem Crescendo steigert, der auch mit dem bloßen Ohr am Bauch den inneren Aufruhr verrät oder, noch schlimmer, Stille herrscht. Das Pferd den Appetit verliert, teilnahmslos wirkt oder umgekehrt sehr unruhig, sich nach dem Bauch umsieht, mit den Beinen unter den Leib schlägt, häufig flehmt, kurz und hektisch wälzt, schwitzt oder erfolglos versucht, Urin und Kot abzusetzen. Alles Anzeichen einer Kolik. Eigentlich ein Sammelbegriff für verschiedene Erkrankungen des Magen- und Darmtraktes. Und, „eine Kolik ist immer ein Notfall", warnt Dr. Christian Schacht. „Auch wenn sie noch so leicht beginnt, kann sie doch zum Tode des Pferdes führen. Bei einer Kolik muss der Tierarzt sofort gerufen werden."

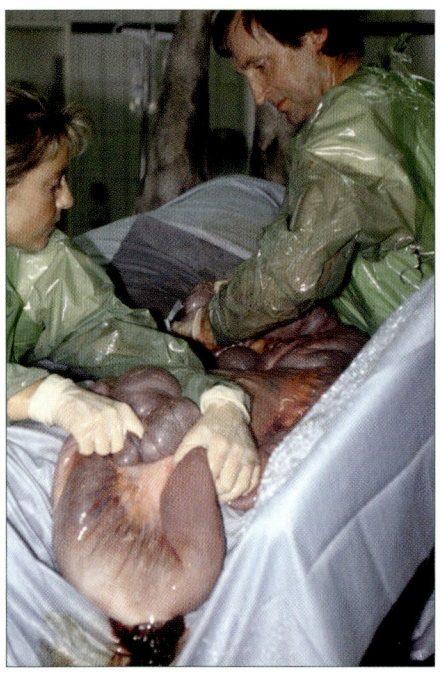

*Koliken: Brandgefährlich und manchmal tödlich. Oft ist das Leben des Pferdes nur durch eine Notoperation zu retten.
Foto: Prohn*

Koliken

„Neben mangelnder Bewegung, Wetterfühligkeit oder Fehlfunktionen des vegetativen Nervensystems sind es vor allem die Fütterungsfehler, die eine Kolik verursachen können. Jeder abrupte Futterwechsel, aber auch ein Ungleichgewicht zwischen Kraft- und Raufutter kann zu einer Kolik führen. Oft ist der Kraftfutteranteil zu groß und der Raufutteranteil zu klein. Schadstoffhaltige (Schimmelpilze u.a.) ist ebenso schädlich wie verdorbene faulige Nahrung und führt zu einer Krampfkolik. Daneben begünstigen große Mengen Obst und anderes, leicht gärendes Futter eine Aufgasung der Därme. Auch Parasiten können Koliken verursachen."

Dr. Beatrice Dülffer-Schneitzer, aus „Pferdegesundheitsbuch

Wie die Pferdebeine, gilt auch der Verdauungstrakt des Pferdes als extrem empfindlich. Und wie bei den Pferdebeinen ist die Aussage relativ. Denn wären Magen und Darm so anfällig, wie ihnen nachgesagt wird, müssten Pferde schon in grauer Urzeit ausgestorben sein. Da sie es nicht sind, darf auch hier die Ursache weitgehend in einem menschlichen Versagen gesucht werden, die dieser genialen Konstruktion einfach nicht gerecht wird. Immerhin robust genug, mittels Gräsern, Kräutern, Früchten, Zweigen, Laub und Wildsamen ausreichend Energie für ein so großes Tier zu liefern. Um die aus dieser oft kargen und qualitativ wenig gehaltvollen Nahrung zu extrahieren, musste die Natur freilich tief in ihre Trickkiste greifen.

Gründliches Einspeicheln stößt die Produktion verdauungswichtiger Enzyme an

Das beginnt mit der häppchenweisen selektiven Nahrungsaufnahme. Pferde sind Schmecklecker, die mit Lippen und Zunge alles aussortieren, was ihren Geschmacksknospen nicht goutiert. Die Miniportionen werden mit der Zunge zwischen die breiten Backenzähne befördert, zermahlen und Saft, sofern vorhanden, ausgequetscht. Je sperriger und trockener die Pflanzen sind, je härter Samenkapseln und Früchte, umso länger muss das Pferd kauen. Je länger das Pferd kaut, umso mehr Speichel wird gebildet und umso gründlicher werden die Partikel mit dem Speichel durchtränkt. Dadurch werden

ES GRIMMT IM DARM

Bei Kolikverdacht sofort den Tierarzt rufen. Weitere Maßnahmen: Futter entfernen, das Pferd eindecken und führen, falls es ohne Widerstand folgt. Legt sich das Pferd ruhig, ohne sich heftig hin und her zu wälzen, darf es auch liegen bleiben. Es gibt verschiedene Formen von Magen-Darm-Erkrankungen:

- **Magenkolik/Magenüberladung:** Erhöhter Magendruck, Aufgasung durch Fehlgärung. Da Pferde nicht erbrechen können, kann im Extremfall der Magen reißen; keine Rettung möglich.
- **Darmkrämpfe:** Verläuft in mehreren krampfartigen Wellen (Spasmen). Auftreten sowohl im Dünn- wie im Dickdarm; Begleiterscheinungen Durchfall oder Verstopfung. Durch zu heftiges Wälzen können sich Darmschlingen verdrehen, einklemmen und absterben; schnelle Operation notwendig.
- **Blähungen:** Bei Aufgasung der Därme durch unverträgliche Futtermittel kann der Darm wie der Magen reißen; tödlich.
- **Durchfall:** Breiiger, übelriechender Kot. Durchfall über mehrere Tage entzieht dem Körper viel Wasser und Mineralsalze. Ungefährlich ist kurzzeitiger leichter Durchfall bei Aufregung (Stresskot).
- **Verstopfung:** Die Darmbewegung (Peristaltik) kommt in einem Darmabschnitt zum Erliegen durch das Anschoppen sperriger, verklumpter, verkleisterter Futtermittel oder schlecht gekautem Futter. Bei Anlagerung von Sand und Erde spricht man von einer Sandkolik; werden Darmarterien durch abgeschwemmte Blutgerinnsel verstopft, von einer embolischen Kolik oder einer Wurmkolik.
- **Darmverschluss:** Darmlähmung in verdrehten, abgeklemmten Darmbereichen oder durch vollständiges Erliegen der Darmperistaltik; ohne sofortige Hilfe tödlich.

vor allem Eiweiße und Zucker für die anschließende Verdauung aufgeschlossen. Aber der Speichel kann noch mehr: Er bereitet Magen und Darm auf die kommende Arbeit vor und stößt die Produktion verdauungswichtiger Enzyme an.

Gründlich durchgekaut wird der Brei Biss für Biss abgeschluckt, wandert die Speiseröhre hoch (!!!) und verschwindet hinter einem kräftigen Schließmuskel. Er verhindert, dass die Nahrung der Schwerkraft folgend während des Grasens bei gesenktem Kopf wieder zurückrutscht. Die nächste Station ist der Magen. Der ist allerdings winzig und dient nur als Durchgang, denn er fasst auch bei Großpferden lediglich 15-20 Liter. „Nicht viel größer als der einer ausgewachsenen Sau", beschreibt Futterexperte Otfried Lengwenat die Diskrepanz des bohnenförmigen Beutels in Relation zur Körpergröße des Pferdes. Eine ausgefeilte Hexenküche ist er natürlich trotzdem. Hier wird das eingeschichtete Futter mit Hilfe von Enzymen und Mikroorganismen weiter aufgeschlossen, anschließend mit Magensaft vermengt und für die Weiterreise in den Darm teilweise verflüssigt. Dabei sinkt der pH-Wert von 5-6 allmählich auf einen Wert von 2,6. Ein immens wichtiger Aspekt für die weitere Verdauung, denn dadurch wird die bakterielle Gärung zunächst gestoppt, ehe die dickliche Suppe durch den Pförtner in den Darmtrakt fließt.

Laub, Rinde und Zweige stehen seit jeher auf dem Speiseplan von Pferden. Foto: Neddens

Tipp

Bitten Sie den Tierarzt beim nächsten Routinebesuch, die normalen Darmgeräusche unter seiner Anleitung über das Phonendoskop abhören zu dürfen und lassen sie sich von ihm die Lage der einzelnen Darmbereiche erklären. Das kann Ihnen die Früherkennung einer Kolik erleichtern. Nutzen Sie auf Messen tierärztliche Ausstellungen, um einen Eindruck von den inneren Organen zu bekommen.

Kapitel **6**

In bis zu 39 m Darm werden mit Hilfe von Mikroorganismen selbst verholzte Fasern geknackt

Im Gegensatz zum Magen ist der Darm gewaltig dimensioniert. Die glitschigen Schläuche, mal dünner, mal dicker oder zu Kammern erweitert, messen mehr als das 10fache der Körperlänge der Pferdes. Das sind zwischen 25-39 m Darm, der sich, ineinander verknäult und in Schleifen gelegt, in der Bauchhöhle windet und bis zu 210 Liter fassen kann. Hier findet die eigentliche Verdauung statt.

Im Dünndarm wird der Nahrungsbrei mit Hilfe von Darmsäften und dem Sekret der Bauchspeicheldrüse zuerst neutralisiert, mit Galle versetzt und mit Enzymen geimpft. Auf seinem weiteren Weg durch die engen Windungen, deren Oberfläche durch Falten, Zotten und Ausstülpungen um das 600fache vergrößert ist, werden bereits gelöste Zucker, Fettsäuren, Aminosäuren und Mineralstoffe von der Darmschleimhaut aufgenommen und ans Blut abgegeben. Am Ausgang wird ein Teil der Galle wieder resorbiert, während die noch nicht verdaute Rohfaser in den Dickdarm abgeschoben wird.

Genauer gesagt, in den Blinddarm. Eine riesige Gärkammer, in der sich ein Heer verschiedener Bakterien und Einzeller am Futterbrei satt frisst und die Zellulose in Heu, Stroh, Frucht- und Samenschalen knackt, vor der die körpereigenen Enzyme kapitulieren. Ohne die Unterstützung der Mikroorganismen im Blind- und anschließenden großen Grimmdarm könnte das Pferd viele wertvolle Inhalte gar nicht nutzen. Gleichzeitig synthetisieren sie größere Mengen wasserlöslicher Vitamine, auf die das Pferd angewiesen ist.

Ist das erledigt, geht es aus dem großen Grimmdarm über eine kurze Darmenge in den kleinen Grimmdarm und von da aus in den Mastdarm. Auf diesen letzten beiden Transitstrecken wird dem unverdauten Rest Wasser und bisher noch nicht resorbierte Salze entzogen, der Kot in die apfeltypische Form gepresst und via After nach draußen expediert.

VERDAUUNGSSACHE

■ **Maul und Speiseröhre:** Eine reibungslose Verdauung beginnt bereits bei der Futteraufnahme im Maul (Kopfdarm). Mit 70-80 Kiefernschlägen pro Minute zermahlen Backenzähne das Futter in Partikel von wenigen Millimetern. Dabei bilden Großpferde bei trockenem Raufutter bis zu 90 ml Speichel. Speichel enthält neben Schleimstoffen größere Mengen an Bikarbonaten und Mineralstoffen; sie machen das Futter schluckfähig und neutralisieren den pH-Wert im Anfangsteil des Magens. Im Abstand von ca. 30 Sekunden werden die 50-70 g großen Bissen abgeschluckt und durch wellenförmige Bewegungen der Speiseröhrenmuskulatur in den Magen hinaufbefördert. Weil sich der starke Schließmuskel am Ende der Speiseröhre bei Überfüllung des Magens verkrampft, können Pferde nicht erbrechen.

■ **Magen:** Verweildauer der Nahrung 1-5 Std.; Volumen max. 20 l; kontinuierliche Produktion von Magensäften. Der Magen setzt sich aus einem drüsenlosen und einem drüsenreichen Teil zusammen. In der Übergangszone verhindert Magenschleim die Selbstverdauung des Magens; Salzsäure im drüsenreichen Teil tötet Bakterien ab, mit Hilfe des Enzyms Pepsin beginnt die Eiweißspaltung. Die Entleerung setzt während des Fressens ein; intensiv eingespeicheltes Raufutter wird schneller transportiert als konzentrierte Futtermittel. Raufutter senkt den pH-Wert am Magenausgang auf 2,6 ab; einseitiges Krippenfutter dagegen nicht.

■ **Dünndarm:** Gesamtlänge 16-24 m, Dauer der Nahrungspassage ca. 1,5 Std. Im Zwölffingerdarm (Duodenum) wird der Nahrungsbrei mit Säften aus darmeigenen Drüsen und dem Sekret der Bauchspeicheldrüse auf einen pH-Wert von 5,6-7 angehoben, den die Enzyme in diesem Milieu brauchen. Weil Pferde keine Gallenblase haben, fließt auch die für die Fettverdauung wichtige Galle kontinuierlich ein. Die gelösten Endprodukte aus rohfaserarmen Futtermitteln werden im Leerdarm (Jejunum) über die Darmschleimhaut aufgenommen; dabei werden hochverdauliche Fette über 90 %, Proteine und Getreidestärke zu 60-95 % verdaut. Im anschließenden Hüftdarm (Ileum) wird ein großer Teil der Galle zur Wiederverwertung resorbiert; in dieser Schleuse sammelt sich der Darminhalt und wird schubweise in den Dickdarm befördert.

■ **Dickdarm:** Er wird unterteilt in Blinddarm (Caecum, Länge ca. 1 m, fasst bis zu 34 l); den großen und kleinen Grimmdarm (Kolon, Gesamtlänge 6-8 m, Volumen bis zu 96 l) und Mastdarm (Rektum, Länge 20-30 cm). Von der Gesamtpassagezeit von 35-50 Stunden entfallen rund 85 % auf die Zelluloseverdauung im Dickdarm; der optimale pH-Wert variiert von 6,5-7,5 im Blinddarm bzw. 6,0 im großen Grimmdarm.

Die durch körpereigene Enzyme nicht aufschließbaren Kohlenhydrate aus Zellulosen, Hemizellulosen und Pektinen werden im Blind- und Grimmdarm unter Sauerstoffabschluss bakteriell verdaut. Außerdem synthetisieren die Mikroorganismen verschiedene Vitamine, wie Vitamin B1, B2, B6, Vitamin C und Vitamin K. Bei ausreichender Heu- und Grasfütterung und ungestörter Verdauung tritt deshalb bei Pferden normalerweise kein Mangel an B-Vitaminen auf. Nach einer magenähnlichen Erweiterung mündet der große Grimmdarm über das Querkolon in den kleinen Grimmdarm.
Im kleinen Grimmdarm wird der Darminhalt durch Wasserentzug eingedickt. Durch die Darmbewegungen bilden sich beim Transport in den taschenähnlichen Aussackungen (Poschen) die typischen Kotballen.

Magen-Darm-Trakt des Pferdes
Selbst schematisiert und stark vereinfacht noch unübersichtlich. Weil bestimmte anatomische Besonderheiten nur von einer Seite zu sehen sind, wird der Magen-Darm-Trakt meist von rechts dargestellt.

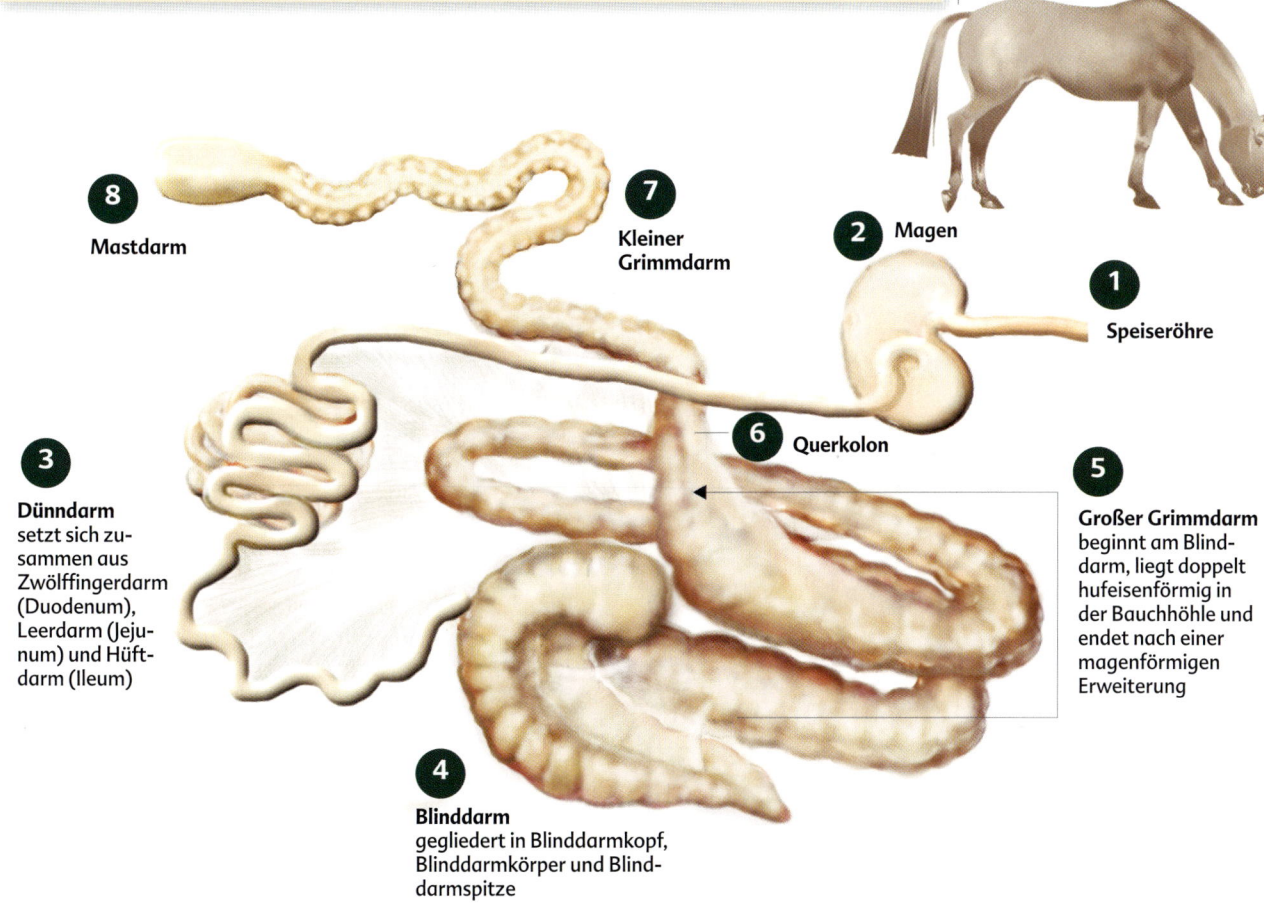

8 Mastdarm

7 Kleiner Grimmdarm

2 Magen

1 Speiseröhre

6 Querkolon

3 Dünndarm setzt sich zusammen aus Zwölffingerdarm (Duodenum), Leerdarm (Jejunum) und Hüftdarm (Ileum)

5 Großer Grimmdarm beginnt am Blinddarm, liegt doppelt hufeisenförmig in der Bauchhöhle und endet nach einer magenförmigen Erweiterung

4 Blinddarm gegliedert in Blinddarmkopf, Blinddarmkörper und Blinddarmspitze

Der Natur abgeschaut: Häufig füttern löst viele Verdauungsprobleme

Öfter füttern

„Öfters füttern ist auch deshalb anzuraten, weil es die Langeweile der 22 Stunden im Stall unterbricht, das Pferd angenehm beschäftigt und es von der Angewöhnung von Stalluntugenden wie Koppen, Weben, Lecken abhält. "

Oberst Waldemar Seunig,
aus „Von der Koppel bis zur Kapriole"

Insgesamt ein Meisterwerk der Natur, das wenig verschwendet und alle zufrieden stellt: Der Futterbrei ernährt die Darmflora, die wiederum hilft dem Pferd bei der Verdauung. Und weil sich die Winzlinge dem Angebot anpassen, ist der Tisch für das Pferd, von extremen Wintern oder langen Dürreperioden abgesehen, in der Regel reich gedeckt. Während es gleichzeitig trotz der beachtlichen Mengen, die es im Laufe eines Tages verdrückt, nie zu träge oder ausgekühlt für eine rasche Flucht ist. Das verhindert einerseits der kleine Magen, andererseits das Gehen beim Grasen. Diese Perfektion im Detail stellt Pferdebesitzer jedoch leider vor massive fütterungstechnische Probleme, selbst ohne Berücksichtigung der Rationsberechnung (s. auch S. 38-51).

Da wäre zunächst die Anzahl der Fütterungen. Immerhin verbringen wild lebende Pferde zwischen 12-16 Stunden mit der Nahrungsaufnahme, die auf ungefähr 10 Einheiten pro Tag verteilt werden, obwohl die beiden Hauptmahlzeiten in der Morgen- und Abenddämmerung liegen. So wird der Abstand zwischen den einzelnen Mahlzeiten nie so groß, dass überschüssige Magensäure die Magenwände verätzen oder verdauungswichtige Bakterien und Einzeller absterben, die den Darm mit Zellgiften überfluten und Durchfall oder Koliken auslösen können und obendrein für das nächste Verdauungsprocedere fehlen. Was dann wiederum leicht zu einer Verstopfung führt.

Welcher Wandel sich bei der Fütterung vollzogen hat und was für ein Aufwand betrieben wird, beschreibt Heike Kemmer: „Wir füttern viermal am Tag Kraftfutter, und seit wir durch die Zusammenarbeit mit Fütterungsexperten gelernt haben, wie wichtig die Dauerfütterung für die Pferdegesundheit ist, auch mindestens viermal am Tag Raufutter. Speziell, wenn das Heu angefeuchtet wird, verdirbt es im Sommer ja sehr schnell. Und weil Pferde nachts mehr Futter aufnehmen, bekommen sie für die Nacht etwas mehr vorgelegt."

Je mehr Kraftfutter ein Pferd braucht, um so häufiger muss es gefüttert werden. Zu viel auf einmal verkraftet der Magen des Dauerfressers Pferd schlecht.
Foto: Planungsgruppe Leve

Ähnlich sieht es ihre Kollegin Isabell Werth: „Bei uns gibt es dreimal täglich Kraftfutter, aber bei Pferden, die hastig fressen oder wenn andere Gründe dafür sprechen, werden die Fütterungen auf vier oder fünf Mahlzeiten verteilt. Raufutter reichen wir normalerweise vor den Hauptmahlzeiten, morgens, mittags, abends, aber auch hier füttert das Auge mit. Abends bekommen die Pferde immer noch eine Handvoll Heu als Betthupferl, und wenn ich meine, ein Pferd müsste noch etwas drauf haben, gibt´s auch tagsüber Zwischenmahlzeiten. Das ist besonders wichtig bei Pferden, die auf Spänen stehen, weil sie ihr Kaubedürfnis nicht wie ihre auf Stroh stehenden Kollegen befriedigen können. Auf der einen Seite ist die Fütterung bei auf Spänen stehenden Pferden kontrollierter, auf der anderen Seite bedeutet es eine höhere Verantwortung, weil man häufiger füttern und besonders das Raufutter besser einteilen muss."

Auch Hochleistungspferde erhalten 3-4 Raufutterportionen und mehr pro Tag; der Verdauungstrakt des Pferdes kann auf Raufutter nicht verzichten. Foto: Luckow

Normaler Ablauf

„Für einen normalen Ablauf der Verdauung muss der Mageninhalt ausreichend mit Magensaft durchtränkt werden. Gelingt das nicht, sei es durch zu geringe Magensaftsekretion (z.B. infolge übermäßiger physischer oder psychischer Belastungen des Pferdes unmittelbar nach der Futteraufnahme), weil die Futtermenge zu rasch aufgenommen wurde, absolut zu groß war oder in sich stark verkleistert (größere Mengen Weizen- oder Roggenschrot), kann infolge ungenügender pH-Wert-Senkung die bakterielle Zerlegung des Futters fortschreiten unter vermehrter Bildung von Gas (Druckerhöhung im Magen, Unruhe, Kolik) oder Milchsäure. Auch nach Aufnahme von stark verkeimtem Futter kann es zu Fehlgärungen kommen."

PROF. DR. HELMUT MEYER, PROF. DR. MANFRED COENEN, AUS „PFERDEFÜTTERUNG"

Wichtig ist auch, welches Futter wie lange im Darm bleibt, und wo was verdaut wird

Dieses unbefriedigte Kaubedürfnis ist tatsächlich meist der Grund, warum Pferde verschmutzte Einstreu fressen, sich in Biber verwandeln und alles Holz in Reichweite annagen oder auf vegetationsarmen Koppeln die Grasnarbe bis zu den Wurzeln verbeißen, wobei sie beträchtliche Mengen Sand und Erde aufnehmen, die sich im Darm stauen. Schließlich braucht ein Großpferd für 1 kg Hafer oder pelletiertes Mischfutter im Schnitt lediglich 10 Minuten, für 1 kg Raufutter dagegen ca. 40-50 Minuten. Ist das Kraftfutter verdrückt, verspürt das Ross aber noch kein Sättigungsgefühl, denn dazu gehört nach seiner genetischen Programmierung vielstündiges Kauen, das über die häufigen Zwischenmahlzeiten an Heu befriedigt wird.

Franke Sloothaak gibt sich mit dieser Erklärung allein jedoch nicht zufrieden. Der Springreiter, der fast aus dem Stegreif ein komplettes Referat über Fütterung zu halten vermag, verweist auf den Wechsel leicht und schwer verdaulicher Futtermittel oder die Abfolge bei Rau- und Kraftfutter.

Gestatten, mein Name ist Biber: Trotz Pferdegesellschaft im Auslauf ist der Drang zum Kauen so groß, dass der Zaun restlos zusammengenagt wurde. Abhilfe brächten eine simple Strohraufe oder frisch geschnittene Zweige. Foto: Neddens

„Klar, der Organismus nimmt sich das, was er braucht, immer auf dem einfachsten Weg. Wichtig ist aber nicht nur die rein rechnerische Zusammenstellung nach Proteinen, Kohlenhydraten, Spurenelementen, Mineral- und Ballaststoffen - man muss auch wissen, welches Futter wie lange im Darm verbleibt, und wo was verdaut wird." Immerhin kann die Nahrungspassage bei schwer verdaulicher Rohfaser, wie Stroh, überständiges Altgras, altes oder spät geschnittenes Heu, deren Nährwert für das Pferd ohnehin nur gering ist, bis zu 50 Stunden betragen. Deshalb versucht man bei Sportpferden auf bekömmlicheres Raufutter auszuweichen, das genauso langsam gekaut, aber leichter verdaut wird, wie aufgeschlossenes Stroh, Silage, blattreiches Heu oder Luzerne, wenn es der Eiweißbedarf erlaubt.

Denn auf Raufutter ganz verzichten oder es beliebig dezimieren lässt sich auch deshalb nicht, weil der Verdauungstrakt des Pferdes in erster Linie auf diese Rohfaser eingerichtet ist. Was er dagegen nicht kennt, sind prall mit Hafer oder anderen Energiebomben gefüllte Krippen. Bei zu großen, rasch aufgenommenen Mengen Kraftfutter reichen die Magensaftsekrete nicht aus, um den pH-Wert auf den erforderlichen niedrigen Wert abzusenken. Dadurch wird die bakterielle Zerlegung des Futters nicht rechtzeitig gestoppt, und es kommt zu einer Druckerhöhung im Magen. Im Extremfall kann der Magen sogar reißen - zum Beispiel bei einem Einbruch in die Futterkiste - da Pferde durch den starken Schließmuskel am Mageneingang nicht erbrechen können. Doch auch wenn es glimpflicher abläuft, sieht es nicht viel freundlicher aus, weil Enzyme, Darmsäfte, Galle und Sekrete im Dünndarm mit der geballten Ladung an Zucker, Stärken und Eiweißen ebenfalls überfordert sind. Gelangen diese Stoffe aber zusammen mit der Zellulose in den Blinddarm, kommt es erneut zu Fehlgärungen und erhöhter Gasbildung.

Verhindern lässt sich die unerwünschte Kettenreaktion nur durch die richtige Abfolge: Erst Raufutter, dann Kraftfutter. Und je mehr Kraftfutter ein Pferd benötigt, um seinen Energiebedarf zu decken, auf umso mehr Einheiten muss es verteilt werden. Außerdem fressen bereits gesättigte Pferde auch das begehrte Kraftfutter langsamer, kauen gründlicher und verdauen es dadurch besser.

Stress und plötzlicher Futterwechsel schlägt Pferden auf den Darm

Weitere Fütterungsfehler, die der Verdauungstrakt des Pferdes ebenfalls übel vermerkt, sind Stress und Unruhe während der Fütterung, weil das vegetative Nervensystem bei Fluchttieren auf Störungen grundsätzlich sehr sensibel reagiert und prompt die Verdauung einstellt. Entweder wird verdaut oder sich aufgeregt, aber nicht beides gleichzeitig. Zu wenig Ruhe nach Hauptmahlzeiten: Verdauungsmindernd wirkt sich hier aus, dass bei anstrengender Belastung das Blut vorzeitig aus dem Darm für den Kreislauf und die Durchblutung der Muskulatur abgezogen wird. Und was Pferde erst recht nicht vertragen können, sind plötzliche Futterwechsel, die es in der Natur nicht gibt. Im Wechsel der Jahreszeiten hat die Darmflora des Pferdes normalerweise immer genügend Zeit, sich auf das Futterangebot einzustellen und die entsprechenden Mikroorganismen zu bilden. Sie hat es nicht, wird die Fütterung abrupt umgestellt, zum Beispiel der komplette Austausch einzelner Futtermittel oder ganztägiger Weidegang von einem Tag auf den anderen nach reiner Heufütterung im Winter. Letzteres eine Völlerei, die sich mit hochgradig schmerzhafter Hufrehe, Kolik oder Durchfall rächt. Nützliche Mikroorganismen im Darm sterben ab, während sich Fäulnisbakterien hemmungslos vermehren. Bei Boxenpferden kommt außerdem noch absolute Pünktlichkeit hinsichtlich der Fütterungszeiten hinzu; schließlich sind die Mahlzeiten die Höhepunkte des Tages.

Berücksichtigt man das und noch einige Variablen mehr, die sich mit etwas Überlegung allesamt über die ursprünglichen Futterbedingungen des Pferdes plausibel erklären lassen, ist der Darm des Pferdes viel robuster, als gemeinhin behauptet. Aber es gibt noch etwas, das eine reibungslose Verdauung nachhaltig stören kann: Zahnfehler oder Haken an den Backenzähnen. Die zu beseitigen fällt freilich in das Kapitel Pflege.

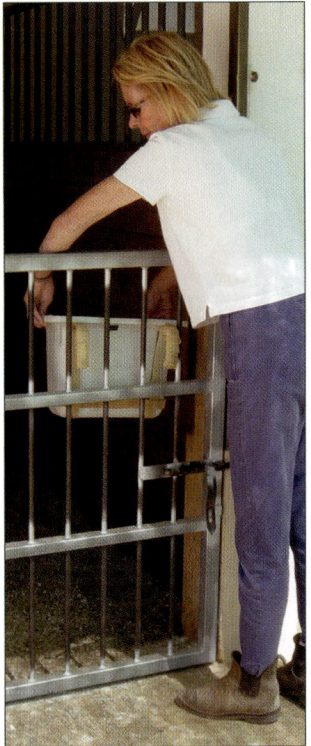

Praktisch für die tägliche Reinigung sind mobile Futtertröge.
Foto: Schreiner

GOLDENE FÜTTERUNGSREGELN

Wildpferde verdauen scheinbar alles, was ihnen zwischen die Zähne kommt und mundet. Hauspferde haben das verlernt. Einige Tipps, wie Sie Verdauungsstörungen vorbeugen:

■ **Häufigkeit:** Falls es nicht zur freien Verfügung steht, Raufutter auf mindestens 4-5 Einheiten verteilen oder eine Sparraufe verwenden. Je mehr Kraftfutter das Pferd erhält, umso häufiger muss im Wechsel mit Raufutter gefüttert werden. Pferde nehmen von Natur aus nie mehr als 500 g pro 100 kg Lebendgewicht Gesamtfuttermenge auf (bei einem 500 kg schweren Pferd maximal 2,5 kg pro Mahlzeit). Futterintervalle über 12 Stunden vermeiden, damit die Darmflora erhalten bleibt.

■ **Reihenfolge:** Raufutter vor Kraftfutter, um unkontrollierte Gärungsprozesse zu vermeiden.

■ **Qualität:** Auf hygienisch einwandfreies, möglichst staubarmes Futter achten; ggf. anfeuchten. Kein muffiges, angefaultes, verfrorenes oder verkeimtes Futter reichen. Gequetschten Hafer, Mais, gewässertes Heu oder eingeweichte Trockenschnitzel zügig verfüttern, sonst beginnt es zu gären; Brot und Obst begrenzen. Angeschimmeltes Futter restlos wegwerfen, da meist die ganze Charge mit Pilzsporen durchsetzt ist.

■ **Struktur:** Mehlige Futtermittel vermeiden oder als Mash verarbeiten; neigt zum Verkleistern. Keinen Rasenschnitt oder Strohhäcksel unter 5 cm verfüttern, das klumpt und verstopft den Darm ebenso wie einseitige schwer verdauliche Raufaser, z.B. reine Strohfütterung. Trockenschnitzel einweichen, bis sie vollständig gequollen sind. Rüben und Äpfel ganz verfüttern; das zwingt die Pferde zum Abbeißen und Kauen und beugt Schlundverstopfungen vor.

■ **Mineralstoffe:** Vorbeugend einen Salzleckstein, evtl. auch Mineralstein anbieten, um die Verdaulichkeit des Futters zu fördern (Mineralsteine außerhalb der Reichweite von Fohlen befestigen).

■ **Futterumstellung:** Keine abrupte Futteränderung; an jedes neue Futtermittel über mehrere Tage gewöhnen, damit sich die entsprechende Darmflora bildet.

■ **Wasser:** Während des Fressens sollten Pferde keine größeren Mengen trinken, aber Wasser ist zur Regulation des Körperhaushalts und für die Verdauung immens wichtig und sollte unbegrenzt zur Verfügung stehen.

■ **Sauberkeit:** Krippen, und Tröge täglich reinigen; Gefahr von Schimmelbildung und Bakterienherden. Dabei die Tränke nicht vergessen; viele Pferde nehmen kein verunreinigtes Wasser auf.

■ **Ruhe:** Während und nach der Fütterung; besonders schädlich ist Dauerstress. Pferde nach größeren Mahlzeiten erst belasten, wenn der Magen teilweise geleert ist und der Darm die Arbeit aufgenommen hat (ca. 1-2 Std.). Auch nach anstrengenden Ritten mit der Fütterung warten, bis sich Atmung und Kreislauf normalisiert haben.

■ **Bewegung:** Für ausreichend ruhige Bewegung sorgen; Bewegungsmangel führt zu Darmträgheit.

■ **Parasiten:** Regelmäßig entwurmen; Parasiten können Magen und Darm regelrecht zerstören.

■ **Zähne:** Regelmäßig kontrollieren; was das Pferd nicht kaut, kann es auch nicht verdauen.

Schönheit als Begleiterscheinung

Nachschub aus dem Kiefer

„Im Gegensatz zu den menschlichen Zähnen nutzen sich die Zähne des Pferdes stetig ab. Um diesen Abrieb auszugleichen, werden die Zähne kontinuierlich aus ihrem Wurzelfach im Kiefer nachgeschoben. Die sich leerenden Fächer im Kiefer werden dabei mit Knochenmaterial wieder aufgefüllt. Bei einem fünf- bis fünfeinhalbjährigen Pferd ist das Gebiss vollständig ausgebildet und die Zahnhälse mit Wurzeln noch komplett im Kiefer. Nur die Zahnkrone ist sichtbar. Die Zähne besitzen ihre maximale Länge und die Abreibung der Kronen beginnt. Mit zunehmendem Alter, abhängig vom tatsächlichen Abrieb werden die Zähne in ihrer Gesamtheit immer kürzer und die Reserve, der Zahnhals und die Wurzel, kommen aus dem Kiefer zum Vorschein."

DR. BEATRICE DÜLFFER-SCHNEITZER, AUS DEM „PFERDEGESUNDHEITSBUCH"

Wolfszähne: Die kleinen Stummel lassen Reitpferde vor Schmerzen verrückt werden; sie müssen gezogen werden. Foto: Prohn

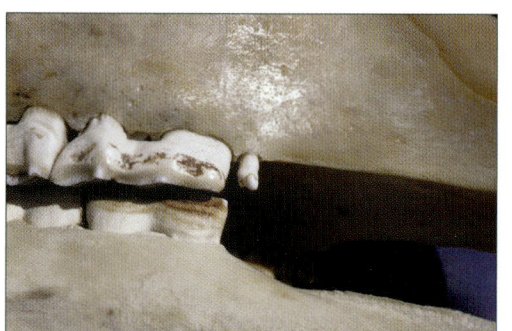

„Zahnschmerzen sind so modern wie Pferdezahnärzte. Interessant ist", erklärt Dr. Michael Düe von der Deutschen Reiterlichen Vereinigung, „dass es beim Pferd Zahnschmerzen fast nur gibt, wenn man nicht richtig füttert." Harte Wildgräser, Rinde oder verholzte Triebe ergänzten nicht nur das Nahrungsangebot, sondern hielten über Jahrmillionen die Pferdezähne in Schuss und sorgten dafür, dass die Kauflächen von Ober- und Unterkiefer gleichmäßig abgerieben wurden. Was komplizierter ist, als es sich anhört, weil die Zähne des breiteren Oberkiefers über die Zähne des Unterkiefers seitlich herausragen und erst durch das kreisförmige Mahlen langfaserigen Strukturfutters auch an den Außenkanten auf ein planes Niveau gekürzt werden. Vorsorglich gequetschter Hafer und Mais, Pellets, Müslis, Mash und weiche Zuchtgräser tun das nicht.

Messerscharfe Grate an den Backenzähne schlitzen die Maulschleimhaut auf und müssen abgeschliffen werden

Fehlt aber diese Zahnpflege, bilden sich messerscharfe Grate an den glasharten Schmelzfalten, die bei jeder Kaubewegung Maulschleimhaut oder Zunge aufschlitzen. Das tut weh. Folglich benutzt das Pferd bevorzugt die noch heile Backenseite, und wenn die im gleichen desolaten Zustand ist, wird das Kauen auf ein Minimum reduziert. Körner, kleinere Obst- oder Rübenstücke werden ganz abgeschluckt und Gras- und Raufutter so lange im Maul herumgewälzt, bis sich ein kleiner Wickel gebildet hat, der entweder durch den Schlund gewürgt oder aus dem Maul fallen gelassen wird. Die Nährstoffe können nicht optimal genutzt werden und alles, was in Hals oder Darm stecken bleibt, ist ein Fall für den Tierarzt. Drückt obendrein das Reithalfter die Mundschleimhaut in die Haken, lässt der Schmerz das frömmste Ross gegen den Zügel rebellieren.

Auch ein anderes Zahnproblem bereitet Reitpferden beträchtliche Pein, das Wildpferde weniger stört: Wolfszähne. Kleine, rudimentäre Zahnstummel, die sich kurz vor den ersten Backenzähnen durch das Zahnfleisch schieben oder heimtückisch verborgen unter der Schleimhaut lauern. Sie verkürzen die Laden, damit den Platz für das Gebiss, und lösen durch den Druckschmerz eine ähnlich heftige Abwehr aus. Ein Problem, das der Pferdedentist löst, indem er die Störenfriede zieht, denn dann ist Ruhe.

Ganz so fix geht es mit den Haken nicht, weil die abgekniffen und abgeschliffen werden müssen und obendrein wiederkommen, wenn die Fütterung nicht angepasst wird. Die allein ist allerdings auch keine hundertprozentige Garantie für ein funktionsfähiges Gebiss. „Zur verantwortungsvollen Pflege des Pferdes gehört es, regelmäßig Zahnfleisch und Zähne des Pferdes zu kontrollieren", rät deshalb Elmar Pollmann-Schweckhorst. „Eine vorbeugende Untersuchung der Zähne kann so manchen Ärger über das unrittige Pferd vermeiden". Regelmäßig heißt, den Doc mindestens einmal jährlich ins Pferdemaul schauen zu lassen, und bis zum vollständigen Gebisswechsel im fünften Lebensjahr ist auch zweimal jährlich nicht verkehrt, da festsitzende Milchzähne mehr Ärger verursachen können, als sie wert sind.

Stabil und verformbar, diese gegensätzliche Funktion ist das Dilemma aller Pferdehufe

Mit einer so spartanischen Pflege begnügen sich die Pferdehufe nicht, ohne die bekanntlich das beste Pferd nichts taugt. Immerhin wird der Hornkapsel ja nicht wenig abverlangt. Einerseits soll sie das Hufinnere schützen, was nur bei entsprechender Stabilität funktioniert, andererseits so elastisch sein, dass sie den Blutrückfluss zum Herzen unterstützt, Bodenunebenheiten ausgleicht und die Belastung der Pferdebeine bei schnellen Gangarten oder Sprüngen mildert. Ermöglicht wird diese gegensätzliche Funktion durch die Fältelung des keilförmigen weicheren Hornstrahls, der wie eine Ziehharmonika der Erweiterung des Hufes bei Gegendruck durch den Boden folgt und bei Entlastung in seine ursprüngliche Form zurückkehrt. Aber das ist nicht der einzige Kniff beim Feinbau des Hufes. Auch die festere Sohle senkt sich durch ihre schüsselförmige Wölbung unter dem Pferdegewicht bodenwärts, und damit der Hufmechanismus nicht durch ein Zusammenziehen der Hornkapsel im hinteren Bereich eingeengt wird, schützen zwei extrem harte Eckstreben Strahl und Profil der Sohle.

Stabilität wie Flexibilität der Hufkapsel ist freilich auf gesundes Horn aus der Huflederhaut angewiesen. Angeregt wird dieser Stoffwechsel durch eine gesunde Ernährung, mit allen notwendigen Vitalstoffen, ausreichend Bewegung auf unterschiedlichen Böden und eine ausgeglichene Feuchtigkeitsbalance: Ist das Horn zu spröde, reißt es, bei zu viel Nässe quillt es auf. Selbst bei Barfußpferden in Offenställen, deren steinharte Hufe in trockenen Sommern das schärfste Hufmesser ruinieren, kann in Wintermonaten das Horn so weich werden, dass die Pferde ohne Schutz auf steinigen Böden kaum noch geritten werden können. Probleme, die auch Boxenpferde kennen. Trockener Hallenboden und saugfähige Einstreu entziehen dem Horn mehr Feuchtigkeit, als es entbehren kann; werden die Hufe jedoch täglich eingeweicht und durch eifriges Fetten zusätzlich rundum versiegelt, kann überschüssiges Wasser nicht entweichen.

Durch zu viel und vor allem falsch verstandene Pflege wird der Huf ebenso geschädigt wie durch Vernachlässigung. Scharfes Bürsten zerstört die Glasurschicht der Hufwände und „seid nett zum Strahl", fordert Michael Putz. Für den früheren Leiter der Reit- und Fahrschule Münster ist vor allem der exzessive Gebrauch scharfkantiger Hufkratzer ein Graus. Sie vertiefen die Strahlfurchen und erleichtern es Bakterien, in der warmen dunklen Tiefe das Strahlhorn zu zersetzen. Die beginnende Strahlfäule macht sich zuerst durch Gestank bemerkbar, kann in fortgeschrittenem Stadium aber auch als eitriges Se-

Aufprallschutz und Pumpe

„Der Hufmechanismus, also die Verformung der Hornkapsel bei Be- und Entlastung, dient zum einen der Energieaufnahme bei der Landung des Pferdebeines auf dem Boden (neben den Winkeln in den Gelenken und den Knorpelflächen nimmt die Verformung der Hornkapsel bis zu vier Prozent der anfallenden Energie auf) und zur Entblutung des venösen Geflechtes im Ballenbereich; früher bezeichnete man das als Blutpumpe."

BURKHARD RAU, HUFSCHMIED,
IN DER REITER REVUE

kret austreten. Spätestens dann ist das Pferd stocklahm, und der Huf steht vor einer langwierigen Sanierung. Stocklahm ist das Pferd auch bei Eindringen eines Fremdkörpers, dessen Einstichstelle sich unter der Hufsohle zu einem Hufabszess entzündet hat und durch den Tierarzt oder Hufschmied geöffnet werden muss, damit der Eiter abfließt. Ein weiterer Grund, Hufe täglich zu säubern und gründlich zu überprüfen, doch ohne Übertreibung.

Das heißt, den Huf schonend mit einem abgerundeten Hufkratzer ausräumen, behutsam abbürsten, eventuell abspülen und abtrocknen. Ob Fetten oder nicht, darüber streiten sich die Geister. „So gut es auch gemeint ist", findet Dr. Christian Schacht, „aber ein gesunder Huf braucht kein Fett. Man kann allenfalls den Hufbereich mit Lorbeeröl direkt unter dem Kronenrand einpinseln". Das soll das Hornwachstum anregen, muss dann allerdings von bester Qualität sein. Ebenso wie das Huffett, falls trotzdem gefettet wird.

Penible Hufpflege muss sein - aber zu viel Wässern weicht den Huf auf.
Foto: Prohn

Sei es, um der Schönheit willen oder um Feuchtigkeit im Huf zu halten. Die Sohle sollte in dem Fall jedoch ausgespart werden, um die natürliche Eigenreinigung des Hufes nicht komplett lahm zu legen oder Keimen unter anaeroben Bedingungen optimale Brutstätten zu schaffen. Ihr prophylaktisches Einfetten und Teeren stammt aus einer Zeit, als Fett und Teer den Huf vor dem aggressiven Siff verdreckter Ställe schützen musste und sollte in einer zeitgemäßen Boxenhaltung überflüssig sein; wenn notwendig, kommt ein spezielles Strahlpflegemittel zum Einsatz. Wer spröden Hufen etwas wirklich Gutes tun will, gönnt ihnen lieber regelmäßig saubere Bodenfeuchtigkeit und Tau. Beides gibt´s zum Nulltarif und ist in der Wirkung unschlagbar.

Seid nett zum Huf

„Veränderungen am Huf, seien es nun Strahlfäule, Hornspalten oder Hornkluften, ja sogar das Hufgeschwür, sie haben alle ihre Ursachen in mechanischen Einflüssen. Die Verletzung der Glasurschicht durch steinigen Boden, durch zu spröde Hufe oder durch zu scharfes Bürsten führt dazu, dass Keime in die kleinen Risse eindringen und dort nach ihrer Vermehrung den Huf nachhaltig schädigen können. Der beste Schutz ist ein vernünftiger, regelmäßiger Schmiedbesuch und saubere Haltung sowie eine Ernährung, die auch ausreichend das Fell und das Hufhorn mitversorgt."

Dr. Christian Schacht, aus „Pferdekrankheiten"

Wenn die Statik nicht stimmt, geht das stabilste Pferdebein zu Bruch

Keine Übertreibung ist auch eine penible Kontrolle der Statik, damit es zu keiner Fehlbelastung der Pferdebeine kommt. Das ist zum Beispiel der Fall, wenn sich die Hufachse durch das Auswachsen des Horns verschiebt. Was bei Wildpferden der Abrieb auf steinigen Böden und Sand erledigt, muss bei Hauspferden durch den Hufpfleger oder Hufschmied alle vier bis sechs Wochen nachgearbeitet werden; je nachdem, ob das Pferd barfuß oder beschlagen geht. Eine qualifizierte Ausbildung brauchen beide, weil eine unsachgemäße oder überholte Hufbearbeitung auch Sehnen, Bänder und Gelenke schädigt. „Fußt das Pferd schief auf", erklärt die Physiotherapeutin Helle Katrine Kleven, „bekommt das Gelenk auf einer Seite zu viel Druck und auf der anderen Seite werden die Weichteile um das Gelenk überdehnt. Mit der Zeit führt es zu einer frühzeitigen Abnutzung der Knorpel auf der gestauchten Seite sowie zu einer Instabilität des Gelenkes und Kalkablagerungen in den Weichteilen auf der anderen Seite".

Hier sind exzellente anatomische Kenntnisse gefragt; der Schmied ist darüber hinaus für die Auswahl des optimalen Beschlags zuständig. Zu tiefes Ausschneiden von Strahl und Eckstrebenwinkel beispielsweise, falsch angepasster Eisen- oder Kunststoffbeschlag, aber auch überlange Beschlagperioden können im Extremfall bis zur Unbrauchbarkeit

des Tieres führen. Der Grund, warum Pferdebesitzer stark lädierte Hufe in spezielle Reha-Zentren für Huferkrankungen schicken oder Topschmiede im Hochleistungssport kreuz und quer durch Europa gondeln und ihre Equipe bei großen Turnieren selbst nach Übersee begleiten. Weil die Reiter nicht daran denken, ihre Goldpferde einem Unbekannten zu überlassen, der obendrein das Pferd nicht kennt. Eine Einstellung, die viele Pferdebesitzer vertreten, auch wenn sie sich meist mit einem örtlichen Hufexperten ihres Vertrauens begnügen, statt ihn extra einfliegen zu lassen.

HUFPROBLEME?

- **Hornkluft:** Trennung des Horns quer zum Huf. Beispiel Ausbrechen des Horns bei vernachlässigten Hufen, Abtreten des Beschlags oder eine durch einen Kronentritt verursachte Verletzung. Je nachdem, wie groß der Hornverlust ist, muss der Huf aufwändig saniert werden.
- **Hornspalte:** Vertikaler Riss in Längsrichtung. Langwierige Behandlung; im Bereich des Kronrandes kann sie zu einem Verwachsen des Horns führen. Mögliche Ursache: Zu lange Korrekturintervalle; zu hohe Spannung in der Hornkapsel durch überholte Hufbearbeitung (Zwanghufe, untergeschobene Trachten).
- **Hohle Wand:** Hohlraum zwischen Röhrchen- und Blättchenschicht. Kann sich durch Stauchung oder Prellung des Hufes bilden.
- **Strahlfäule:** Auflösung des Strahls durch Fäulnisprozesse. Anzeichen: Gestank, schmieriges Strahlhorn. Häufigste Ursachen: Zu tiefes Auskratzen der Strahlfurchen; mangelnde Hygiene, Dauernässe.
- **Bröseliges, ausbrechendes Horn:** Fütterungs- und Haltungsfehler (zu wenig Bewegung); mangelnde Versorgung der Huflederhaut durch einengenden Beschlag bzw. fehlerhafte Hufkorrektur.
- **Hufgeschwür, Abszess:** Eiterherd unter der Hornschicht. Anzeichen: Das Pferd lahmt von einem Tag auf den anderen schwer oder liegt; erhöhte Pulsation im Fesselbereich, Wärme im Huf. Meist verursacht durch eingedrungene Fremdkörper in der Sohle, Vernageln, Verletzungen am Kronrand.
- **Hornsäule:** Säulenförmige Hornbildung, die sich an der Innenseite der Hufwand als Folge einer zurückliegenden Verletzung bildet und schmerzhaft auf die Huflederhaut drückt.
- **Hufrehe:** Stoffwechselstörung; wird als Fütterungs-, Belastungs- oder Geburtsrehe differenziert. Die Aufhängung zwischen Hufbein und Hornkapsel löst sich; im fortgeschrittenen Stadium kann das Hufbein durch die Sohle brechen. Typische Anzeichen: Verbreiterung der weißen Linie bei langsam verlaufender Rehe; bei akuter Erkrankung steht das Pferd mit vorgeschobenen Vorderbeinen fast auf den Trachten, um die Sohle zu entlasten. Hochgradig schmerzhaft; starke Pulsation.

Es ist ein ziemlich großes Baby, das geputzt werden will, ehe der Reiter in den Sattel steigen kann

Stoffwechselaktiv

„Was die stoffwechselaktive Haut braucht, wird bei den in der Natur frei lebenden Pferden durch aktive und passive Hautpflege auf natürliche Weise geregelt. Aktiv, indem die Pferde gegenseitige Fellpflege betreiben, sich im Sand und Schlamm wälzen und sich an Bäumen und Sträuchern scheuern. Passive Körperpflege besorgt das Wetter: Wind, Regen, Sonne, Tau, Schnee, Hitze und Kälte regen Stoffwechsel und Kreislauf an. Je mehr der Mensch durch nicht naturgemäße Haltung und Gebrauch in den natürlichen Lebensrhythmus des Pferdes eingreift, desto mehr muss er ihm an Pflege zugute kommen lassen.“

ANDREA-KATHARINA ROSTOCK / WALTER FELDMANN, AUS „ISLANDPFERDE REITLEHRE"

Ebenfalls obligatorisch ist bei Boxenpferden die tägliche Fellreinigung, können sie doch ihr Komfortverhalten im Dienste der Körperpflege nur begrenzt ausleben. Im Gegensatz zu ihren draußen herumstreunenden Kollegen, die dem Vergnügen an Sand- und Schlammbädern oder Scheuerorgien ungehemmt frönen. Was wiederum beweist, dass Pferde Sauberkeit und Wohlbefinden anders als Menschen definieren. Ihnen geht es nämlich nicht um das geschniegelte Outfit, sondern um das von juckenden Partikeln und Parasiten befreite Fell oder das Anlegen einer schützenden Schlammpackung, die nach dem Trocknen weggerubbelt beziehungsweise mit dem nächsten Regen abgewaschen wird. Und da ihr Stoffwechsel durch die wechselnden Klimareize prächtig funktioniert und Sommer- und Wintergarderobe mit derselben Pünktlichkeit gewechselt werden, wie das Osterhasen- und Weihnachtsmännersortiment im Supermarkt, glänzen die Wildlinge bei trockenem Wetter oft nicht weniger als ihre im Stall stehenden Kumpanen. Lediglich Mähne und Schweif sind zerzaust, und natürlich wurden keine vom Menschen als überflüssig empfundene Haare verzogen und geschnitten. Robustpferdehalter wissen das seit jeher, sagen „Danke" und verschwenden ihre Energie lieber auf Zäuneflicken und Abäpfeln der Paddocks und Weiden.

Ist bei Boxenpferden ein Muss: Die tägliche Körperreinigung. Foto: Schreiner

Auf diese Naturkosmetik kann und will ein Reiter, der sein Boxenpferd täglich trainiert, nicht warten, folglich muss er selbst zu Striegel und Kardätsche greifen. Mist- und Urinflecken beseitigen, lose Haare und Einstreupreißel entfernen, Mähne bürsten, Schweif verlesen, Augen, Nüstern, Maulspalte, Unterseite der Schweifrübe, After und Genitalbereich abwischen. Es ist ein ziemlich großes Baby, das versorgt werden will, ehe der Reiter sein Ross mit Zaumzeug und Sattel, eventuell auch Beinschutz ausstaffieren und sich - endlich - in den Sattel schwingen kann. Und nach dem Reiten geht es von vorne los: Trockenreiten oder -führen, Hufe reinigen und kontrollieren, verdreckte Beine abspritzen, Gesicht und verschwitzte Stellen abwischen oder das ganze Pferd duschen, Wasser vom Rumpf abziehen, von den Beinen mit den Händen streifen, Fesselbeuge trockentupfen, Sattellage und Beine auf Schwellungen oder Wärme abtasten, eventuell eindecken oder unters Solarium stellen, erneut überputzen und das Pferd, entweder vorher oder nachher, in der Reitbahn wälzen lassen.

Falls man das Ross nicht nach der Reinigung und der obligatorischen Kontrolle in den Paddock stellt, damit es sich auf eigene Faust verlustiert. Das hat zwar den Nachteil, dass die Pracht bei feuchtem Wetter

Maß halten: Im Gegensatz zu einer Dusche mit klarem Wasser schädigen exzessives Schrubben und scharfe Putzmittel die Pferdehaut.
Foto: Krämer

schnell dahin ist und das liebe Tier aussieht wie ein Schwein, andererseits ist es das Gesündeste, und vor dem nächsten Reiten muss ohnehin geputzt werden. Ungeachtet dessen, wird auf den Paddock häufig verzichtet, und das erfahrungsgemäß aus hauptsächlich zwei Gründen: Erstens, der Paddock schimpft sich zwar als solcher, ist in Wirklichkeit aber ein fesseltiefer Sumpf. Zweitens, das Pferd wurde so spät geritten, dass es nicht mehr herausgestellt werden kann. Also wird das Programm auf den nächsten Morgen verschoben. Hoffentlich. Auch den Pferdebeinen zuliebe, denn es geht immer noch um die Boxenhaltung, obwohl die Aussagen zur Pferdegesundheit selbstverständlich für jede Haltungsform gelten.

Insgesamt verschlingt die Pferdepflege in Profiställen rund eine Stunde täglich pro Tier. Nicht zuletzt, weil die Massage beim Striegeln und Bürsten die Durchblutung von Haut und Muskeln fördert und den Lymphfluss aktiviert. Zu diesem täglichen Procedere kommt außerdem der von Zeit zu Zeit fällige Großputz. Entweder routinemäßig oder als Vorbereitung auf ein Turnier: Mähne und Schweif werden shamponiert und gespült, das Fell meistens auch, übermäßige Ablagerungen, das Smegma, am Penis von Wallachen und Hengsten entfernt, scharfkantige Krusten in der Furche des Stuteneuters vorsichtig mit den Fingerkuppen abgepult (auf Fingernägel achten, nur lose Partikel beseitigen) und das Ross frisiert, bis es in voller Schönheit strahlt.

Mehr als Säubern

„Die Gesundheit des Pferdes ist wesentlich vom richtigen Stoffwechsel der Haut abhängig. Das tägliche Putzen bezweckt einmal die Reinigung der Haare und Haut von Staub, Schmutz und Hautabsonderungen, wie Schuppen und Schweiß, zum anderen eine Massage, welche die Durchblutung der Haut und des Unterhautbindegewebes sowie die Hautatmung fördert. Das Putzen ist also nicht nur ein Reinigungsvorgang, sondern auch eine wesentliche gesundheitliche Maßnahme, die eine bedeutende Rolle für das Wohlbefinden, die Leistungsfähigkeit und Widerstandskraft des Pferdes spielt.“

FN, AUS „DIE DEUTSCHE REITLEHRE - DAS PFERD"

Schweiß und Mief verklebt die Poren, Putzmittel greifen den Schutzfilm an

Freilich wird beim Putzen, wie bei den Hufen, nicht selten zu wenig als zu viel gemacht. Zu wenig, wenn der Reiter die Fellpflege aus Zeitmangel oder Lustlosigkeit im Schnelldurchgang absolviert, die Sattellage nachlässig säubert oder die Haare zwar flüchtig überbürstet, die Haut aber von Schweißresten, Hautabsonderungen und Stalldunst verklebt lässt - und gleichzeitig dem Tier keine Möglichkeit zur Hautpflege in Paddock oder Weide gibt. Denn Dreck und Dreck ist nicht dasselbe: Erstere verstopfen die Poren, Erde, Sand und Regen öffnen sie. Mangelnde Hygiene zeigt auch, wer Gesicht und Hintern mit demselben Schwamm traktiert beziehungsweise, wenn zwei vorhanden sind, beide verträumt in einem Eimer schwimmen lässt, sie nicht regelmäßig heiß ausspült und verdreckte Kardätschen, Bürsten sowie wahllos das Putzzeug anderer Pferde benutzt, trotz der Gefahr, darin brütende Kulturen zu verschleppen. Zu viel wird getan, wenn der Putzfimmel überhand nimmt oder chemische Putzmittel der Haut ans Leder gehen.

„Pferdehaut reagiert empfindlich auf den übertriebenen Einsatz von Shampoos und Putzmitteln", bestätigt Michael Putz, „das zerstört den Schutzfilm der Haut." Eine berechtigte Warnung, denn das spiegeln auch die Untersuchungsergebnisse sämtlicher Tierhochschulen wider, samt den Auswirkungen der Attacken. Schließlich ist die Haut nicht nur Verpackung, sondern in erster Linie ein Organ. Sie dient als Nährboden für die Haare, bringt Farbe ins Pferd, unterstützt Niere und Darm bei der Ausscheidung, vergießt literweise Schweiß zur Kühlung oder verhindert zu starken Wärmeverlust. Sie speichert Fett und Elektrolyte für magere Zeiten, produziert mit Hilfe der Sonne skelettstabilisierendes Vitamin D, ist reizempfindlich, beweglich, ein Außenposten des Immunsystems, wird laufend erneuert und cremt sich, wie das aus ihr sprießende Fell, obendrein Wasser abweisend ein. Sofern man nicht die Hautatmung verstopft (auch mit pflegenden Lotionen und Ölen), jeder Schuppe den Garaus macht oder ihre wichtigste Abwehr, den schützenden Überzug aus ungesättigten Fettsäuren zerstört.

Und genau das tun viele Präparate, sonst bekämen sie das Fell ja nicht so schnell sauber, während andere gar im Verdacht stehen, die Epidermis zu schädigen. Reicht klares Wasser wirklich nicht mehr aus, empfiehlt es sich ganz milde, für Pferde entwickelte Präparate zu wählen, auf Babypflege, grüne Seife oder die gute alte Kernseife zurückzugreifen, mit ihrem hohen pH-Wert von 9,5 bis 10 und mehr. Die wurde nämlich früher, was viele nicht mehr wissen, in der Alten- und Krankenpflege vorbeugend gegen das Wundliegen eingesetzt, weil sie die Rückfettung und damit den Selbstschutz der Haut unterstützt. Also Vorsicht mit der kostbaren Pferdehaut. Wird zu viel oder zu scharf geschrubbt, klebt der Schmutz immer hartnäckiger im Fell, bis die Haut endgültig streikt, und Pilzen und Bakterien Tür und Tor geöffnet werden.

Tasthaare sind Sinnesorgane und bleiben deshalb dran

Etwas Überlegung ist auch beim Frisieren angebracht. Zwar können eine schmucke Stehmähne, der an der Rübe schmal fallende Schweif, gekürzte Fesselhaare und ausrasierte Ballen schick aussehen. Auch wirkt ein Warmblutkopf ohne Grannen am Unter-

> ### Tipp
>
> Lernen Sie Lymphdrainageputzen. Im Gegensatz zur klassischen Lymphdrainage, die ausschließlich in geschulte Hände gehört, ist die schwächere Verwandte nämlich auch für den Hausgebrauch geeignet. Die Technik, die sich hauptsächlich in der Abfolge vom herkömmlichen Putzen unterscheidet und sich leicht in die tägliche Pferdepflege integrieren lässt, wird in Kursen vermittelt. Bei regelmäßiger Anwendung kann man damit einer Menge Wehwehchen vorbeugen, wie Ödemen oder Phlegmonen. Sie lindert Muskelkater, aktiviert das Immunsystem und kann sogar leichten Satteldruck beheben, falls es doch einmal passiert sein sollte.

kiefer oder Gewöll in den Ohren zweifellos edler - andererseits erfüllen diese
Haare, die bei anderen Pferderassen ja
als typisch und schön empfunden werden, eine nicht unbeträchtliche Schutz-
funktion. Blasen Insekten oder Zecken
zum Angriff auf die Ohrmuschel, warnt
die leiseste Berührung der Haare vor
der Invasion; das Pferd schüttelt den
Kopf oder reibt sich die Ohren und
kann so die Eindringlinge meist rechtzeitig abstreifen. Stirnschopf, Mähne,

Volle Wolle: Diente ursprünglich dem
Schutz des Tieres; zum Rassestandard
mutierte die Haarpracht erst später durch
züchterische Selektion   Foto: Neddens

ein voller Schweifansatz und Fesselhaare leiten, wie die zahlreichen Wirbel im Fell, das
Wasser von empfindlichen Zonen ab, wie der Anal- und Geschlechtsregion. Auch ist die
Haut nicht überall gleich dick: An Mähnenkamm, Bauchnaht und Schweifrübe ist sie erheblich dünner, weshalb die Culicoides-Mücken oder Gnitzen, deren Speichel bei allergisch reagierenden Pferden das Sommerekzem auslöst, diese Partien als Speisekammer
auch so schätzen.

Im Zweifelsfall ist ein Kompromiss, der Schönheit mit dem Nützlichen verbindet, allemal
gesünder für das Pferd. Das Scheren im Winter ist nur bei täglich wirklich intensiv im
Training stehenden Pferden notwendig, die stark schwitzen und eine Ewigkeit brauchen,
bis man sie wieder sauber und trocken hat. Wer es gemütlicher angehen lässt oder sein
Reiten darauf einstellt, kann weitgehend oder ganz darauf verzichten, denn im Gegensatz zum Fell kann eine Decke mal verrutschen. Seitlich abstehende Haare der Schweifrübe lassen sich auch zu der gewünscht schmalen Linie einflechten, statt sie zu schneiden oder zu verziehen, wie es Barockpferde- und Vielseitigkeitsreiter schon seit langem
praktizieren. Bei den Fesselhaaren bleibt wenigstens ein kurzer spitzer Zopf stehen,
damit das Wasser zu Boden und nicht in die Ballen tropft, und an den Lauschern werden
bestenfalls über die Ohrmuschel herausragende Haare gestutzt, wenn überhaupt. Das
vollständige Ausrasieren ist bei vielen Verbänden inzwischen glücklicherweise verboten,
ebenso wie das Clippen der langen Tasthaare an Maul, Nüstern und Augen. Die zählen
nämlich zu den Sinnesorganen, dienen obendrein als Abstandhalter und bleiben deshalb
dran. Auch wenn es „Ästheten" in den Fingern juckt.

Abstandhalter

*„Die Tasthaare oder auch Sinus-
haare unserer Haustiere, nicht
nur die der Pferde, sind ein wertvolles Organ. Sie besitzen erheblich mehr Nervenenden als andere Haare und ersetzen in
bestimmten Bereichen quasi die
Augen des Pferdes. Die Tasthaare sind in der Lage, das Futter zu
prüfen, das ein Pferd mit den
Augen nicht mehr sehen kann.
Sie dienen dazu, Abstände zu
messen. Ein Pferd ohne Tasthaare um sein Maul ist nicht in der
Lage, den nötigen Abstand zum
Trog oder dergleichen einzuschätzen. Es wird des Öfteren
schmerzhaft anstoßen. Das Clippen führt also letztlich sogar zu
einer Verhaltensänderung der
Pferde, die dadurch unsicher oder
sogar ängstlich werden."*

DR. BEATRICE DÜLFFER-SCHNEITZER, AUS
„PFERDEGESUNDHEITSBUCH"

*Abb.1: Sauber eingebundener Schweif
in der Führzügelklasse.
Abb.2: Flechtkunst: Das Einflechten
üppiger Mähnen ist bei vielen Pferderassen Usus; teils mit, teils ohne
schmückende Bänder.   Fotos: Neddens*

Sauberkeit ist eine Sache,
Vertrauensbildung eine andere

Bleibt noch ein Aspekt der Pflege, der beim Putzen oft vergessen wird: Die soziale Komponente, die im Herdenalltag eine große Rolle spielt. Wenn sich zwei Pferde gegenseitig mit den Zähnen den Rücken rauf- und runterschrabben. „Bei dieser Form der Fellpflege steht neben dem Putzvorgang die Kommunikation im Vordergrund", erklärt Dr. Margit Zeitler-Feicht. „Soziale Fellpflege wird meistens mit bevorzugten Partnern ausgeführt und dient vermutlich zur Bekräftigung von Bindungen. Fellpflege scheint außerdem beruhigend zu wirken."

Das heißt, sich Zeit zu nehmen und die Pflege für das Pferd, bei aller Konsequenz in der Erziehung, angenehm gestalten. Beim Hufeauskratzen nicht die Beine zu stark anwinkeln oder verdrehen. Empfindliche Körperteile vorsichtig behandeln und nur gut bemuskelte Partien striegeln, entsprechend ihrer Sensibilität (Druck über den Handballen variieren und auf Abwehrverhalten achten) oder einen Putzhandschuh verwenden, bis das Pferd Vertrauen fasst. Und natürlich dürfen Lieblingsstellen ausgiebiger massiert werden: Einige Vierbeiner bevorzugen die Sattellage, knapp hinter dem Widerrist, andere etwas tiefer, an der Schulter, der dritte liebt´s am Schweifansatz und die meisten

Gleich fällt die Oberlippe ab: Mit halbgeschlossene Augen und „Putzrüssel" signalisieren Pferde gefühlvolles Kratzen ihrer Lieblingsstellen.
Foto: Schreiner

schmelzen hin, bekommen sie die Nabeldelle unterm Bauch gekrault. Schiebt das Ross einen langen Rüssel oder versucht Stricke, Decken oder Wände seinerseits zu kraulen, wenn es nicht auf beiden Seiten ausgebunden ist, ist das Eis gebrochen. Männliche Tiere zeigen ihren Genuss oft auch dadurch, dass sie alles hängen lassen, was bei ihnen hängen kann. Spätestens dann ist selbst die Intimpflege kein Problem, sollte sie mal fällig sein.

Futter und Pflege sind der Schlüssel zum Pferd, aber was wirklich zählt, ist der Kontakt zum Menschen als Sozialpartner, denn darüber läuft die Herdenbindung ab. Das weiß jeder Distanz- und Wanderreiter, der mit seinem Pferd auf Tour geht, jeder Selbstversorger und ist auch in Spitzenställen kein Geheimnis. Mit ein Argument, warum die Pflege der Turnierstars so aufwändig gehändelt wird. Denn der gute Draht zum Pfleger zahlt sich auf Turnieren aus. Da steht kein Pferd im Zelt herum oder schwitzt in einem glühend heißen Hänger, bis es Zeit zum Satteln ist. Die Tiere werden gefüttert, getränkt, gewienert, geführt oder longiert, abgewartet, gefüttert, getränkt, dürfen ruhen, werden wieder vorbereitet, absolvieren ihre Prüfung und werden anschließend erneut verwöhnt. Die Pfleger sitzen teilweise selbst in den Pausen mit einem Kaffee oder Buch vor den offenen Boxentüren, damit die Pferde ihre Nasen rausstrecken können. Wen wundert´s, dass die alten Turnierhasen bei diesem Programm auch unter dem Sattel so viel Ehrgeiz entwickeln und, nach einhelliger Meinung ihrer Reiter, sehr wohl unterscheiden können, wie wichtig ihm die Prüfung ist und manchmal über sich selbst hinauswachsen.

Gerade bei Boxenpferden hat die Pflege einen enorm hohen Stellenwert. Lässt man sie weder Pferd sein noch ihren Bedürfnissen ungehindert nachgehen, und nimmt sich im Stall auch niemand Zeit für sie, sind es arme Würstchen. Schon der berühmteste Reit-

Entgegenkommend

„Die Pferde kommen dem Menschen, der sie pflegt und füttert, viel mehr entgegen. Sie hören genauer zu, stellen sich auf ihn ein und verzeihen ihm selbst reiterliche Fehler in gewissen Grenzen. Das können Reiter, die ihr Pferd noch nie in Eigenregie versorgt haben, gar nicht nachvollziehen. Es ist ein Riesenunterschied, was den Kontakt zum Pferd betrifft."

JOCHEN SCHUMACHER

meister der Welt, Francois Robichon de la Guérinière, schrieb: „Unwissenheit und schlechte Laune lassen mehr Pferde bösartig oder sauer werden, als die Natur je hervorbringen könnte." Dass Pferde bei ruppiger Behandlung sogar krank werden können, erzählte Heike Kemmer: „Was dabei herauskommt, erlebte ich mit meinem Lotus, der eine Zeit lang vor Turnieren regelmäßig Koliken bekam. Wir konnten uns das lange nicht erklären, weil er gesundheitlich sonst ausgesprochen stabil und selbstbewusst war, bis ich dahinter kam, wie ihn die Pflegerin hinter meinem Rücken schikanierte. Als das abgestellt wurde, hörten auch die Koliken auf."

Beileibe kein Einzelfall, denn mit ähnlichen Beispielen kann fast jeder namhafte Reiter aufwarten, egal, ob auf dem Turnier- oder Freizeitsektor, wenn das Stichwort Pflege im Kontext zur Gesundheit und Leistungsbereitschaft fällt. Lediglich die Auswirkungen variieren.

Rundumservice mit Sozialanschluss: Liebevolle kompetente Pflege hält Turnierpferde bei Laune. Foto: Schreiner

HITLISTE DER PFLEGEFEHLER

- Vernachlässigung der Hufe; zu lange Hufkorrektur- bzw. Beschlagintervalle (richtig: ca. 4-6 Wochen).
- Exzessives Auskratzen oder Bürsten der Hufe; zu häufiges Waschen oder Fetten.
- Dreckige Schwämme und Bürsten: Schwämme für Kopf- und Anal-/Geschlechtsregion müssen regelmäßig heiß ausgespült; Striegel und Bürsten von Zeit zu Zeit gesäubert werden. Wahllos benutztes, fremdes Putzzeug kann Pilze und Krankheitskeime übertragen.
- Scharfkantige Eisen- und Hartplastikstriegel: Sie gehören nicht ans Pferd, sondern sind zum Ausstreifen der Kardätsche gedacht (zu starr, zwicken Hautfalten, passen sich Körperwölbungen schlechter an); Gummi- oder Massagestriegel, eventuell Putzhandschuh verwenden.
- Unsensibles Putzen: Knochige oder empfindliche Partien, wie Kopf, Widerrist, Hüftknochen, Ellenbogen, untere Beinabschnitte, die Falten zwischen den Vorderbeinen oder Innenseite der Schenkel werden nicht gestriegelt, sondern gebürstet. Auf Abwehrverhalten des Pferdes achten und Rücksicht nehmen.
- Halsteil unter der Mähne oder die Bauchunterseite werden vergessen; Sattel- und Gurtlage nicht sorgfältig genug gereinigt. Dreckreste und Spelze unter dem Sattelzeug reiben die Haut besonders schnell auf und verursachen schlecht heilende Wunden.
- Hautreizungen durch zu intensives Putzen; der Einsatz scharfer Putzmittel zerstört den Schutzfilm der Haut und kann die Epidermis angreifen.
- Pferde werden nach dem Reiten schlampig abgewartet, mit angetrocknetem Schweiß verklebt in den Stall gestellt, Sattellage, Beine und Rücken nicht auf Wärme oder Schwellungen überprüft.
- Stehenlassen verschwitzter oder vom Waschen durchnässter Pferde in kalter Zugluft, ohne sie einzudecken (gilt auch für Offenstallpferde, wenn keine Matschkoppel zum Wälzen und ausreichender Bewegungsraum zur Verfügung steht).

Time is cash, time is money

Personalkosten laufen ins Geld. Einen Ausweg aus dem Dilemma bieten moderne Haltungskonzepte.

Foto: Neddens

Personalkosten sind Personalkosten

So sieht das also mit dem Rundumservice aus. Sage niemand, Boxenhaltung sei die einfachste Aufstallungsart für Reitpferde. Wer das behauptet, hat entweder sehr viel Geld und genügend Personal oder sehr viel Zeit. Denn das Gegenteil ist der Fall: Wird Boxenhaltung pferdefreundlich umgesetzt, ist sie die aufwändigste Haltungsform, die es überhaupt gibt. Zwar ist der alte Stand wie bei der Kavallerie noch nicht erreicht, ein Pfleger pro Pferd, aber sehr weit ist man in den meisten Profiställen nicht davon entfernt. Bei den Dressurreitern versorgt im Schnitt ein Pfleger 4-5 Pferde; in Spring- und Vielseitigkeitsställen, die Führanlagen, Paddock und Weide stärker nutzen, kommen 6-8 Pferde auf eine Vollzeitkraft. Gelernte Pfleger mit entsprechender Berufserfahrung, oft unter den Argusaugen eines Pferdewirtschaftsmeisters und mit zusätzlicher Unterstützung. Denn je erfolgreicher ein Reiter, umso mehr Praktikanten reißen sich um die offenen Stellen, speziell bei den Olympionikern. Was macht es da schon aus, dass separat liegende Ausläufe und Weiden selten über Schutzdächer oder dichten Baumbestand verfügen, weil sie nur als ergänzendes Angebot des täglichen Pflegeprogramms gedacht sind?

Genau dieser Unterschied im Personalbestand wird vielen Pensionspferden aber zum Verhängnis. Ob Insektenflug, glühende Sonne, Gewitter oder Schmuddelwetter um den Gefrierpunkt, es muss sich immer jemand finden, der das Pferd herausbringt und einer, der es wieder reinholt. Schichtweise wohlgemerkt, weil für jedes einzelne Pferd kaum ein eigener Paddock und eine abgesteckte Grasparzelle vorhanden sein dürfte, wenn auf strikte Einzelhaltung Wert gelegt wird. Zusätzlich zur Reinigung der Boxen und Fütterung der Pferde. Angenommen, dies geschähe nur einmal pro Tag, und das nach Möglichkeit außerhalb der Zeit, in der das Pferd geritten werden soll, reicht bereits eine grobe Übersicht der anfallenden Arbeiten, um zu verstehen, warum es so nicht funktioniert.

Bei 50 Pferden in Boxenhaltung summiert sich der Zeitfaktor und der personelle Bedarf rasend schnell

Auch wenn der Reiter selbst putzt, sattelt, sein Pferd abwartet und Lederpflege, Schmiede- und Tierarzttermine ebenfalls übernimmt, bleiben immer noch rund 12 Arbeitsgänge für ein einziges Boxenpferd beim Pfleger. Bei 50 Pferden wären es demnach 600 Arbeitsgänge pro Tag, in der Woche 4.200 und im Monat 18.000. Das lässt sich auch anders ausdrücken: Ein Pfleger, der Tag für Tag 12 Stunden ohne Pausen durcharbeiten würde, hätte bei 50 Pferden in Boxenhaltung und diesem Pensum exakt 1,2 Minuten Zeit für jeden einzelnen Arbeitsgang, inklusive sämtlicher Wege. Das Beispiel ist zugegeben absurd, aber es

Tägliche Grundversorgung in Boxenhaltung (ohne Reiten/Pflege)

3 x Raufutter
3 x Kraftfutter
2 x gründlich misten
2 x zusätzlich Kotballen absammeln
1 x Herausbringen Weide/Paddock
1 x Hereinbringen in den Stall
= 12 Arbeitsgänge täglich pro Pferd

zeigt, wie rasend schnell sich der Zeitfaktor und damit der personelle Bedarf summiert, selbst wenn einige Arbeitsgänge zusammengelegt werden. Denn in dieser Rechnung wurden andere Arbeiten noch gar nicht berücksichtigt, wie Kotablesen von Paddocks und Weiden, Abschleppen, Nachmähen und Nachsäen der Grasnarbe, tägliche Kontrolle und Reinigung der Tröge und Tränken, Reparaturarbeiten an Zäunen oder im Stall, Einlagerung von Einstreu und Futtermitteln, Mistentsorgung, Reinigung der Anlage, Pflege der Reitbahn, Nachbesserung von Reitwegen et cetera.

50 Pferde sind für einen durchschnittlichen Reitverein oder Pensionsstall eher die Regel, denn eine Ausnahme. Die Regel ist allerdings auch, dass die Personaldecke auf dem untersten Level gehalten wird oder Kurzzeitbeschäftigte beziehungsweise Rentner eingestellt werden, um Sozialversicherungsbeiträge und alles, was so drum und dran hängt einzusparen. Aber Dienstleistungen müssen bezahlt werden. Das gilt für jeden Betrieb, in der Landwirtschaft und selbstverständlich auch in der Pensionspferdehaltung. Denn: Personalkosten sind Personalkosten sind Personalkosten. Mit dem Satz ließe sich die ganze Seite füllen.

Personalwesen

„Bei der Abstimmung des Personalbedarfs mit dem Personaletat wird man zumindest im Verein sehr schnell zu der Feststellung kommen, dass es zu teuer ist, alle anfallenden Arbeiten durch hauptamtliche Mitarbeiter bewerkstelligen zu lassen. Hier muss an Hand einer Prioritätenliste festgelegt werden, welche Tätigkeiten unabwendbar durch bezahlte Mitarbeiter und welche durch nebenamtliche oder ehrenamtliche Vereinsmitglieder übernommen werden können. Für den Stalldienst und die Pflege der Anlagen muss ein regelmäßiger Dienstplan erstellt werden, für den die Richtzahl gelten kann, dass ein hauptamtlicher Pfleger ca. 10 bis 15 Pferde pro Tag versorgen kann.“

RAINER REISLOH, AUSZUG AUS „BETRIEBSWIRTSCHAFTSLEHRE, MODERNES MANAGEMENT FÜR PFERDEBETRIEBE UND REITVEREINE"

Foto: Neddens

Fliegt nicht von selbst in die Scheune: Ob Sägespäne, Heu oder Stroh, alles muss bestellt, abgeladen und gestapelt werden. Auch der Zeitaufwand für Mistentsorgung und Reinigung wird oft nicht genügend berücksichtigt.

Foto: Reitzentrum Reken

Wer auf jeden Cent schielt, muss beide Augen zudrücken

Stallhalter, die zu knapp kalkulieren und Pferdebesitzer, die auf jeden Cent schielen, müssen in dieser Situation zwangsläufig bei vielen Missständen die Augen zudrücken. Die Folgen sind verwurmte und ungepflegte Weiden, Einzäunungen, bei denen Fachleuten die Haare zu Berge stehen, schmuddelige Ställe und Pferde, die bei schönstem Wetter in den Boxen versauern. Viele solcher Einrichtungen wären ohne das Heer kostenloser Pflegemädchen überhaupt nicht existenzfähig, und dass die Dienste der Jugendlichen, mit einer Gratis-Reitstunde als Lockmittel, in teilweise unverantwortlicher Art und Weise ausgenutzt oder ihnen Arbeiten übertragen werden, deren Risiken sie nicht übersehen können, ist ein offenes Geheimnis. Was die ganze Branche in Misskredit bringt.

Paddocks regelmäßig säubern kostet Zeit. Und Zeit ist Geld.
Fotos: Schreiner

Ein Dilemma, das sich grundsätzlich auch nicht dadurch entschärfen lässt, dass die Erwachsenen der Stallgemeinschaft mit anpacken, schließlich ist bei den meisten Berufstätigen die Freizeit auf Abendstunden und Wochenenden beschränkt. Abzüglich der Zeiten, in denen das Pferd gepflegt, geritten, auf ein Turnier vorbereitet wird oder anderweitige private Verpflichtungen anstehen (zum Beispiel etwas Familienleben), bleibt kaum noch etwas übrig. Und da auf Dauer kein Einsteller bereit ist, für „Drückeberger", die es in solchen Ställen aus den unterschiedlichsten Gründen immer gibt, mit anzupacken, sind Streitereien und zunehmende Gleichgültigkeit an der Tagesordnung. So lassen sich die Bedürfnisse des Pferdes, eine gepflegte Anlage und ein angenehmes Stallklima nicht unter einen Deckel bringen. Derartige Klimmzüge sind aber auch unnötig, denn es gibt ja Alternativen.

Manipulieren, aber richtig

Eine Möglichkeit wäre den Personalbestand aufzustocken; mehr als 10-15 Pferde kann ein Vollzeit-Pfleger nicht versorgen. Eine andere, die Pferdeställe umzubauen. Denn wenn weder Pfleger noch Pferdebesitzer Zeit haben, sich um die Bedürfnisse des Tieres ausreichend zu kümmern, bleibt ja nur noch einer übrig, der die Muße dazu hätte, und das ist das Pferd selbst.

Im Prinzip ist es ein taktisches Spiel, bei dem das Tier über seine artspezifischen Bedürfnisse manipuliert wird. Das funktioniert, weil biologische Bedürfnisse erstens sehr stark sind und zweitens ständig wechseln. Mal ist das Pferd hungrig, mal durstig, mal müde, mal neugierig, mal sucht es Kontakt, mal will es seine Ruhe - aber eben nicht alles gleichzeitig. Ist ein Bedürfnis gestillt, meldet sich prompt das nächste.

Kennt man die Bedürfnisse eines Pferdes und ihre Rangfolge, die sich, ähnlich der Bedürfnispyramide von Abraham H. Maslow, zu einer Art Bedürfnishierarchie staffeln lassen, weiß man auch, wie sich das Verhalten des Tieres steuern lässt. Statt sich angeödet die Beine in den Bauch zu stehen, wird das Pferd über geschickte Flächenaufteilung und gezielt gesetzte Anreize dazu animiert, sich aus eigenem Antrieb gesund und fit zu halten. Auf diesen Erkenntnissen basieren alle neuen Haltungskonzepte.

Obwohl, ganz so neu sind sie eigentlich nicht. Es dauerte nur sehr lange, bis man erkannte, was sich alles an gesundheits- und trainingsunterstützenden Maßnahmen einbinden lässt. Ob in der simplen Urversion oder in den Hightech-Ställen der neuesten Generation.

Wer hat die Zeit?

„Wer hat denn als Berufstätiger die Zeit, sein Pferd kontinuierlich zweimal täglich zu bewegen, es auf die Weide oder den Paddock zu bringen und sich zusätzlich an anderen Arbeitseinsätzen beteiligen, um eine Gesamtsituation zu schaffen, die einem gut geführten Profistall entspricht? Hier müssen andere Lösungen her. Und da sollten sich Pferdebesitzer auch fragen, welche Vorteile man für sich und sein Pferd von einer anderen Haltungsform hat."

JOCHEN SCHUMACHER

ABGUCKEN ERWÜNSCHT

Entwickelt wurden die Haltungskonzepte Anfang der 80er-Jahre von Prof. Dr. Joachim Piotrowski, Institut für landwirtschaftliche Bauforschung in Braunschweig. Trotz engagierter Unterstützung des Bundesministeriums für Landwirtschaft und Forsten wurden sie bis Mitte der 90er Jahre fast ausschließlich von Freizeitreitern und Robustpferdehaltern genutzt, die eine Alternative zur pflegeaufwändigen Boxenhaltung suchten. Inzwischen hat sich der einstige Glaubenskrieg über artgerechte Haltung längst zu einem gut florierenden Industriezweig gemausert, mit unterschiedlichen Lösungen für Einzel- und Gruppenhaltungen, wobei speziell die modernen Hightech-Ställe reihenweise Auszeichnungen abräumen. Betriebe, die nicht so viel investieren können oder wollen, setzen dagegen weiterhin auf die bewährten Grundsysteme und kompensieren Ebbe in der Kasse durch Kreativität. Als wahre Sparwunder entpuppten sich von Anfang an die Selbstversorger unter den Reitern, deren originelle Ideen später nicht selten teuer im Handel landen. Wichtig für den Umbau eines Stalles ist die ausführliche Beratung, eine langfristige Planung und die Besichtigung möglichst vieler prämierter Betriebe. Nichts ist enttäuschender, als im Nachhinein über bessere Lösungswege zu stolpern oder sich durch ungeschickte Baumaßnahmen mehr Arbeit und Kosten aufzuhalsen als nötig.

Bedürfnispyramide des Pferdes

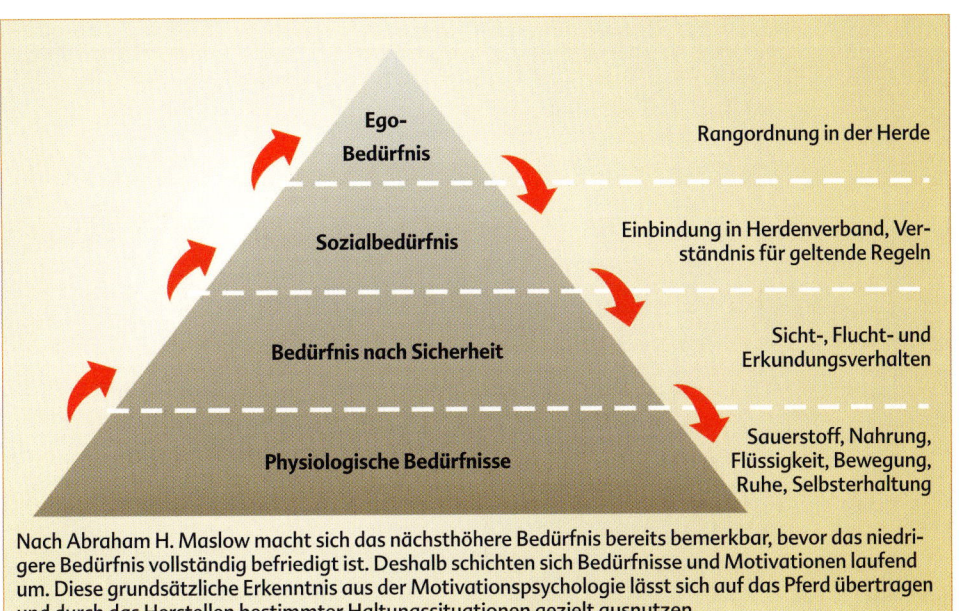

Nach Abraham H. Maslow macht sich das nächsthöhere Bedürfnis bereits bemerkbar, bevor das niedrigere Bedürfnis vollständig befriedigt ist. Deshalb schichten sich Bedürfnisse und Motivationen laufend um. Diese grundsätzliche Erkenntnis aus der Motivationspsychologie lässt sich auf das Pferd übertragen und durch das Herstellen bestimmter Haltungssituationen gezielt ausnutzen.

Pferdegerecht: Die Mehrraum-Einzelhaltung

Schlafzimmer, Essecke und Veranda.
So sieht moderne Einzelhaltung aus.

Foto: Slawik

168

Jedem Ross seine Veranda

Das taktische Spiel beginnt damit, dass die Boxe um einen angeschlossenen Auslauf erweitert wird. Vergleichbar den Offenboxen und -ställen der Freizeitreiter, nur mit verschließbarer Tür. Ist nachts erhöhte Sicherheit angebracht, steht das Pferd, wie gehabt, hinter Schloss und Riegel. Viele Stallarchitekten und Pferdebesitzer messen dem vorgebauten Paddock in Einzelhaltung, der aus Platzgründen manchmal nicht viel tiefer als die Boxe selbst angelegt werden kann, relativ wenig Bedeutung bei. Eine voreilige Abwertung. Er kann selbstverständlich weder die notwendige Bewegung unter dem Reiter noch den Freilauf auf großzügigen Weiden oder Paddocks ersetzen - aber als Erweiterung der Boxe sind die Vorteile so immens, dass es sich lohnt, jede verfügbare Platzreserve auszureizen und selbst Ecklösungen in Betracht zu ziehen oder Hanglagen zu terrassieren. Vor allem für Pferde, die nicht über einen persönlichen Butler verfügen. Denn die private Veranda ist einem größeren, aber separat liegenden Auslauf, der nur sporadisch genutzt wird, in vielen Punkten überlegen.

Über die längere gerade Strecke freuen sich die Beine

Die dem Pferd ständig oder tagsüber zur Benutzung stehende Fläche kann meist zumindest verdoppelt werden. Aus veralteten, zu klein bemessenen 9 m²-Boxen werden so, mit wesentlich geringerem Aufwand als dem Bau eines neues Stalltraktes, mit einem Schlag 18 m²; entspricht die Boxe schon dem neuesten Standard, sind es bei Großpferden mindestens 25 m². Diesen Raum, mit einer geraden Strecke von 6 m Länge und mehr, über den sich Sehnen, Bänder und Gelenke freuen, haben selbst Goldpferde nur selten ständig zur freien Verfügung. Je tiefer der Auslauf angelegt werden kann, umso besser ist es natürlich, weil eine gezielte Bewegungsanimation dann umso wirkungsvoller greift.

Praktisch ist bei diesen Offenboxen der Futtergang auf der Rückseite, um die Pferde zu versorgen
Foto: Neddens

Freie Wahl für Pferde: Drinnen oder draußen?

Dem Pferd steht es jederzeit frei, sich aus dem Auslauf in den Schutz des Stalles zurückzuziehen. Damit entfallen schon mal zwei Arbeitsgänge: Das Heraus- und Hereinbringen des Tieres bei unsicherem oder schlechtem Wetter, wenn man nicht weiß, ob es hält oder nicht, beziehungsweise das Herausstellen des Pferdes für eine so kurze Zeit, dass es sich eigentlich nicht mehr lohnt. In einem Monat läppern sich so etliche Stunden zusammen, die das Pferd sonst im Stall verbringen würde. Speziell im Winterhalbjahr wird durch die kontinuierlichen Ausflüge nach draußen die Thermoregulation erheblich ver-

bessert. Die Tiere werden unempfindlicher gegen Erkältungen (auch eingedeckte Pferde), Lungen und Bronchien werden weniger mit organischen Feinstauben im Stall belastet, und der antrainierte Hämoglobingehalt des Blutes bleibt auf dem gewünscht hohen Stand. Außerdem wird auch bei bedecktem Himmel die Bildung des wertvollen Vitamin D´s angeregt, selbst wenn kein Solarium zur Verfügung steht.

Vorteile hat der angeschlossene Kleinauslauf aber auch im Sommer, denn viele Pferde, besonders Rassen nördlicher oder gemäßigter Klimazonen, vertragen pralle Sonne sehr viel schlechter als Kälte oder Wind. Der Grund, warum ganztägige Weidepferde auch im Sommer unbedingt einen Unterstand brauchen, wenn kein natürliches Gehölz als eingeschränkter Wetterschutz vorhanden ist. „Berücksichtigt werden sollte außerdem", meint Jochen Schumacher, „dass sich überall, wo helles Licht und Wärme ist, auch gerne Ungeziefer aufhält. Gerade für ekzemanfällige und empfindliche Pferde wäre deshalb im Sommer ein schattiger kühler, aber luftiger Stall begrüßenswert. Und den kann man solchen Pferden in dieser Kombination eben bieten, ohne dass daraus eine Dunkelhaft wird." Schutz vor Fliegen, aber auch direkter Zugluft - beispielsweise in zweireihigen Ställen - bieten überlappende Streifenvorhänge aus Fliegengittergewebe, wie sie sich in Wohnhäusern südlicher Länder bewährt haben, aus Windschutznetzen oder transparentem Kunststoff. Obendrein gewöhnen sich die Tiere beim Passieren der Streifenvorhänge an leichte Berührungen am ganzen Körper, ohne sofort nervös zu reagieren. Eine probate Vorbereitung auf das Reiten im Gelände, aber auch auf so manchen Zwischenfall auf fremden Turnierplätzen.

Pferd auf dem Dach: Boxen mit Dachterrasse auf dem Sternberghof; eine kreative Lösung. Foto: Kleine-Hegermann

Im Schutz der Herde Gelassenheit trainieren

Damit sind die Vorteile der Kleinausläufe aber nicht erschöpft. Denn sie trainieren die Gelassenheit der Tiere fast noch effizienter als die großen Brüder. Erstens, weil das Pferd im Schutzbereich der Herde bleibt. Das hilft besonders zart besaiteten Gemütern Schreckgespenster schonend zu verdauen. Selbst Primadonnen dämmert binnen kurzer Zeit, dass Aufregung offensichtlich überflüssig ist, wenn sonst kein anderes Pferd vor Angst in Ohnmacht fällt. Ein Lernprozess, den listige Pferdebesitzer fördern, indem sie Feuerstühle neben betont ruhige Vertreter stellen, die ratternde Mähdrescher wie sich jäh blähende Planen oder aufgespannte Regenschirme höchstens interessiert beäugen, und die Seelchen sukzessiv genau mit den Reizen konfrontieren, die sich beim Reiten oder auf Turnieren als problematisch erweisen.

Zweitens arbeitet die Zeit für den Reiter. Denn weil Pferde noch neugieriger als Katzen sind (was eigentlich kaum möglich ist), halten sich die Tiere tatsächlich sehr viel draußen auf. Erfahrungsgemäß suchen sie den Stall nur zum Schutz vor Sonne, starken Regengüssen oder Insektenflug auf, um sich gemütlich abzulegen oder drinnen ein anderes Bedürfnis zu stillen. Damit setzen sie sich aber den größten Teil des Tages mit vielfältigen Umgebungsreizen auseinander, speichern sie fast beiläufig als ungefährlich ab und werden obendrein viel wirkungsvoller als mit jedem in der Boxe aufgehängten Spielzeug von ihrer Langeweile abgelenkt. Ebenso beiläufig wurde damit auch eine andere logistische Nuss geknackt, nämlich, wohin sich in großen Ställen beim Aufschütteln der Streu und anderen Stallarbeiten so viele Tiere gleichzeitig nach draußen stellen lassen, um ihre Atemwege zu schonen. Und darüber strahlt der Tierarzt.

Transparenter Schutz: An Flattervorhänge gewöhnen sich Pferde schnell; zur Eingewöhnung werden vorübergehend die Streifen zur Seite gebunden.
Foto: Slawik

WIE SAG ICH'S MEINEM PFERD?

Was Pferde nicht kennen, macht Pferden Angst. Bei extrem schreckhaften Pferden oft die Quittung einer allzu behüteten, von allen Umweltreizen abgeschotteten Aufzucht, denn gerade die Erinnerungsspuren, die sich in den ersten Lebenswochen und -monaten im Gehirn des Fohlens eingraben, bleiben ein Leben lang erhalten. Wird der Zeitpunkt der frühkindlichen Prägung als Lernphase auf die späteren Anforderungen versäumt, bleibt manchmal nur ein ständiges vorsichtiges Trainieren der Stressresistenz. Zum Beispiel durch das gezielte Ausnutzen ungewohnter beweglicher Gegenstände und akustischer Reize, um das Nervenkostüm sensibler Rösser zu stärken. Eine perfekte Vorbereitung auf Blitzlichter im Parcours oder spiegelnde Lichtreflexe sind beispielsweise im Sichtbereich des Pferdes aufgehängte metallisch beschichtete, sich bei jedem Windhauch drehende und auch bei trübem Wetter aufblitzende Folienstreifen, die es als Jux-Artikel zu kaufen gibt. Für Pferde, die bei der Marschmusik einer Siegerehrung oder Verkehrslärm in Panik geraten, empfiehlt sich dagegen eher die klassische Pawlow'sche Konditionierung. Das angsteinflößende Geräusch wird auf Band aufgenommen und mit Beginn der Fütterung über einen Kassettenrecorder im Stall abgespielt; zuerst leise und mit zunehmender Gewöhnung lauter. Das Ziel ist erreicht, sobald die Pferde diese spezielle Geräuschkulisse so mit dem Fütterungsbeginn verknüpfen, dass ihnen buchstäblich das Wasser im Maul zusammenläuft. Eine ähnlich praktische Desensibilisierung haben grundsätzlich aus gefährlich raschelnden Plastiksäcken in wechselnden Farben auftauchende Möhren und andere Finessen. Für Menschen vielleicht Peanuts - aber erklären Sie das mal dem Fluchttier Pferd.

Kontakte zu anderen Pferden entlasten den Menschen als Sozialpartner

Häufig zu beobachten ist auch, dass als schwierig verschrieene Pferde durch den vergrößerten Bewegungsspielraum und die vielfältigen Sichtanreize innerhalb kurzer Zeit einen großen Teil ihrer Aggressivität verlieren, zugänglicher werden und von sich aus den Kontakt zu Artgenossen suchen.

Hier ist natürlich erneut Geschick bei der Zusammenstellung der Tiere gefragt, damit sie sich nicht gegenseitig aufheizen oder triezen, und zu Beginn vielleicht auch etwas Vorsicht. Eine Möglichkeit ist zum Beispiel, Problempferden den Auslauf zuerst nur umschichtig mit seinem Nachbarn freizugeben. Der eine vormittags, der andere nachmittags, sodass ein freier Auslauf als Abstandhalter zu anderen Pferden liegt, bis sich das Tier sozialisiert hat (ebenfalls eine probate Lösung, um unverträgliche Hengste in Reihenausläufen voneinander zu trennen). Dieses „Niemandsland" zwischen zwei Ausläufen ist weitaus sinnvoller als mit Strom führenden Litzen bewaffnete Trennzäune, die den Bewegungsfreiraum der Tiere in Kleinausläufen unnötig reduzieren. Denn die Kontaktaufnahme selbst sollte, wenn kein wirklich triftiger Grund dagegen spricht, unbedingt unterstützt werden, weil sie Reiter und Pfleger als einzige Sozialpartner des Pferdes entlasten. Mit dem Mähnenkraulen über dem Zaun hat schon manche dicke Freundschaft angefangen. „Allerdings", ergänzt Anke Schwörer-Haag das Thema, „muss der Zaun dann natürlich so gebaut sein, dass sich kein Pferd verletzen oder darin hängen bleiben kann." Aber das gilt schließlich für sämtliche Zäune im Umfeld des Pferdes.

Hengste in Reihenausläufen?

„Aber das ist unmöglich - sie bringen sich um, wenn sie sich in ihren kleinen Ausläufen gegenseitig erreichen können", höre ich abwehrend. Macht es doch wie im Staatsgestüt von Marokko, sage ich. Dort werden die Hengste umschichtig hinausgelassen: morgens die geraden, nachmittags die ungeraden Boxenzahlen. So können sie sich sehen und riechen, aber nicht erreichen."

Ursula Bruns,
aus „Pferdehaltung in Gruppen"

Kot, der draußen fällt, kann drinnen nicht die Streu verschmutzen

Dazu kommt, dass alles, was das Pferd an Hinterlassenschaften draußen fallen lässt, drinnen weder die Einstreu verschmutzen noch die Luft verpesten kann. Boxen und Ausläufe müssen zwar weiterhin morgens und abends gesäubert werden, aber das Zwischendurchablesen erübrigt sich schon meist. Leider gilt das nur für das Abkoten; wo uriniert wird, hängt vom Boden ab. Die meisten Pferde hassen es, wenn ihnen auf festem Untergrund der Urin an die Beine spritzt und verziehen sich zu diesem Behufe lieber in den Stall. Bei Kleinstausläufen, die lediglich als Erweiterung der Boxe zu sehen sind, ein unvermeidbarer Kompromiss, denn so extrem beanspruchte Flächen müssen zwangsläufig sehr gut befestigt werden, weil sie sich sonst kaum sauber halten lassen und Mauke oder Strahlfäule Vorschub leisten.

Oft werden verfüllte Rasengittersteine oder Paddockgitter nur mit einer knappen Tretschicht abgedeckt oder Verbundpflaster übersandet, damit die Tiere bei Nässe oder Frost nicht rutschen. Dieser fehlende Komfort ist bei Reitpferden, die regelmäßig in der Halle oder auf dem Reitplatz bewegt werden, aber sogar ein Vorteil. Denn obwohl der feste Untergrund weder zum Wälzen noch Stallen einlädt, aktiviert er den Hufmechanismus und unterstützt den Rückfluss des Blutes zum Herzen wirksamer als eine weiche Tretschicht und verbessert außerdem die Versorgung der problematischen Sehnen, Bänder und Gelenke. Immerhin der Grund, warum Vielseitigkeits- und Distanzreiter regelmäßig kurze Reprisen auf harten Böden oder Asphalt in ihr Training einbeziehen. Erfahrungsgemäß gehören in befestigten Kleinausläufen, trotz der eingeschränkten Bewegung, angelaufene Beine schnell der Vergangenheit an.

Trittfest: Befestigte Flächen in Minipaddocks lassen sich leicht sauber halten. Foto: Borchardt

Bei diesen Kleinausläufen wurde der Boden unter der Tretschicht mit Paddockgittern befestigt. Das Windschutzband oberhalb der Türen sorgt für gute Luft im Stall. Foto: Hit-Aktivstall

Die verbesserte Versorgung des Beinapparates bestätigt auch Jochen Schumacher: „Fasst man Boxenpferden, nach einer längeren Stehzeit im Stall, speziell im Winter, an Fesseln und Hufe, sind sie oft eiskalt. Bei Offenstallpferden dagegen fühlen sich die Füße immer warm an. Ein Zeichen für die bessere Durchblutung." Nebenbei der wirksamste Schutz vor Sehnen- und Muskelzerrungen, wenn knackige Pferde beim Abreiten buckeln oder erschreckt zur Seite springen. Und mit den vorgewärmten Beinen verliert selbst das übermütige Davonpreschen auf der Weide seine Schrecken.

Wem die weiche Einstreu im Stall nicht reicht und wer in Kauf nimmt, auch die Tretschicht im Auslauf ein- bis zweimal jährlich auszuwechseln, kann selbstverständlich einen Mittelweg wählen: Fest, eben und elastisch, um den Kreislauf anzuregen, aber weich genug als Liegefläche. Den die Pferde dann erfahrungsgemäß gerne für eine gemütliche Siesta im Freien nutzen. Trotzdem sollte man beim Anlegen der Paddocks nie den Arbeitsaufwand unterschätzen und auch auf Kleinigkeiten Wert legen: Genügend breite Versorgungswege oder Tore für Maschinen, Schlupflöcher zum Betreten der Paddocks, ein gepflasterter Übergangsbereich vor der Boxe bei größeren Flächen und einiges mehr. Ganz Pfiffige (mit entsprechendem Kleingeld) haben Großanlagen sogar mit Schließanlagen ausgerüstet, um sich das lästige Auf- und Zusperren der Boxen zu ersparen; ein Zeitaufwand, der bei Offenställen naturgemäß erst gar nicht zum Tragen kommt.

Der angeschlossene Auslauf heißt das Abenteuer Paddock mit einem Minimum an Aufwand zur Normalität zu wandeln. Und es ist ein Stück Lebensqualität des Pferdes mehr. Er hat in Einzelhaltung eigentlich nur einen Nachteil: Das Pferd bewegt sich weniger, als es sollte. Doch das lässt sich ändern.

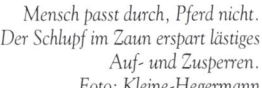

Mensch passt durch, Pferd nicht. Der Schlupf im Zaun erspart lästiges Auf- und Zusperren. Foto: Kleine-Hegermann

HAT SICH BEWÄHRT

- Auf genügend breite Zufahrtswege vor den Paddocks und entsprechende Tore für Maschinen achten.
- Befestigte Übergangsbereiche vor dem Stall bzw. feste Böden in Kleinausläufen erleichtern die Säuberung. Achtung bei Rasengittersteinen: Kann bei Barfußpferden mit relativ weichem Horn zu erhöhtem Hornabrieb führen; ggf. mit einer dünnen Tretschicht abdecken.
- Das Füllmaterial in Paddockgittern oder Rasengittersteinen bündig einrütteln bzw. verdichten, damit es sich nicht auswäscht (Stolpergefahr, Hängenbleiben der Hufe). In problematischen Lagen bewährt: Lava-Granulat, Mineralbeton.
- Eingegrabene Holzpfosten, Bordsteinkanten oder Betonträger am Rand halten Paddockgitter und Tretschicht dort, wo sie hingehören.
- Vergitterte Regenablaufrinnen in oder vor Ausläufen leiten Oberflächenwasser ab (ca. 1-2 % Gefälle).
- Türschwellen aus abgerundeten Balken verhindern das Herausschleppen der Streu. Führt man die Pferde ein paar Mal über die Schwelle, kapieren sie schnell, dass sie die Beine heben müssen.
- An aushängbaren Schienen angebrachte Streifenvorhänge im Türbereich lassen sich zum leichteren Reinigen abnehmen.
- Bei geschlossenen Kunststoffvorhängen sorgt ein Wandausschnitt über der Tür für gute Luft im Stall; ggf. mit Fliegengitter oder Windschutznetz verkleiden.
- Praktisch ist ein schmaler Durchschlupf im Zaun zum Betreten und Säubern der Paddocks.
- Regenwasser von der Dachkante lässt sich außerhalb der Paddocks dekorativ an Ketten in eine mit Steinen gefüllte Grube oder Tonne leiten.

EINDECKEN ODER NICHT?

Spätestens im Herbst taucht bei Pferden in Auslaufhaltung die Frage auf: Eindecken oder nicht? Regulär können die ehemaligen Steppenbewohner auf den Deckenschutz verzichten. Schon lange, bevor es richtig kalt wird, schieben sie einen dicken Winterpelz und gebärden sich umso knackiger und fideler, je tiefer das Thermometer fällt. Nicht nur nordische Eiszapfen, auch Warmblüter und ausgesprochene Sonnenkinder feiern auf dick verschneiten Koppeln wahre Schneeorgien, wenn man ihnen das Vergnügen gönnt. Bis ca. -15 Grad hat normalerweise kein gesundes Pferd Probleme.

Freilich gilt das nur für trockene Kälte. Anders sieht es bei feuchtkalten Minusgraden aus, weil Nässe dem Körper sehr viel schneller Wärme entzieht als trockene Luft. Nordpferderassen, die das von Haus aus kennen, ficht das wenig an. Sie drehen die Kruppe in den Wind, plustern ihr Fell auf und lassen die Nässe ungerührt wie eine Ente an dem langen, oft leicht öligen Deckhaar abperlen. Vierbeiner mit einer weniger guten Imprägnierung tun sich schwerer. Zwar stellen auch sie sich mit der Zeit auf eiskaltes Schmuddelwetter ein, aber das braucht manchmal Jahre. Bevor es solchen Pferden richtig an die Substanz geht, sollte man sie besser eindecken. Eingedeckt werden auch kranke oder altersschwache Pferde mit einem geschwächten Immunsystem, und eingedeckt werden intensiv trainierte und in der Hallensaison auf Turnieren eingesetzte Sportpferde. Denn durch den häufigen Wechsel zwischen Kalt- und Warmställen und die Anstrengung in den oft geheizten Hallen schwitzen Tiere mit langem Winterhaar so übermäßig, dass es auf Kosten ihrer Gesundheit und Leistungsfähigkeit geht. Werden sie deshalb geschoren, brauchen diese Pferde selbstverständlich einen Ersatz für den abrasierten Winterpelz.

Fazit Eindecken: So viel wie nötig, aber nicht mehr als nötig. Wer auf die Decke verzichten kann, sollte es tun, weil die Frischluftkur im Winter das Gesündeste ist, was man Pferden bieten kann. Aber wenn eingedeckte Pferde bei feuchtkalter Nässe ins Freie dürfen, dann muss die Decke auch wasserdicht und darf nicht nur Regen abweisend sein (möglichst ohne Rückennaht). Durchnässter Stoff, der die isolierende Luftschicht aus den Haaren presst und an der Haut klebt, kühlt das Tier komplett aus und ist gefährlicher als oben ohne. Besonders bei geschorenen Pferden wird man mit einer Decke kaum auskommen; der Grund, warum Sportreiter meist ein ganzes Arsenal im Gebrauch haben.

Erst informieren

„Bei größeren Projekten bespricht man die durchzuführenden Arbeiten am besten vorher mit einem fachkundigen Tiefbauunternehmer. Er hat aus Erfahrung noch praktische Tipps parat, kennt die örtlichen Bodenverhältnisse, fertigt ein Angebot und verleiht auch Maschinen, die für eine Verdichtung des Materials erforderlich sind, wenn man einiges in Selbsthilfe erledigen will."

INGOLF BENDER, AUS „PRAXISHANDBUCH PFERDEHALTUNG"

Es gibt kein schlechtes Wetter, nur unpassende Kleidung. Ob Pferde eingedeckt werden müssen oder nicht hängt von verschiedenen Faktoren ab.
Foto: Prohn

Eine Essecke muss her

Der nächste Schritt besteht darin, dem Pferd beizubringen im Auslauf seine Beine zu benutzen, statt bloß vor sich hinzudösen oder die Umgebung zu betrachten. Hier gibt es nur einen zugkräftigen Lockvogel: Fressen. Folglich werden Boxe und Auslauf verschiedene Funktionsbereiche zugewiesen, adäquat zur ursprünglichen Umgebung des Pferdes. Strikt voneinander getrennt werden vor allem Ruhebereich und Raufutterzone.

Der Raufutterplatz wird nach draußen, möglichst unter ein Vordach ausgelagert und gepflastert. Das erleichtert die schnelle Reinigung, außerdem soll sie dem Pferd über das

Eigenes Reich: Futter auf einer Betonplatte unter dem schützenden Vordach, räumlich getrennt von Liegefläche und Tränke auf der anderen Stallseite. Weil diese Kompaktversion mehr Platz braucht, ist sie in Einzelhaltung meist auf kleineren Anlagen oder bei Hengsthaltung zu sehen. Foto: Krämer

Fressen hinaus keinen Komfort bieten. Die Liegefläche im Stall dagegen wird wie gewohnt komfortabel eingestreut, aber mit Sägespänen, Strohpellets, Flachsschäben oder anderen nicht fressbaren Materialien. Sie darf kein ständig verfügbares Futter wie Stroh enthalten, sonst ist das Pferd weiterhin versucht, sein Bett drinnen aufzufressen, statt sich nach draußen zu bequemen. Und genau das soll es ja nicht. In Gruppenhaltungen oder ständig frei zugänglichen Offenställen versucht man auch die Tränke möglichst weit entfernt zu installieren; bei der Kombination Boxe und Paddock wird das nicht immer machbar sein, da davon auszugehen ist, dass die Pferde nachts gesichert werden, also bleibt sie wo sie ist, im Stall.

Lange Verbindungswege bringen den größten Effekt

Ob Längsanordnung, Parallelanordnung oder die Kompaktlösung vorzuziehen ist, hängt im Einzelfall von den örtlichen Gegebenheiten und den Abmessungen der Paddocks ab. Praktisch sind bereits vorhandene Dachüberstände, wie sie moderne Außenboxen oft aufweisen, Altgebäude, wie offene Schirmschoppen, die sich in die Planung einbeziehen lassen oder die Rückwand eines Heu- und Strohschuppens, der mit einem Vordach aufgerüstet wird. Der hätte zusätzlich den Vorteil, dass das Raufutter direkt von dort aus aufgefüllt werden kann. Das bedeutet nur einmal einlagern, kurze Arbeitswege und wenig Dreck. Aber worauf es hauptsächlich ankommt, ist, die Verbindungsstrecke zwischen Ruhezone/Tränke beziehungsweise Essecke so weit wie möglich anzulegen. Bekommt man das koordiniert, hat man sein Pferd schon fast am Wickel. Denn für Fressen ist ihm kein Weg zu weit.

1.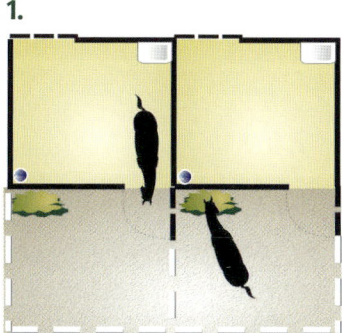

2.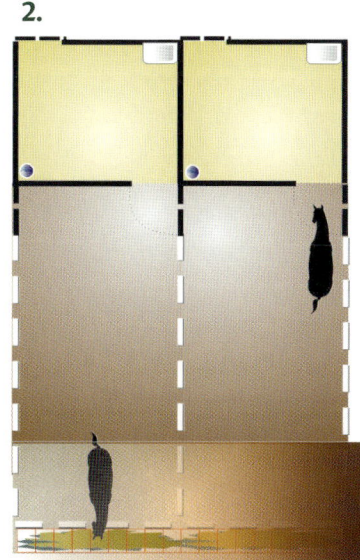

3.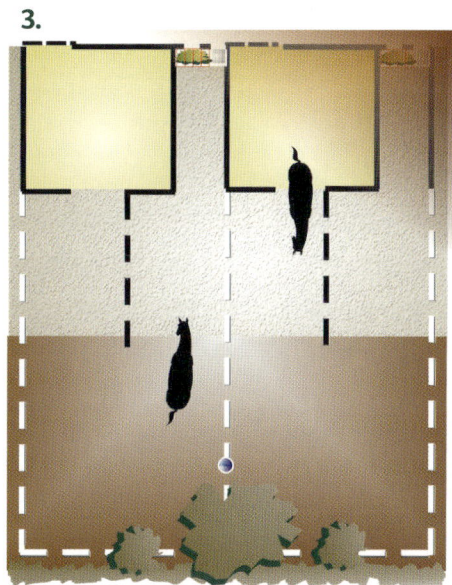

1. Boxe mit befestigtem Miniauslauf

2. Längsanordnung: Trog und Tränke im Stall; überdachte und gepflasterte Raufutterzone am Ende des Auslaufs

3. Parallelanordnung, Offenstall: Tränke wahlweise im Stall oder außerhalb für jeweils zwei Wohneinheiten. Bei Einzelhaltung aufgrund des größeren Platzbedarfs fast nur in kleineren Beständen oder exklusiven Anlagen zu finden.

Also wird sich der Vierbeiner zunächst zur Raufe begeben. Raufutter lässt sich aber, wie bereits ausgeführt, trocken nicht so einfach runterwürgen. Folglich bleibt dem Pferd nichts anderes übrig, als gründlich zu kauen und einzuspeicheln, damit es besser rutscht. Das macht Durst, weil irgendwann auch der größten Schlingpflanze die Spucke ausgeht. Einfach umdrehen und sich einen Schluck zwischendurch genehmigen ist jedoch nicht möglich. Ergo muss sich das Pferd zum Stall zurück und zur Tränke trollen. Hier kann es zwar jetzt seinen Durst stillen, dafür gibt es dort aber nichts zu fressen. Das ist auch nichts Rechtes. Und das Spiel beginnt von vorn.

Schon mit dieser einfachen Trennung lassen

Einzelraufe Marke Eigenbau: Hoch genug, damit die Pferde nicht hineintreten. An der linken Kante zu erkennen ist die angeschrägte Vorderwand, die ein Vorstellen des Vorderbeines wie beim Grasen in Schrittstellung erlaubt. Foto: Reitzentrum Reken

sich Fress- und Bewegungszeiten mühelos verlängern, weil normalerweise selten eine Stunde vergeht, ohne dass Pferde nicht wenigstens ein paar Bissen zu sich nehmen, wenn etwas Fressbares in Reichweite ist. Entsprechend häufig pendeln sie zwischen Raufe und Tränke hin und her. Bis zu 80-mal täglich wurde der Wechsel zwischen den wichtigsten Bereichen bei einer Versuchsgruppe mit drei Haflingern gezählt, wenn Raufutter zur freien Verfügung steht. Weitere Vorteile:

■ Durch die Auslagerung des Raufutters nach draußen wird die Luftqualität im Stall erheblich verbessert, weil der gefährlichste Anteil der Staubbelastung vermieden wird. Das kommt Allergikern zugute, die von Schimmelpilzsporen aus Heu und Stroh benachbarter Boxen verschont bleiben.

■ Der häufige Wechsel im Schritt zwischen den Fresseinheiten unterstützt die Verdauung ideal. Für magen- und darmempfindliche Pferde eine unschätzbare Hilfe, um Koliken vorzubeugen.

■ Erfahrungsgemäß wird es den Pferden bei längeren Distanzen sehr schnell lästig, zum Abkoten zur Boxe zurückzugehen, sodass der größte Teil der festen Ausscheidungen tatsächlich jetzt im Paddock landet oder ein Kotplatz in unmittelbarer Nähe, meist längs des Zaunes, angelegt wird. Dieser Kot lässt sich in gut angelegten Paddocks sehr viel schneller aufsammeln und entfernen als aus der Einstreu in der Boxe.

Zwei links, zwei rechts, eins fallen lassen — das Pferd grast wie auf einer artenreichen Weide

Steigern lassen sich die positiven Auswirkungen, wenn das Raufutter nicht in offenen Raufen, sondern in Sparraufen vorgelegt wird. Ihr Nutzen besteht darin, dass das Pferd seine Nase nicht mehr herzhaft in den Stroh- oder Heuhaufen hineinwühlen kann, sondern die einzelnen Halme zwischen Gitterstäben herauszupfen muss, die entsprechend seinem Futterbedarf weiter oder enger eingestellt werden. Das kommt besonders leichtfuttrigen Pferden entgegen, die Raufutter über längere Zeit bloß scharf angucken müssen, um sich wie eine Tonne zu runden. „In der Praxis", erklärt Dr. Margit Zeitler-Feicht den gängigen Fütterungsfehler, „versucht man die übermäßige Nahrungsaufnahme durch eine zeitliche Limitierung zu verhindern. Viele Tiere erhalten deswegen nur wenige Stunden am Tag etwas zu fressen. Diese Fütterung ist nicht artgerecht! Verdauungs- und insbesondere Verhaltensprobleme finden hier ihren Ursprung. Der richtige Weg ist, die Nährstoffzufuhr zu drosseln, ohne dass dies auf Kosten der natürlichen Fresszeit geht". Dank der Sparraufen können nun endlich auch solche Pferde ihr Kaubedürfnis stillen, statt neidisch die mampfenden Kollegen zu beobachten.

Sparraufen gibt es in verschiedenen Ausführungen im Handel; handwerklich begabte Sparfüchse setzen dagegen auf Fressgitter oder halbhohe Palisaden und beschweren das dahinter liegende Raufutter mit einem Gitter oder spannen ein weitmaschiges Netz darüber.

Wichtig bei dieser Eigenleistung: Die Fressebene hinter den Palisaden muss 30 bis 40 Zentimeter angehoben werden, um das vorgestellte Bein beim Grasen zu kompensieren, weil bei parallel stehenden Vorderbeinen zu starker Druck auf die Sehnen ausgeübt wird. Außerdem sollte die Futtervorlage durch eine hintere Abtrennung begrenzt werden, damit sich die Pferde das Raufutter nicht außer Reichweite schieben, und natürlich brauchen aufgelegte Gitter glatte Kanten, damit nichts passieren kann. Das Ergebnis dieser Mühe:

■ Mit einer ein- oder zweimaligen Befüllung lässt sich die Raufutteraufnahme über den ganzen Tag in einer kontrollierten Menge abdecken. Der Nährwertgehalt ist berechenbar, und das Tier frisst genau die Ration, die ihm zusteht. Die eingesparte Arbeitszeit lässt sich anderweitig nutzen.

■ Hochwertiges Raufutter wird weder verstreut noch zertrampelt.

■ Begnügt man sich nicht mit einer Sorte und füllt die Sparraufe zum Beispiel mit einem Gemisch aus gutem Futterstroh und Heu, nimmt das Pferd ballaststoffreiches, aber nährwertarmes Stroh und das gehaltvolle und daher bevorzugte Heu im Wechsel auf. Denn durch Gitter oder Netz hindurch kann es Heu und Stroh nicht mehr entmischen und sich zuerst die Rosinen aus dem Kuchen picken, um den schalen Rest notgedrungen hinterherzuschieben. Doch damit sind auch die gefürchteten Strohkoliken, durch Aufnahme zu großer Mengen schwer verdaulicher Fasern gebannt.

Hier kann man seiner Phantasie freien Lauf lassen, so weit es der Nährwertgehalt erlaubt. „Dies kann zum Beispiel durch unterschiedliche Heuqualität, gegebenenfalls durch Einmischen von Futterstroh, Grassamenstroh oder Teilgaben von Mais- oder Grassilage guter Qualität geschehen", regte Professor Piotrowski schon vor 20 Jahren an. Als Folge grast das Pferd wie auf einer artenreichen Weide, im Gegensatz zu dieser aber zu jeder Jahreszeit und ohne dicken Weidebauch. Zwei Hälmchen links, zwei Hälmchen rechts, eins aussortieren. Diese artgemäße Beschäftigungstherapie bringt das vegetative Nervensystem endgültig ins Lot, weil Kauen auf den Dauerfresser Pferd ähnlich entspannend wirkt wie Stricken, Herumwerkeln oder Lesen auf Menschen. „Das Natürlichste aber ist das Grasen. Damit müssen wir uns vorerst abfinden." Der lakonischen Aussage von Dr. Bertold Schirg ist nichts hinzuzufügen; die Ausgeglichenheit von Weidepferden kommt nicht von ungefähr.

Tipp

Um Pferden hastiges Schlingen von Kraftfutter zu verleiden, legten die Bauern Gierschlunden früher Steine in den Trog. So dick, dass sie die Pferde zwar mit der Nase zur Seite schieben konnten, die sie aber zwangen, langsamer zu fressen. Eine andere Möglichkeit ist das Mischen des Kraftfutters mit Strohhäcksel (Länge der Halme mindestens 5 cm). Voraussetzung für beides ist allerdings ein genügend großer Trog für die manuelle Fütterung.

Alternativ kann auch ein Heunetz aufgehangen werden. Heunetze sollten möglichst frei pendelnd hängen und eine Sollbruchstelle haben, damit sich die Pferdehufe nicht in den Maschen verfangen können.
Foto: Prohn

DAS VEGETATIVE NERVENSYSTEM

Die meisten Organfunktionen laufen unbewusst ab: Herzschlag, Atmung, Wasserhaushalt, Stoffwechsel oder Sekretion der Drüsen. Gesteuert wird diese Hintergrundarbeit, ohne die Leben gar nicht möglich wäre, über das vegetative Nervensystem. Auf der einen Seite herrscht der Sympathikusnerv. Er reagiert auf alle alarmierenden Sinneseindrücke, die über Augen, Ohren, Nase oder Haut eingehen und ist für Flucht und Angriff zuständig. Sein Gegenspieler ist der Parasympathikus. Er reguliert Entspannung, Verdauung und Erholung, regt die Speichelproduktion an, schickt Blut aus der Muskulatur in den Darm, fördert die Sekretion der Verdauungssäfte oder den Geschlechtstrieb. Unter seinem Einfluss wird das Pferd ruhig und ausgeglichen. Sind beide Systeme im Gleichgewicht, ist der Organismus gesund. Dumm ist nur, dass aufgestauter Bewegungsdrang, Isolation, Unsicherheit, Angst, unterdrücktes Kaubedürfnis und andere Störfaktoren dazu führen, dass der Sympathikus die Regie übernimmt und die Erholungsphasen durch die permanente Alarmbereitschaft zu kurz kommen. Hier bietet artgerechte Haltung den notwendigen Ausgleich. Je ungezwungener ein Pferd seine artspezifischen Bedürfnisse ausleben kann, umso eher werden die Voraussetzungen dafür geschaffen, dass der Parasympathikus seine beruhigende Wirkung entfaltet und sich das Pferd regeneriert.

Leckerschmecker: Zweige als ebenso beliebte wie gesunde Ergänzung des Speiseplans. Foto: Reitzentrum Reken

Wer darüber hinaus noch etwas tun will, legt seinem Pferd von Zeit zu Zeit frische Zweige in den Paddock. Die ebenso leckere wie gesunde Abwechslung beschäftigt das Pferd stundenlang, bis sämtliche Blätter verspeist und die Zweige entrindet sind. Eine probate Zahnpflege ist das Mahlen der zähen Rindenfasern außerdem. Und: Pferde, die regelmäßig ihr Knabberbedürfnis befriedigen können, schnappen längst nicht so gierig nach jedem erreichbaren Zweig, ob er nun giftig ist oder nicht. Aufpassen muss man zwar trotzdem, aber es ist weniger brisant als bei Pferden, denen das Vergnügen nie gegönnt wird. Zwischendurch wird ein bisschen gedöst, mit den Nachbarn geschäkert oder ein kleines Nickerchen eingelegt. Nimmt man jetzt noch die Kraftfuttermahlzeiten als Highlight der Schlemmerei hinzu, ist das Pferd rundum zufrieden. Und beschäftigt. Aber damit ist weder die Bewegungsanimation noch die Zeitersparnis in Einzelhaltung ausgereizt. Moderner Stalltechnik sei Dank.

Horror-Schnappschuss: Pferd mit Eibenzweig im Maul. Eibe wirkt schon in geringen Mengen tödlich. Vorsicht ist auch grundsätzlich bei allen unbekannten Gehölzen angesagt und noch mehr beim Rückschnitt von Zierpflanzen. Viele dekorative Gartenschönheiten sind hoch giftig. Foto: Slawik

GUT HOLZ

Als der Eohippus noch schüchtern durchs Unterholz tappte, gehörten Laub und Zweige zum täglichen Speiseplan. Moderne Steppen- und Stallbewohner schätzen das gesunde Knabberzeug aber auch. Verbürgt ist, dass Reiter im zweiten Weltkrieg ihre Pferde, mangels anderen Futters, nur mit Birkenzweigen und -ästen gesund durch den Winter brachten. Das Abschälen und Zernagen von Rinde gehört bei wild- und halbwild lebenden Pferden außerdem zur Zahnpflege. Sie scheinen bei Problemen mit Zahnhaken gezielt nach holzigen Bestandteilen zu suchen, die sie intensiv durchkauen und ausspucken, selbst wenn sie bis zum Bauch in saftig grünem Gras stehen.

- Gern gefressen werden Birke, Haselnuss, Weide und Weißdorn. Espe, Pappel und Obstgehölze (ungespritzt natürlich) werden zwar ebenfalls genommen, sind aber nicht ganz so beliebt. Ebenfalls genüsslich zusammengeknabbert werden Fichte und Tanne, womit die Entsorgung des biologisch unbedenklichen Weihnachtsbaumes geregelt wäre. Größere Mengen sollten jedoch nicht verfüttert werden, da die darin enthaltenen ätherischen Öle Durchfall oder bei tragenden Stuten sogar zum Abort führen können.
- Vorsicht bei allen unbekannten Gehölzen, sie können hochgiftig sein. Wie Robinie, Eibe, Goldregen, Buchsbaum, Seidelbast, Liguster und etliche andere Ziersträucher und -bäume. Das Gerücht, dass Pferde giftige Pflanzen instinktiv meiden, ist ein Ammenmärchen. Dieser Schutzmechanismus funktioniert nur bei Pflanzen, die das Fohlen durch seine Mutter als ungenießbar kennen gelernt hat. Außerdem verlieren viele Gewächse nach dem Anwelken ihren abschreckenden Geruch und werden aus Langeweile trotzdem angenagt. Mit teilweise tödlichen Folgen.

Single-Suite mit Selbstbedienung

„Ein jeder Wunsch, wenn er erfüllt, zeugt augenblicklich Junge", dichtete Wilhelm Busch hintergründig, mit einem Blick in die menschlich Psyche. Reitende Diplomingenieure wissen, dass es Pferden nicht anders geht und tüftelten Jahrzehnte an der computergesteuerten Fütterung herum. Die soll Pferdebesitzer und Pfleger von der zeitgenauen Fütterung entlasten und das Pferd bedarfsgerecht und pünktlich mit Kraft- und Raufutter versorgen.

Heraus kamen verschiedene Systeme, wie Kombi-Lauf- oder Bewegungsboxen mit beweglichen Futterstandwänden, aber durchsetzen konnte sich in Einzelhaltung hauptsächlich das Kraftfutter-Dosiergerät. Bei der hier beschriebenen Bewegungsanimation ist es sogar die Sahne auf dem Kuchen. Denn dem Häppchen Hafer, Pellets oder Müsli, die das Gerät alle naselang ausspuckt, kann ein gesundes Pferd kaum widerstehen. Und damit kommt ein weiterer Impuls ins Spiel.

Es surrt und rieselt: Aha, es gibt was Besseres!

Das Pferd pendelt, wie gehabt, zwischen Raufutter und Tränke - ein leises Surren, und es rieselt. Aha, es gibt was Besseres! Dass die paar Brösel kaum den Magen füllen, stört das Pferd nur wenig. Die Ohren gespitzt und zurück in den Stall. Ist der Zahnfüller verputzt, gibt's hier im Moment aber nichts zu holen. Also erneut zur Raufe an Stroh und Heu rumnibbeln, zurück zur Tränke oder sich anderweitig die Zeit vertreiben, bis es wie-

Hinlänglich bekannt

„Viele Pferde sind aus verschiedenen Gründen wie etwa Allergien oder Arbeitserleichterung ohne Stroh-Einstreu aufgestallt und werden nur zweimal täglich mit Futter versorgt. Diese plötzliche quantitative Überbelastung des darauf nicht ausgelegten Magen- und Darmtrakts, aber auch der intensive Energieschub strapazieren die Verdauungsorgane und den Stoffwechsel in höchstem Maß. Die dadurch entstehenden Krankheitsbilder sind hinlänglich bekannt."

DIPL. ING. HANNS ULLSTEIN JUN., AUS „NATÜRLICHE PFERDEHALTUNG"

der surrt und rieselt. Nach kurzer Zeit kennt das Ross die einprogrammierten Zeiten so genau, dass es pünktlich vor der Krippe steht. Und bewegt sich dafür freiwillig noch ein wenig mehr. Spätestens jetzt hat man die Fütterung bestens im Griff:

■ Kraft- und Raufutter befinden sich in einem ausgewogenen Mischungsverhältnis und werden optimal verdaut. Auch Hochleistungspferde, mit einem extrem hohen Energiebedarf, bleiben besser an der Krippe, statt sich angewidert abzuwenden. Während umgekehrt sehr leichtfutrige Pferde, die nur wenig Mineralfutter bekommen, ebenfalls zufrieden bleiben und sich ihre Darmflora über die kurzen Futterabstände freut.

■ Durch die kontinuierlichen kleinen Futtermengen entfallen die Ruhezeiten nach dem Fressen, auf die der Reiter Rücksicht nehmen muss. Theoretisch kann das Pferd jederzeit geritten werden.

■ Da immer nur so viel herausrieselt, wie das Pferd mit den Lippen fassen kann, wird kaum Futter verstreut. Die Mäuse nagen zwar noch nicht am Hungertuch, aber das Schlaraffenland neben dem Trog ist futsch.

■ Futterneid und aggressives Drohen verlieren sich weitgehend. Es gibt ja keinen Grund mehr, den Giftnickel herauszuhängen zu lassen. Das ist ein weiteres Plus für die Verdauung und senkt den Stresspegel auf Null.

Kombilaufboxen

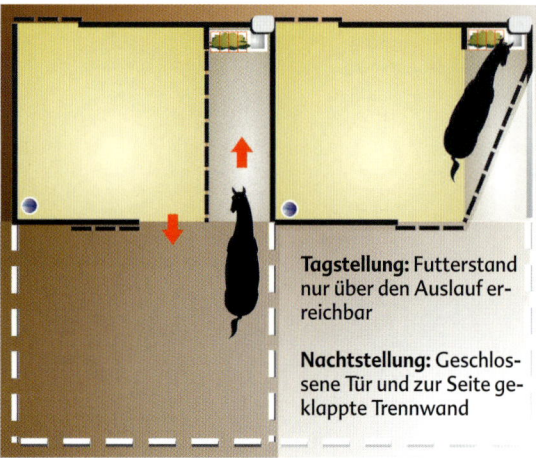

Tagstellung: Futterstand nur über den Auslauf erreichbar

Nachtstellung: Geschlossene Tür und zur Seite geklappte Trennwand

Kommt dem Pferd entgegen

„Ideal ist im größeren Bestand die gleichzeitige Kraftfuttervorlage durch Futterautomaten. Die individuellen Portionen je Pferd lassen sich durch Gewichts- oder Volumendosierung einstellen. Durch die gezielte individuelle Fütterung wird Kraftfutter eingespart, vor allem lässt sich ohne Mehrarbeit die Zahl der Fütterungsintervalle erhöhen, was dem Ernährungsverhalten des Pferdes entgegenkommt. Auch für den kleinen Pferdebestand des privaten Halters gibt es passende Formen der Automatisierung.

Jens Marten/Armin Salewski, aus „Handbuch der modernen Pferdehaltung"

Möhren und andere Leckerbissen werden immer noch gerne genommen. Die Befürchtung, dass der Bezug zum Menschen leidet, ist grundlos. Die Tiere kommen dem Reiter wie gewohnt entgegen, genießen die tägliche Pflege, und Möhren und andere Leckerbissen werden immer noch gerne genommen. Zwar stöhnten Puristen in den Kindertagen der Futterautomatisierung auf und verdammten sie als Alibi, das Pferd wie ein Sportgerät im Stall bis zum Gebrauch zu parken. Die Perversierung dieser Technik, reine Boxenpferde durch Futterautomaten komplett zu isolieren, besteht natürlich, ist hier aber nicht der Fall. Denn hier dient sie dem Zweck, mit einem durchschnittlichen Pflegeaufwand vernünftige pferdegerechte Bedingungen in Einzelhaltung herzustellen. „Wesentlich für das Wohlbefinden der Pferde ist nicht allein das gewählte Haltungssystem", meint Gerlinde Hoffmann von der Deutschen Reiterlichen Vereinigung, „sondern es sind auch die Rahmenbedingungen, insbesondere die Zuwendung und Qualifikation der Betreuer/Halter, ausreichend Bewegung, gute Pflege und individuelle bedarfsgerechte Fütterung unter Berücksichtigung der unterschiedlichen Einsatzgebiete."

Unter dieser Prämisse wird der Arbeitsanfall weniger verringert, als auf andere Tätigkeiten um das Pferd herum verlagert. Einfaches Beispiel: Füttern und Misten in einem Aufwasch funktioniert schlecht, aber Misten und der Blick über die aufgenommene Futtermenge, das geht. Ein Pfleger, der sich mehr Zeit für die Tiere nehmen kann, ihren Gesundheitszustand überwacht, Tröge, Tränken, Ställe und Ausläufe peinlich sauber hält ist wertvoller als einer, der zwar den Futterwagen höchstpersönlich durch die Gänge schiebt, mangels Zeit aber vieles andere liegen lässt. Außerdem muss auch das sicherste System (und das ist gerade gut genug) mindestens einmal, sollte tunlichst zweimal täglich kontrolliert werden. Unabhängig davon, für wie viele Tage es eine Futterbevorratung erlaubt.

Davon abgesehen, hat der Reiter sein Pferd doch jetzt genau da, wo er es haben wollte. Der Kleinauslauf ersetzt zwar nicht das Training, aber durch das Zusammengreifen aller Mechanismen - Fütterung, Bewegungs- und Sichtanreize, Sozialkontakt zu anderen Pferden und der vielstündige Aufenthalt in frischer Luft - bringt sich das Tier selbst in eine so gute Grundverfassung, dass es tatsächlich ausreicht, das Pferd nur einmal täglich zu bewegen. Sofern der Reiter nicht gerade für den Hochleistungssport trainiert, sich auf einen Wanderritt vorbereitet, Vielseitigkeit oder Endurance im Sinn hat. „Aktive Gesundheit", lautet eine der schönsten Passagen von Werner Majer in

*Sind in Mehrraum-Einzelhaltung der Lockvogel schlechthin: Kraftfutter-Dosiergeräte, hier mit einer Sparraufe in der anderen Ecke kombiniert.
Um Futterneid zu unterbinden, wurde der Fressbereich verblendet.
Foto: Hit-Aktivstall*

Pferdefreundliche Betriebe, „lässt sich beschreiben als Gegenstück zu passiver Gesundheit, die lediglich als Fehlen von Krankheit betrachtet werden muss; aktive Gesundheit ist die Fähigkeit, mit Störungen selbst fertig zu werden." Dieses Ziel ist erreicht. Mit einem Minimum an Personalaufwand und trotz Einzelhaltung.

DER STÄHLERNE FUTTERMEISTER

Kraftfutter-Automaten für Einzelhaltung gibt es als Einzelgeräte mit von Hand einzufüllender Bevorratung für mehrere Tage, als elektronisch gesteuertes Kompaktsystem mit vier bis acht individuell betreuten Futterplätzen oder als Komplettsysteme für große Stallanlagen. Hier meistert die an einer Laufschiene hängende Versorgungseinheit Steigungen oder enge Kurven und öffnet bzw. schließt, bei Beschickung mehrerer Stallgebäude, sogar selbstständig Türen. Verfüttert werden können bis zu neun verschiedene Futtersorten, angefangen von Hafer, Müsli, Pellets, Mineral- und teilweise Flüssigfutter, verteilt auf im Schnitt 12-14 Fütterungseinheiten pro Tag. Je nach System, Gerätetyp und Programmierung erhalten die Pferde ihr Kraftfutter entweder gleichzeitig oder unterschiedlich zugeteilt; sodass sich für jeden Nutzungszweck eine individuell optimale Fütterung zusammenstellen lässt.

Ausführung der Geräte und Preise der Hersteller variieren beträchtlich. Empfehlenswert ist nicht nur Preise und Leistungsmerkmale der Geräte miteinander zu vergleichen, sondern sich vom Hersteller Referenzen geben zu lassen. Nicht auf vollmundige Werbung verlassen, sondern unbedingt in persönlichen Rückfragen, ggf. auch Besichtigung der Anlage über Störanfälligkeit und individuelle Macken informieren. Ausgeschlossen sein muss auf jeden Fall ein unkontrollierter Futterauswurf bei Stromausfall oder Erschütterung beziehungsweise, dass Futterstationen von den Pferden demoliert oder abgerissen werden können; nützlich sind Stör- und Fehlermeldungen.

Der wetterfeste Tageshort

Nun ist eine Erweiterung der Boxen um Einzelpaddocks nicht immer möglich. Paradebeispiel dafür sind Ställe, die an eine Reithalle angeschleppt wurden. Und wenn das Geld für einen kompletten Umbau derzeit fehlt, haben Pferde, die in den hinteren Boxen wohnen, eben Pech. Oder auch nicht.

Schirmschoppen, die alten bäuerlichen Unterstände für Maschinen, lassen sich zu prachtvollen Offenställen umbauen. Aber Achtung: Eisenbahnschwellen als Pfosten bekommt man heute nicht mehr genehmigt.
Foto: Kleine-Hegemann

Keine Einzelhaft

„Pferde, die nur unregelmäßig unter dem Sattel bewegt werden, brauchen auf jeden Fall täglichen Ausgleich, entweder, indem die Einzelhaltung durch Paddocks oder Weiden ergänzt wird oder durch Gruppenauslaufhaltung.“

FN, AUS „RICHTLINIEN FÜR REITEN UND FAHREN", BD. 4

Überdachung und Aufteilung eines Auslaufs

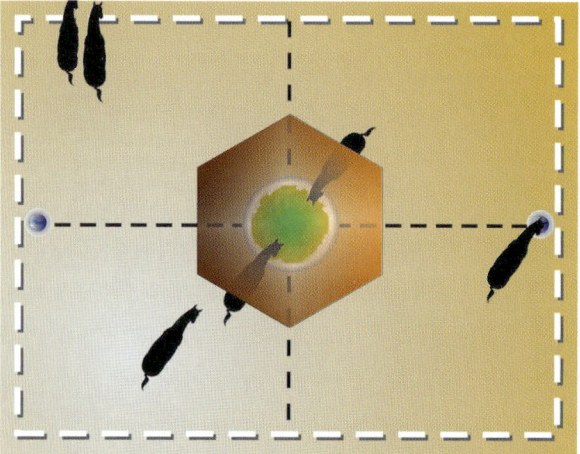

Eine pferdegerechte Alternative bietet zum Beispiel der wetterfeste Tageshort. Das heißt vielleicht einen bereits vorhandenen großen Einzelpaddock aufzurüsten. Den Untergrund in der Mitte mit Verbundpflaster oder Paddockgittern als Standfläche zu befestigen, eine große Rund- oder Rechteckraufe darauf stellen, das Ganze großzügig zu überdachen und den Paddock, mit der überdachten Raufe als Zentrum, Abstandhalter und Unterstand, in Einzelausläufe zu unterteilen. Jeweils an der Grenze wird zwischen zwei Ausläufen eine gemeinsame, frostsichere Tränke installiert, und fertig ist der Tageshort. Damit können diese früher ungeschützten Paddocks, die bei schlechtem Wetter meistens leer stehen, das ganze Jahr genutzt werden. Und durch die animierende Pferdegesellschaft links und rechts sowie die bekannte Trennung von Raufutter und Tränke bewegen sich die Tiere insgesamt, trotz der kleineren Fläche, mehr, als wenn sie allein durch ihren Paddock schlendern beziehungsweise stehen und die Welt betrachten.

Abhängig vom Standort und erforderlichen Baugenehmigungen bieten sich als Überdachung Paddock- oder Weidezelte an, feste Schutzdächer aus dem Reitanlagenbau und wer ganz pfiffig ist, guckt in Baumärkten nach Sonderangeboten für Carports. Die werden als Massenprodukt oft nämlich nicht nur preiswert, sondern auch sehr formschön angeboten und lassen sich mit handwerklichem Geschick leicht auf eine pferdegerechte Höhe bringen.

Eine andere Möglichkeit bieten offene Schuppen, die in vielen Reitanlagen als Hänger-Parkplätze belegt sind. Die vor Wind und Wetter geschützten Hänger sind zwar gut und schön, aber sie brauchen Licht, Luft und Kontakt zu ihrer Umwelt mit Sicherheit nicht so dringend nötig wie das Pferd. Solche Unterstände bieten sich durch die feste Rückwand auch als komplette Offenställe an, ohne mit einem heftig wiehernden Amtsschimmel allzu sehr in Clinch zu geraten. Spätestens in dieser Situation ist zu überlegen, ob denn Einzelhaltung tatsächlich bei jedem Pferd notwendig ist.

VON SPARFÜCHSEN EMPFOHLEN

- ◼ Als Halter für mobile Futterschüsseln und Tränkeimer haben sich Traktorreifen bewährt. Wer Angst hat, dass sich die Hufe im Reifen verfangen, schäumt die Zwischenräume mit Bauschaum aus.
- ◼ Alternativ können übergangsweise statt einer Standraufe auch Heunetze aufgehangen werden. Gefüllt werden sie am einfachsten durch das Überstülpen über einen entsprechend großen Eimer (Maurerwannen). Um Unfällen vorzubeugen, unbedingt auf Sollbruchstelle am Netz achten und möglichst frei pendelnd anbringen (nicht unmittelbar an einer Wand).
- ◼ Zu niedrige Carports werden durch untergesetzte Sockel auf die gewünschte Höhe gebracht (bauliche Vorschriften beachten; im Außenbereich kritisch).
- ◼ Mit Autoreifen ummantelte Betonpfeiler oder -sockel verhüten Schrammen an Pferdehaxen und -hüften. Kunststoffrohre aus dem Bauhandel schützen Holzstützen vor Verbiss.
- ◼ Paddockzäune müssen besonders stabil sein, und stabile Zäune sind teuer. Preiswerter sind dicke Eisenrohre aus Alteisen, die an entsprechend massive Pfähle montiert werden.
- ◼ Gummimatten um Tränken verhindern ein Vermatschen des Bodens.

Standfest im Traktorreifen: Ohne diesen Schutz kegeln Pferde Eimer gerne um. Foto: Borchardt

Voll im Trend: Gruppenhaltung

Immer mehr Pferdebesitzer schwören auf die Wohngemeinschaft. Den Pferden gefällt ihr Fitness-Center auch.

Foto: Hit-Aktivstall

186

En famille: Gruppenhaltung

In vielen Pensionsställen wird strikte Einzelhaltung ohnehin dadurch aufgeweicht, dass ein Teil der Pferde tagsüber in kleinen oder größeren Gruppen gemeinsam Auslauf oder Weidegang hat. Da bietet es sich förmlich an, bereits bestehende Freundschaften und die Gewöhnung der Tiere aneinander auch auf den Stall auszudehnen. Der größte Vorteil der Gruppenhaltung ist, räumen selbst hartgesottene Skeptiker ein, der ungehinderte Sozialkontakt im Herdenverband. Als Nachteil wird die erhöhte Verletzungsgefahr genannt. „Es kann wegen des recht robusten Sozialverhaltens zu Problemen führen", gibt Michael Putz zu bedenken, „weil schon kleine Verletzungen, zum Beispiel eine Bisswunde in der Sattellage, das Pferd unreitbar machen können".

Unfälle lassen sich durch Einzelhaltung nicht ausschließen

Das könnte passieren, obwohl gerade diese Verletzung mit am seltensten auftritt. Häufiger sind oberflächliche Abschürfungen an Hals, Schulter und Kruppe, die weder das Pferd noch das Reiten behindern, selbst versorgt werden können und meist nach wenigen Tagen verschwunden sind. Und auch die sind nicht die Regel. Aber sie können passieren, hauptsächlich in der Eingewöhnungsphase. Ebenso, wie Pferdetransporter in Unfälle verwickelt werden können. Ebenso, wie eine Dressurkarriere auf ihrem Höhepunkt durch ein ausschlagendes Pferd auf dem Turnierplatz abrupt beendet wird. Sich Pferde in ihren Boxen festlegen und langwierige Nervenquetschungen einhandeln. In der Stallgasse ausrutschen und mit sehr viel Glück nur das Fell verschrammen, in eine blöde herumstehende Schubkarre springen (was auch in den besten Ställen schon vorgekommen sein soll), sich an einem Türrahmen die Hüftknochen demolieren oder im Parcours stürzen und mit einem unbemerkt angeknacksten Halswirbel wenige Stunden später tot zusammenbrechen. Ein besonders spektakulärer Fall, der durch die Presse ging. Schon die Zigeuner wussten, dass der Deubel stets die besten Pferde holt und bemalten sie deshalb abergläubisch, um den Satansbraten auf eine falsche Fährte zu locken. Unfälle lassen sich durch Voraussicht und Sicherheitsmaßnahmen zwar dezimieren, aber grundsätzlich ausschließen lassen sie sich nie. Daran ändert auch die Einzelhaltung nichts. Etwas Glück gehört dazu.

Zwar stimmt es, dass nicht jedes erwachsene Pferd in jede beliebige Herde integriert werden kann. Andererseits gibt es genügend Beispiele für über Jahre blendend und „mackenfrei" funktionierende Gruppenhaltungen. Und ganz sicher stimmt, dass der Prozentsatz der Pferde, die durch ihren exorbitant hohen Wert im Spitzensport oder als Hengst im Deckeinsatz verständlicherweise einzeln gehalten werden müssen, verschwindend gering ist im Vergleich zu den Pechvögeln, die durch unnötige Beschränkung ihrer Sozialkontakte und anderen haltungsbedingten Stress in Verhaltensstörungen oder Krankheiten getrieben werden. Und das nur durch den Stempel „Achtung Reitpferd". Weil die Besitzer zu wenig Zeit haben, sich ausreichend um die Bedürfnisse der Tiere zu kümmern, auch noch andere Interessen pflegen — was ja durchaus legitim ist — und obwohl die Pferde jahrein, jahraus, mit denselben Nachbarn in demselben Stall stehen. Die wichtigste Voraussetzung für eine stabile Herdenbeziehung.

Auch für Sportpferde
„Wie im Laufstall kommt es auch hier darauf an, dass die Gruppenzusammensetzung weitgehend gleich bleibt, damit das Verletzungsrisiko durch unvermeidbare Rangordnungskämpfe in Grenzen gehalten werden kann. Die Zugriffsmöglichkeit auf das Einzelpferd ist noch relativ einfach, die Integration neuer Pferde bleibt auf eine Gruppe beschränkt und ist somit überschaubar. Die Gruppenhaltung eignet sich sowohl für Ponys und Großpferde, wenn die Pferde/Ponys aneinander gewöhnt sind und zueinander passende Pferde zusammengestellt werden, also auch für Sportpferde."

FN, AUS „DIE DEUTSCHE REITLEHRE - DAS PFERD"

Gekonnte Gruppenhaltung heißt noch mehr Lebensqualität für das Pferd und hat Vorteile für den Reiter

Wahre Wunder

„Eine intakte Offenstallherde vollbringt besonders an schreckhaften und labilen Pferden wahre Wunder. Das Herdenleben fordert jedes einzelne Pferd zunächst einmal zu mehr geistiger Beweglichkeit auf; das wirkt sich in deutlich besserer Konzentrationsfähigkeit aus. Verhaltensstörungen und die berühmten Ausraster unter dem Sattel legen sich schon nach kurzer Zeit und viele körperliche Leiden verschwinden oder werden gravierend gemildert, wie ständige unerklärliche Lahmheiten, Koliken oder Asthmaanfälle."

KIRSTIN ZOLLER

In solchen Fällen lohnt es sich, Vor- und Nachteile gegeneinander abzuwägen. Denn Auslaufhaltung, die mit Einzelboxen nicht zu realisieren ist, sieht bei Gruppenhaltung oft ganz anders aus, weil sich Nischen öffnen, ungenutzte Flächen einbeziehen und im Idealfall sogar Weiden anbinden oder größere Rundwege anlegen lassen. Das bedeutet noch mehr Lebensqualität für das Pferd und noch mehr Abwechslung. Immer mit Blick auf den Kostenrahmen, auf Arbeitseinsparung und eine gelockerte Zeitbindung beim Pflegen und Reiten selbstverständlich. Es ist ja keine Risikofreude, die zunehmend mehr Reiter für Gruppenhaltung eintreten lässt, die in ihrer modernen Version keinen Vergleich mit der hochwertigsten Einzelhaltung zu scheuen braucht. Es ist die Ausgeglichenheit und robuste Konstitution der Pferde, die den Tierarzt, selbst bei chronischen Leiden, zu einem immer selteneren Gast werden lässt. Und es ist das blütenreine Gewis-

Foto: Hit-Aktivstall

sen, wenn der Vierbeiner auf einer entsprechend durchdachten und pferdegerecht gestalteten Anlage mal einen Tag nicht geritten oder gehätschelt wird, weil es kaum Defizite gibt.

Vorzüge, die zum einen auf das Konto des erweiterten Bewegungsspielraumes gehen, zum anderen auf die Einbindung in einen Herdenverband. Beides zusammen macht Pferde so belastbar, nervenstark und angenehm im Umgang, dass für viele Pferdebesitzer oft schon nach kurzer Zeit kaum noch eine andere Haltungsform in Frage kommt und Einzelhaltung als Ausnahme von der Regel gesehen wird. Und selbst in solchen Fällen bemüht man sich, für Einzelpferde einen vierbeinigen Sozialpartner zu finden, bei dem es die gesuchte Anlehnung findet.

Dahinter steht ein anderer Denkansatz: Weil der Herdentrieb zum Pferd gehört, und es die soziale Bindung braucht, um psychisch und physisch stabil zu bleiben (s. auch Kapitel Dauerstress), wird Gruppenhaltung die nach Möglichkeit anzustrebende Basis einer gesunden Pferdehaltung. Zu dieser Einstellung bekennen sich längst nicht mehr ausschließlich Robustpferdehalter oder Freizeitreiter ohne turniersportliche Ambitionen, mit denen der Trend zur Reitpferdehaltung in Gruppen begann. „Die Pferde finden es super. Die Laufstallhaltung in Gruppen kommt ihrem natürlichen Sozialverhalten entgegen", zieht auch Martina Kohlstruck, vom gleichnamigen Zucht- und Ausbildungsstall Bilanz. „Überzeugungsarbeit muss lediglich bei den Pferdehaltern geleistet werden." Eine Überzeugungsarbeit, die das Ehepaar Karle im baden-württembergischen Osterburken so attraktiv in die Praxis umsetze, dass gut ein Drittel der rund 70 Pensionspferde in eine hochnoble Gruppenauslaufhaltung umzog. Der aufwändige Umbau und Einsatz moderner Fütterungstechnik wurde im Wettbewerb „Unser Stall soll besser werden" mit einer Hochleistungs-Pferde-Besonnungsanlage honoriert. „Der Preis macht bei uns deshalb so viel Sinn", freute sich Bertram Karle über den Sonder-Ehrenpreis, „weil die Pferde der Gruppen-Auslaufhaltung nach der Arbeit trocken ins Freie entlassen werden können."

Vom Feinsten: Moderne und pferdegerecht gestaltete Gruppenhaltungen lassen (aus Sicht des Pferdes) keine Wünsche offen. Foto: Hit-Aktivstall

Horsemanship

„Wie beim Menschen ist die Neigung zu Verspannungen erstens anlage- und zweitens haltungsbedingt. Während der Mensch kaum einen Ausweg aus der für den Unterhalt seines Pferdes notwendigen, aber verspannungserzeugenden Büro- oder Fließbandarbeit sieht, hat er aber vielleicht eine Möglichkeit, die Situation seines Pferdes durch eine artgerechte Gruppen-Auslaufhaltung zu verbessern. Bei bewegungseinschränkender Boxenhaltung wird er jeden Tag erneut vor dem Problem nervenraubender Verspannungen stehen - ebenso, wie ihn selbst die gleichen Schmerzen am Ende eines Arbeitstages ohne Bewegung quälen."

ANTJE HOLTAPPEL, AUS „GO WEST"

Im Grunde genommen haben verantwortungsbewusste Pferdebesitzer keine allzu große Wahl

Im Grunde genommen haben verantwortungsbewusste Pferdebesitzer ohnehin keine allzu große Wahl: Entweder schafft man es die bekannten Nachteile der Einzelhaltung, wie im Profisport, zugunsten größerer Sicherheit durch entsprechend hohen Zeit- oder Personalaufwand ausreichend zu kompensieren, oder man überlässt dem Pferd die Freizeitgestaltung in Eigenregie. Vorzugsweise in Pferdegesellschaft. Das forderte schon vor Jahrzehnten Ursula Bruns, eloquente Streiterin für artgerechte Gruppenauslaufhaltung und Gründerin des Reitzentrums Reken. „Ist der Mensch nicht vernunftbegabt genug", setzte sie sich für die Bedürfnisse des Herdentieres Pferd ein, „um nach einer Weile des Ausprobierens und Hinschauens herauszufinden, welche Pferde sich miteinander vertragen, welche eine Weile brauchen, um zu natürlichem Verhalten zurückzufinden, und welche nun in Gottes Namen so zänkisch oder frustriert sind, dass man sie am besten allein hinauslässt? Weshalb denn braucht der Mensch seine Vernunft nicht?"

Gruppenhaltung funktioniert in jedem Gestüt, unabhängig von der Rasse, sie funktioniert in jedem Aufzuchtbetrieb, und sie funktioniert bei den Rentnergangs auf vielen Reiterhöfen. Es gibt keinen triftigen Grund, warum sie bei noch im Dienst stehenden Reitpferden nicht funktionieren sollte. Lediglich der Einstieg ist komplizierter, und das Management muss stimmen. Damit steht und fällt jede erfolgreiche Gruppenhaltung.

ICH WÜRDE ES IMMER WIEDER TUN

Jochen Schumacher und Anna Eschner
Reitzentrum Reken
Zu den Vertretern, die die Entwicklung von klein auf miterlebten zählen Anna Eschner und Jochen Schumacher, heutige Leiter des Reitzentrums Reken und Nachfolger von Ursula Bruns. Bemerkenswert an der renommierten westfälischen Basis-Reitschule ist der seit Gründung der Schule konsequent in den Unterricht eingebundene Anschauungsunterricht zu artgerechter Einzel- und Gruppenhaltung in verschiedenen einfachen Modellen, die auch für kleinere Geldbeutel erschwinglich sind. Während für die Gastpferde der Kursteilnehmer Einzelboxen plus Auslauf und kleine Offenställe für 1-2 Tiere zur Verfügung stehen, leben die Lehrpferde seit jeher im Herdenverband. Das summiert sich inzwischen auf mehr als ein Vierteljahrhundert Erfahrung in Gruppenhaltung mit den unterschiedlichsten Rassen; angefangen von sämtlichen in Deutschland vertretenen Warm- und Vollblütern, Kaltblütern, Ponys, Kleinpferden, Barockpferden bis zu Western- und Gangpferden.

„Wir hatten in diesem Zeitraum bei mehreren hundert Pferden drei schwerere Verletzungen in Gruppenhaltung durch einen unglücklichen Tritt", zieht Jochen Schumacher selbstkritisch Bilanz. „Ein bitteres Lehrgeld. Aber wenn ich sehe, wie zufrieden die Tiere sind und wie leistungswillig unsere Lehrpferde unter den ständig wechselnden Anfängern und Fortgeschrittenen selbst nach 10, 12 Jahren und mehr arbeiten und dieser Verletzungsquote die vielen Pferde gegenüberstelle, die im gleichen Zeitraum in anderen Ställen durch eine überholte, nicht pferdegerechte Einzelhaltung unheilbar krank wurden und zum Schlachter wanderten, war es das Risiko wert. Man muss ja kein Dogma aus der Gruppenhaltung machen. Idealerweise sollten Einzel- und Gruppenhaltung so umgesetzt werden, wie es für das jeweilige Pferd am verträglichsten ist."

Fotos: Reitzentrum Reken

Auf das Management kommt es an

Nur weil Pferde anspruchsvoll geritten werden, mutieren sie nicht zu Monstern, die bei jeder Gelegenheit übereinander herfallen. Unverträglichkeit und daraus resultierende Blessuren, die diese Haltungsform besonders bei Großpferden in Verruf brachte, haben viel schlichtere Ursachen. Sie hängen mit dem Sozialverhalten zusammen, das auf dem begrenzten Areal von Stall und Auslauf weit penibler beachtet werden muss als auf den riesigen Flächen, die wild- oder halbwild lebenden Pferden zur Verfügung stehen und entsprechend viel Raum zum Ausweichen bieten. Aber eben auch die Möglichkeit, sich von Vater, Mutter, Tanten und Geschwistern loszusagen und einem Verband anzuschließen, in dem sich das Pferd wohler fühlt.

Bei Berücksichtigung des Sozialverhaltens ist das Risiko kalkulierbar

Und genau das ist die Krux. Denn unter der menschlichen Diktatur entfällt die Wahlfreiheit der Gruppenzugehörigkeit. Das heißt schon bei der Vorplanung genau zu überlegen, welche Tiere hinsichtlich Alter, Charakter, eventuell auch Geschlecht oder Rasse zueinander passen, damit sich eine intakte Herde bilden kann und jedes Tier Anschluss findet. Man muss individuelle Vorlieben und Antipathien beachten und darf Eifersüchteleien nicht unterschätzen. Wie viele Pferde sollen zusammengestellt werden? Wie groß ist der Platzbedarf, damit jedes Pferd den benötigten Freiraum hat oder ungehindert ausweichen kann, ohne ein anderes zu rempeln? Gibt es genügend Rückzugsmöglichkeiten und sind genügend Fluchtwege vorhanden? Und wie lassen sich Ställe und Ausläufe so sinnvoll gliedern, dass sich die Pferde nicht ständig unfreiwillig ins Gehege kommen? Sonst sind Stress, Aggressionen und Benachteiligungen vorprogrammiert.

Solche und ähnliche Variablen gilt es unter einen Hut zu kriegen, wenn man auf dauerhaften Frieden Wert legt. Dann wird die Herdengemeinschaft zu einem kalkulierbaren Risiko. Ein Kalkül freilich, das sehr viel Wissen über natürliche Verhaltensmuster und rassebedingte Unterschiede verlangt. Denn, wie es auf gut Kölsch heißt: Jeder Jeck ist anders. Und nicht jedes Pferd tickt gleich.

Überschätzt

„Die Gefahr, dass sich die Pferde bei Gruppenhaltung nicht vertragen, sich beißen oder schlagen können, wird überschätzt. Es gehört zur Kunst des Managements, die Tiere so zu gruppieren, dass alle Pferde in ihrer Gruppe integriert sind. Es ist wichtig, dass auch die Rangniederen von mindestens einem Pferd in beherrschender Position geduldet werden. Schlecht integrierte Gruppenmitglieder haben eine Reihe von Nachteilen, nicht nur am Fressplatz zu erdulden."

JENS MARTEN /ARMIN SALEWSKI, AUS „HANDBUCH DER MODERNEN PFERDEHALTUNG"

Nicht jedes Pferd tickt gleich: Unterschiedliche Rassen in einer Gruppe sind manchmal problematisch.
Foto: Slawik

Pferde unter sich

Menschen lieben es kompliziert: Sie fluchen, brüllen, betteln, diskutieren, analysieren, manipulieren, mahnen Fehlverhalten schriftlich ab, verurteilen zu Geld- oder Haftstrafen und können Mord und Totschlag trotzdem nicht verhindern. Pferde sind schlichter gestrickt. Sie rümpfen grantig ihre Nüstern oder lupfen einen Huf. Dominant ist ein Pferd, wenn ein Schädelschwenken reicht, um ein anderes auf seinen Platz zu weisen. Souverän ist es, wenn es kaum einmal die Ohren anzulegen braucht.

Wer nicht pariert, wird angedroht oder kriegt eins auf die Kirsche

Unabhängig von familiären oder freundschaftlichen Beziehungen leben Pferde in einer festen Rangordnung, die vom ersten bis zum letzten Platz belegt wird. Egal, wie groß oder wie klein die Herde ist. Ob sie aus zwei oder mehr Tieren besteht, ob es der Familienverband ist, in den das Pferd hineingeboren wurde, oder ein anderer; eine Junggesellenbande, Tanten- oder Seniorengruppe, zu der es im Laufe seines Lebens wechselt. Zuerst wird gerauft. „Bevor die Mitgliedschaft im Club gilt, wird ausgetestet wer die Hosen anhat", flapst Tierärztin Heike Luckow. Auseinandersetzungen, die in Jugendrangeleien spielerisch trainiert werden, doch wenn es hart auf hart geht durch ihre Vehemenz erschrecken. Obwohl sie sich meist auf einen kurzen Schlagabtausch beschränken, bis der Unterlegene flüchtet, mit einem herzhaften Biss nach der Hinterhand oder einer kurzen symbolischen Verfolgung verabschiedet. Und noch häufiger reicht drohende Präsenz. Denn bis sich die Pferde ans Leder gehen, wird geblufft und gepokert, um dem Gegner den Schneid abzukaufen. „Im Allgemeinen wird von Pferden immer nur so viel aggressives Verhalten gezeigt, wie die augenblickliche Situation es erfordert", erklärt Dr. Margit Zeitler-Feicht diese weitgehend ritualisierten Auseinandersetzungen. „Dies hat ökonomische Gründe, da im Falle eines Kampfes für beide, auch für den Sieger ein Verletzungsrisiko gegeben ist, was letztendlich ein Überleben gefährden würde." Ein Match, das in größeren Herdenverbänden gleich auf mehreren Rängen gespielt wird. Es zoffen sich die Anwärter der Chefetage, Mittelschicht und Underdogs. Ist die Hierarchie jedoch einmal geklärt, herrscht Frieden. Das schwächere Pferd ordnet sich dem Ranghöheren unter und läuft hinterher. Dieser Frieden hält so lange an, bis ein Pferd

Rangordnung

„Pferde haben eine feste Rangordnung. Regeln im Umgang miteinander sichern die Überlebensfähigkeit in der Herde. Rangordnungskämpfe, besonders gut bei Fohlen, aber auch bei neuen Weidepartnern zu beobachten, gehören zum Instinktverhalten. Zur Verteidigung untereinander setzen Pferde ihre Hufe und Zähne ein. Sie sind dabei nicht immer zimperlich. Auf der anderen Seite zeigen Pferde aber auch einen sensiblen Umgang miteinander sowie ein ausgeprägtes Neugier- und Zuneigungsverhalten."

FN, AUS „ANREITEN UND AUSBILDEN VON JUNGEN PFERDEN"

Bei Rangeleien trainieren die Pferde ihr Durchsetzungsvermögen. Die Ohrenhaltung beim Toben verrät den spielerischen Charakter. Fotos: Neddens

ausfällt und dessen Posten vakant wird, ein Neuzugang zur Herde stößt und die bestehende Rangordnung durcheinander wirbelt oder ein Youngster physisch und psychisch so gereift ist, dass es Aufstiegschancen wittert. Der einzige Wechsel, der in einer bestehenden Pferdeherde, in der sich alle Tiere bestens kennen und einschätzen können, fast beiläufig erfolgt.

Ansonsten werden die Privilegien eifersüchtig gehütet. Je höher einer ist, umso ungehinderter kann er sich den Wanst voll schlagen, er hat Vortritt an der Tränke, darf die besten Dös- und Ruheplätze okkupieren und obendrein bestimmen, wie dicht ein anderes Pferd in seinen Hoheitsbereich eindringen darf. Dieser Individualabstand kann rasseabhängig größer oder kleiner ausfallen und wird rangniedrigeren Pferden recht willkürlich nach Lust und Laune diktiert. Busenfreunde dürfen bis auf Hautkontakt heran, andere haben zwei bis drei Meter Abstand einzuhalten oder mehr. Und bei Aufmüpfigkeit wird nicht lang gefackelt: Wer nicht pariert, wird angedroht oder kriegt eins auf die Kirsche.

KURZ UND BÜNDIG

Die von Verhaltensforschern beobachteten Sozialkontakte werden grob in drei Gruppen unterteilt:

- **Attraktiv (anziehend):** Aufsuchen, Begrüßen, mit der Nase berühren (naso-nasaler Kontakt), Belecken, Beriechen, Aufforderung zu bestimmten Tätigkeiten wie Fellkraulen oder Spielen.
- **Kohäsiv (zusammenhaltend):** Folgen, Hüten, Spielen, Soziale Hautpflege.
- **Repulsiv (abweisend):** Meiden, Weggehen, Angreifen, Vertreiben und Verfolgen.

Wenn der Boss kommt, müssen rangniedrigere Pferde ausweichen, um die geforderte Individualdistanz einhalten zu können. Weil die Rangordnung innerhalb einer Pferdeherde vom ersten bis zum letzten Platz belegt ist, kann das ja nach Standort der Tiere eine regelrechte Kettenreaktion auslösen.

Schlitzohren füllen sich den Magen ohne Risiko

Das kennt jedes Pferd, das respektiert jedes Pferd und bekommt dabei noch nicht einmal Komplexe, schließlich dient die strikte Rangordnung auch seinem Schutz. Zwar müssen sich Schlusslichter bescheiden, doch drücken keine Herdenpflichten, die körperlich oder geistig überfordern. Sie sind von Verteidigung und Organisation weitgehend befreit, schieben lediglich ihre Wache und dürfen trotzdem zu den besten Weide- und Ruheplätzen mitlaufen, statt allein auf sich gestellt oder in vorderster Front Kopf und Kragen zu riskieren. Ein Relikt der wilden Gene, das immer noch in ihren Hinterköpfen spukt. Immerhin ist es unter anderem Aufgabe der Führungsspitze, das Terrain zu sondieren. „Gemütlicher ist´s im Mittelfeld", kennt Jochen Schumacher die Schliche seiner Pappenheimer. „Sich den Magen füllen, ohne in die Schusslinie zu geraten." Zumindest das ist menschlich.

Gegenseitiges Kratzen an Stellen, die man selbst nicht erreichen kann. Pferdefreundschaften zeigen sich in sozialer Fellpflege.
Foto: Neddens

Freundschaft unter Pferden

„In ihren Gesellschaftsregeln hat das Gefühl der Freundschaft nichts mit der Rangordnung zu tun. Das heißt, Freundschaften zwischen Pferden entwickeln sich unabhängig von Rang und Position der beiden Partner."

ARIANE POURTAVAF, HERBERT MEYER, AUS „DIE BRÜCKE ZWISCHEN MENSCH UND PFERD"

Wie raffiniert Pferde dieses Ziel verfolgen, verblüffte Kirstin Zoller. „Sie denken sich die unmöglichsten Tricks aus. Ich hatte eine neue Stute in der Herde, die unbedingt von der Leitstute akzeptiert werden wollte. Die jedoch verjagte sie. Nach wenigen Tagen stellte

FAMILIENKLÜNGEL

Die wilden Gene

Einige Bosse halten ihren Harem eifersüchtig zusammen und unterbinden jeden nachbarlichen Kontakt, bei anderen lebt „La mama" samt Töchtern und den Jüngsten außerhalb der Rosse ziemlich frei. In der freien Wildbahn gibt es Kleinfamilien, Großfamilien, Junggesellenbanden, Busenfreunde und Busenfeinde. Eine einzelne Pferdefamilie setzt sich normalerweise aus dem Hengst, ein bis sechs erwachsenen Stuten und dem Nachwuchs bis zum Alter von zwei bis drei Jahren zusammen, die Herde umfasst aber selten mehr als 20 Tiere. Große Gruppen von 100 Pferden oder mehr bilden keinen homogenen Verband unter dem Schutz eines besonders starken Leittieres, sondern sind ein Zusammenschluss autonomer Kleinfamilien, die sich lediglich gemeinsame Weidegründe teilen.

Für den Zusammenhalt der Familie und die Verteidigung ist der Leithengst zuständig. Er beteiligt sich zwar auch an der Erziehung und pflegt außerhalb der Rosse bei einigen Rassen, vereinzelten Beobachtungen zufolge, selbst zu erwachsenen Söhnen noch teilweise freundschaftliche Beziehungen, aber die eigentliche Führung liegt bei der Leitstute. Meist ein erfahrenes älteres Tier, das die besten Schutzmöglichkeiten, Weide- und Ruheplätze kennt und von den übrigen Familienmitgliedern so respektiert wird, dass sie erst bei sichtlich körperlichem Verfall abgelöst wird; ihren Führungsanspruch geltend machen muss sie in der Regel nur bei zugewanderten oder vom Althengst eroberten, ähnlich dominanten Stuten.

Saugfohlen leben in der Rangposition der Mutter und sind unter ihrer Ägide vor Übergriffen rangniedriger Pferde zunächst geschützt. Als Absetzer, Ein- und Zweijährige belegen sie dagegen die hintersten Rangpositionen und müssen sich von dort aus erst einen eigenen Status erobern. Junghengste, die in dieser Situation bei Vater und Mutter nichts zu melden haben, wandern entweder gezwungenermaßen oder freiwillig spätestens mit zwei bis drei Jahren ab und schließen sich zu Junggesellenclubs mit einer eigenen Rangordnung zusammen; sie sind frühestens mit fünf bis sechs Jahren auch psychisch gereift genug für eine eigene Familiengründung. Meist mit jüngeren Töchtern, die vom Familienpascha weniger scharf bewacht werden (obwohl es durchaus zu Inzest-Paarungen kommt); oft zeigen sich auch rangniedrige Stuten ihrem Werben zugänglich. Im Gegensatz zu diesen Schlusslichtern lebt der Kern der Altstuten in einer so engen Beziehung zueinander und zum Familienhengst, dass sie auch in dessen Abwesenheit zusammenbleiben, sich Entführungen widersetzen und fremde Hengste abschlagen. Zumindest so lange, bis das Leittier von einem Jüngeren und Kräftigeren entthront wird, der die Stutenherde übernimmt. Geschlagene Althengste leben entweder einzelgängerisch, bis sie einem Raubtier zum Opfer fallen, oder schließen sich erneut einem Junggesellenverband an.

das Pferd seine Taktik um und machte sich zum Schatten. Sie folgte der Leitstute exakt auf Entfernung des gerade noch erlaubten Individualabstandes. Auf Schritt und Tritt, rund um die Uhr, bis sich die Ranghöhere an ihre Anwesenheit gewöhnt hatte und nachlässiger wurde. Dann verringerte sie den Abstand fast unmerklich um wenige Zentimeter. Das Spiel zog sich gut drei Wochen hin, die der Neuen höchste Konzentration abverlangte. Aber sie setzte ihren Kopf durch und durfte zum Schluss neben der Alten fressen und ruhen. Und das ist kein Einzelfall."

Für dieses Pferd, das selbst keinen hohen Rang anstrebte, dagegen ein Volltreffer. Denn mit der Protektion brauchte es nur noch zwei zu fürchten, den lieben Gott und seinen Vize. Und auch das ist Normalität in einer Pferdeherde, dass sich Freundschaften, Clubs und Clübchen unabhängig von der Rangfolge bilden. Sandkastenlieben kleben zusammen, solange sie nicht getrennt werden, Stuten bleiben ihren Töchtern eng verbunden, auch wenn die schon eigene Fohlen führen, und selbst bei wildfremden erwachsenen Pferden gibt es Liebe auf den ersten, zweiten oder dritten Blick. Ein voll integriertes rangniedrigeres Tier hat in der Regel immer einen Beschützer, der verhindert, dass es zu sehr drangsaliert wird. Daraus können die kuriosesten Dreiecksverhältnisse entstehen. Ist das nicht der Fall und bleibt das Pferd ein Außenseiter, ist es in dieser Herde fehl am Platz.

Von Geburt an werden Fohlen in die Herdenetikette eingeweiht

Von Geburt an werden Fohlen in die Herdenetikette eingeweiht. Sie entdecken, dass Onkel oder Tanten nicht so freundlich wie die Mama sind und empfindlich kneifen, wenn man lästig wird. Sie lernen sich bei Gleichaltrigen zu behaupten, Stärkeren zu gehorchen oder aggressive Zeitgenossen durch Mäulchen-machen zu beschwichtigen, bis sie das Regelwerk beherrschen. Grundvoraussetzung für einen nach Pferdemaßstäben fairen Umgang mit Herdengenossen und situationsabhängige, angemessene Reaktionen.

Mäulchen machen: Typisch für junge Pferde ist das Unterlegenheitskauen mit vorgestrecktem Hals vor dominanten Pferden.

Die dabei eingesetzte Kommunikation basiert hauptsächlich auf Körpersprache. Zwar benutzen Pferde auch ihre Stimme. Sie brummeln, prusten, grunzen, schnauben; Mütter rufen ihre Kinder und diese ihre Mütter, fremde Pferde begrüßen sich laut wiehernd; sie quietschen, röhren und trompeten. Aussagekräftiger, und weit weniger verräterisch für Raubtiere, sind jedoch Haltung und Mimik. Der Grad, in dem Ohren aufgestellt, angelegt oder abgewinkelt werden, Maulpartie und Nüsternstellung, ob und welche Zähne entblößt werden, die Schweifhaltung und natürlich die gesamte Silhouette.

Imponiergetöse: Haltung und aufgewölbter Kragen sollen beeindrucken.
Fotos: Neddens

Ein alarmiertes Pferd wirft den Kopf auf, spitzt die Ohren und deutet mit gelüftetem Schweif seine Fluchtbereitschaft an. Wer imponieren will, der macht sich groß, wölbt den Hals, hackt mit den Vorderbeinen aus oder zeigt Passage und Piaffe. Unmut wird mit Kopfschütteln, oft auch mit ärgerlichem Schweifschlagen quittiert. Selbst mürrische Vertreter warnen mit zurückgelegten Löffeln und verkniffenem Maul vor, ehe sie sich in einen explosiven Giftbolzen verwandeln, der austritt oder mit gebleckten Zähnen zuschnappt. Dass der Warnhinweis kapiert wurde, zeigt der Gerüffelte beim Abdrehen mit devot, rückwärts seitwärts abgesenkten Ohren, eingezogenem Hinterteil und eingeklemmter Rübe. Bestenfalls sucht er sich seinerseits ein Opfer und verjagt es, um sich abzureagieren. Falls er noch dazu kommt. Denn das Opfer kratzt, nicht dumm, meist rechtzeitig die Kurve oder bringt sich bei seinem starken Freund in Sicherheit. Ein Meideverhalten, das nicht sofort erkennbar ist, weil die Pferde von sich aus den gebotenen Sozialabstand einhalten und sich ohne Aufregung verkrümeln. Hingegen nähert sich, wer Plausch und Spiel im Sinn hat, mit vorgestellten Ohren und freundlichem Gesicht.

Es ist ein Sammelsurium winziger Signale, die miteinander kombiniert bis ins Detail Emotionen und Absichten verraten. Das wichtigste Instrument, um Kompetenzübergriffe, unnötige Reibereien und Hektik innerhalb der Herde auf ein Minimum zu reduzieren. Ist die Herdenbindung bis zu diesem Punkt gediehen, ist die Verletzungsgefahr gering. Man muss „nur" die leidigen Rangauseinandersetzungen zu Beginn ohne allzu herbe Schmisse in den Griff bekommen. Das freilich ist manchmal eine harte Nuss.

Mürrisch: Angepinnte Ohren, verkniffene Mundwinkel und verzogene Nüstern reichen rangniedrigeren Pferden aus, um sich schleunigst zu verkrümeln.
Foto: Slawik

Steil gespitzte Ohren, freundliches Gesicht und Beschnuppern zur Begrüßung
Foto: Neddens

Nun rauft euch zusammen und spielt mal schön!

Das Grundproblem der Herdenbildung ist seit Siegfrieds Heldentat im Nibelungenlied bekannt: Er schlug der Ure viere und den grimmen Schelch. „Das Wort Schelch finden wir heut noch in dem für Deckhengste verwendeten Ausdruck Beschäler wieder", verweist Dr. Michael Schäfer auf den Respekt, der Zähnen und Hufen der wehrhaften Wildhengste gezollt wurde. Auch ohne Beschäler, auf den aus verständlichen Gründen in einer Reitpferdehaltung wenig Wert gelegt wird, und trotz schadensvermeidender Rituale ist beim ersten Date Vorsicht angebracht. Ein unglücklicher Tritt bleibt ein unglücklicher Tritt.

Den Stein der Weisen gibt es nicht

Wie man ihn am besten meidet, ist von Fall zu Fall verschieden. In professionellen Aufzuchtbetrieben, beispielsweise, werden die Tiere zu einem bestimmten Datum auf den Hof gebracht und alle gleichzeitig auf die Weide entlassen. Mit Erfolg: Die Verletzungsrate ist minimal und die Rangfolge kurz und schmerzlos geklärt. Allerdings ist diese Taktik nicht der Stein der Weisen, als der sie oft verkauft wird. Denn erstens sind alle Pferde fremd, sodass der Heimvorteil entfällt. Zweitens sind Aufzuchtherden, trotz der Trennung nach Geschlechtern, groß; 30, 40 Pferde und mehr sind keine Seltenheit. Damit verzetteln sich die Tiere, und der Dampf ist raus. Drittens sind Aufzuchtweiden riesig. Viertens, und das ist das wichtigste Argument: Weil der Lauf- und Spieltrieb überwiegt, haben Fohlen und Jungpferde den geringsten Individualabstand von allen Pferden überhaupt, unabhängig von der Rasse. Deshalb klappt es auch so gut.

So ideale Bedingungen gibt es aber nur in dieser Konstellation. Zwar ist das gleichzeitige Austreiben auch bei erwachsenen Pferden nicht die schlechteste Methode, weil speziell zu Beginn der Weidesaison die Gier auf das frische junge Grün überwiegt und das Procedere verkürzt wird. Nur heißt es überlegen, wer mit wem zusammengrasen darf. Und vor allen Dingen wann. Denn stellt man Nachzügler bloß zwei, drei Wochen später allein in diese Weidegruppe, geht das Getöse von vorne los. Allerdings mit dem Unterschied, dass jetzt alle gegen einen spielen, und das könnte böse enden.

Vorzugsweise werden Pferde deshalb sukzessiv aneinander gewöhnt. Der erste Schnupperkontakt erfolgt durchs Boxenfenster, über Trennwand oder Paddockzaun hinweg, wie bei der Einzelhaltung mit Auslauf. Bei einer bereits gefestigten Gruppe wird der Neuling normalerweise in die geräumige Krankenbox im Auslauf einquartiert. Der Ranghöchste beginnt, und nach und nach trudelt der Rest der Herde ein, um ihn zu beäugen. „Die Pferde stehen Schlange", erzählt Anna Eschner, mit der Integration von Pferden im Reitzentrum Reken bestens vertraut. „Guckt der Neue nicht raus, stehen vier davor und hängen ihre Köpfe rein. Gewöhnlich sehen wir am ersten Tag vor der Eingewöhnungsbox reihenweise Pferdehintern."

Aufzuchtherden sind oft riesig, außerdem haben Jungpferde durch den ausgeprägten Spieltrieb einen geringen Individualabstand.
Foto: Neddens

Gut geplant

„Während unsere Lehrpferde in den Kursen arbeiten, lassen wir neue Pferde im großen Gruppenauslauf auf eigene Faust herumstrolchen. Dafür kommen gerade nicht benötigte Tiere aus dem Herdenverband in den Eingewöhnungsstall oder benachbarte Einzelausläufe. So lernen Frischlinge die Anlage gründlich kennen, fühlen sich nicht allein und können weiterhin Kontakte pflegen.

ANNA ESCHNER

*Weil Rangordnungskämpfe zum natürlichen Herdenverhalten gehören, ist bei der Zusammenstellung von Herden Vorsicht angebracht.
Foto: Roth-Leckebusch*

Hier zeigt sich schon ansatzweise, wes Geistes Kind der Zugang ist und ob er eher in der unteren oder der oberen Liga spielt. Hat sich die Aufregung gelegt, wird er nach einigen Tagen zuerst mit dem rangniedrigsten und friedlichsten Pferd zusammengebracht, bei dem die wenigsten Schwierigkeiten zu erwarten sind. Klappt auch das, kommt einen Tag später der nächsthöhere Kandidat hinzu und so weiter, bis das Pferd in die Herde integriert ist.

Wo die Rendezvous bei dieser Form der Eingewöhnung laufen, hängt von den Gegebenheiten ab. Bei kleinen Doppel-Whoppern für zwei Pferde oder stark verwinkelten Anlagen werden die Treffen vorzugsweise auf die bewährte Weide oder in einen großen Einzelauslauf verlegt; sind Ställe und Ausläufe groß und übersichtlich gestaltet, bleibt der Event vor Ort. Mit entsprechender Voraussicht selbstverständlich. „Lieber etwas weiter denken als hinterher herumzudoktern", ergänzt Jochen Schumacher und zählt fix noch ein paar Sicherheitsmaßnahmen mehr auf: Abnahme der Hintereisen, Vertrautmachen mit den neuen Räumlichkeiten, Fluchtwege und natürlich fällt erneut das Stichwort Platz. Je mehr, desto besser.

SICHERHEIT IM ÜBERBLICK

- Hintereisen abnehmen, weil Stuten und Wallache in Rangordnungskämpfen bevorzugt die Hinterhand einsetzen.
- Neulingen ausreichend Gelegenheit geben, sich zuerst allein mit den Örtlichkeiten vertraut zu machen, damit sie alle Fluchtwege, Ein- und Ausgänge kennen. Sonst sind die alten Hasen im Vorteil.
- Bei beengten Verhältnissen (kleinere Offenställe für zwei Pferde) den ersten Kontakt auf eine große Weide oder in einen großen Einzelpaddock verlegen.
- Attacken ausbremsen. Optimal sind Bäume oder Rundraufen als Verkehrsinseln, um die die Pferde herumlaufen können; zur Not helfen auch solide aufeinander gestapelte Heu- oder Strohballen.
- Beim Frühjahrsaustrieb alle Pferde gleichzeitig auf die Weide entlassen; das frische Grün lenkt ab.
- Die Pferde nach dem Reiten, verschwitzt wie sie sind, zusammen auf die Weide oder in den Auslauf stellen. Erstens sind sie müde, zweitens juckt das Fell, und sie wollen sich wälzen; in Einzelpaddocks eventuell 2-3 Heuhaufen auslegen, wenn keine Raufe vorhanden ist.

Wenn Bewegungsfreiheit fehlt, werden Pferde aggressiv

Ausreichend Platz ist freilich nicht nur während der Integration gefragt, sondern auch im Domizil selbst. Als Richtwert für die Flächenermittlung in Gruppenauslaufhaltungen gibt es eine praktikable Formel, die, mit ein bisschen Rechnen hin und her, verrät, wie viel Quadratmeter pro Kopf benötigt werden. Grob über den Daumen gepeilt ist es ungefähr die dreifache Boxengröße: Die Liegefläche wird einfach, der Auslauf doppelt gezählt und beides addiert. Hochgerechnet auf zehn oder zwanzig Tiere scheint das viel und lässt nach Luft schnappen. Andererseits darf die Liegefläche prozentual zur Gruppengröße reduziert werden, und das lässt hoffen. Denn Liegefläche heißt überdachte Fläche, und überdachte Fläche kostet das meiste Geld. Knappst man hier etwas ab und schummelt beim Auslauf auch ein wenig, könnte man fast wieder auf einen Nenner kommen.

Und genau diese Knauserei führt zu Keilereien. Schließlich geht es nicht um tierquälerisch zusammengepferchtes Flattervieh in Bodenhaltung, deren extrem hoher Stresspegel bekanntlich in Selbst- oder gegenseitiger Verstümmelung eskaliert, sondern um einen sinnvollen Ausgleich für den eingesparten Zeit- und Personalaufwand in artgerechter Pferdehaltung. Ist nur ein kleiner gemeinsamer Liegestall vorhanden, sind Futterplätze knapp bemessen, kommt es bei Pferden mit unterschiedlichen Individualabständen oder sehr dominanten Tieren unweigerlich zu Reibereien. Und zu den Ekeln, die sich notfalls rücksichtslos genügend Raum verschaffen, zählen nun mal die meisten Warm- und Halbblüter, aber auch Achal Tekkiner, Traber, Lipizzaner oder Lusitanos, um nur einige zu nennen. Das heißt nicht, dass diese Pferde gruppenuntauglich sind, sondern dass sie schlicht mehr Luftraum brauchen. Eine Art Kultur-Neurose. Ähnlich wie auch bei Menschen die Höflichkeitsdistanz kulturabhängig variiert und zwischen Europäern zum Beispiel deutlich größer ist als im arabischen Raum.

Sind ein Muss in jeder vernünftigen Gruppenhaltung: Eingewöhnungsboxen, die bei Bedarf auch als Krankenboxen dienen.
Foto: Slawik

Flächenermittlung für Gruppenhaltungen (Richtwerte)

Liegefläche: (Widerristhöhe x 2)² x Anzahl der Pferde
zulässiger Abschlag der Liegefläche ca. 20 %

Auslauf: (Widerristhöhe x 2)² x 2 x Anzahl der Pferde

Bezugspunkt für die Flächenermittlung ist die Widerristhöhe des größten Pferdes (Wh). Im Vergleich zur entsprechenden Zahl von Einzelboxen darf die Liegefläche bis zu 20 % reduziert werden. Je größer eine Gruppe ist, um so höher kann der Abschlag sein, abhängig von der Verträglichkeit der Tiere. Um Unfällen vorzubeugen ist eine harmonische Zusammenstellung der Pferde und die Gestaltung von Stall und Auslauf jedoch genauso wichtig wie ausreichend Platz.

1. Beispiel: 10 Warmblüter verschiedener Rassen, größtes Pferd 1,65 m Stockmaß (Wh)		Bedarf pro Tier	Bedarf Gruppe
Liegefläche	1,65 m Wh x 2 = (3,3)² = 10,9 m² ./. 20 % Abschlag = 8,7 m² x 10	8,7 m²	87 m²
Auslauf	1,65 m Wh x 2 = (3,3)² = 10,9 m² x 2 = 21,8 m² x 10	21,8 m²	218 m²
Gesamtfläche		30,5 m²	305 m²

Aufgrund des vermuteten hohen Individualabstandes sollte auf den Abschlag der Liegefläche verzichtet und die Anlage größer als das geforderte Mindestmaß angelegt werden.

2. Beispiel: 10 aneinander gewöhnte Ponys, geringer Individualabstand, maximal 1,45 m Stockmaß (Wh)		Bedarf pro Tier	Bedarf Gruppe
Liegefläche	1,45 m Wh x 2 = (2,9)² = 8,4 m² ./. 20 % Abschlag = 6,7 m² x 10	6,7 m²	67 m²
Auslauf	1,45 m Wh x 2 = (2,9)² = 8,4 m² x 2 = 16,8 m² x 10	16,8 m²	168 m²
Gesamtfläche		23,5 m²	235 m²

Durch die Verträglichkeit der Tiere ist der Mindestflächenbedarf bei beengten Verhältnissen vertretbar.

Selbstbewusst

„Rassespezifische Gesichtspunkte berücksichtigen: Isländer zum Beispiel sind so selbstbewusst, dass sie in Herden mit anderen Rassen oft die Regie übernehmen und andere Pferde erst etwas zu fressen bekommen, wenn der Isländer satt ist."

ANKE SCHWÖRER-HAAG

Alles, was „meins" ist, wird verteidigt

Bei Pferden sind solche Unterschiede möglicherweise ein Erbe des ursprünglichen Herkunftsraumes einer Rasse. War sie karg und musste jedes Grasbüschel verteidigt werden, zeigt sich das in ausgeprägtem Futterneid und großem Individualabstand. Und ob die Theorie der Typ-III-Pferde nach Speed-Ebhardt nun wissenschaftlich anerkannt ist oder nicht - dass da etwas dran ist, weiß jeder Praktiker. Ebenso, dass dieses Erbe durch Verkreuzung heute in nahezu jeder Rasse unverhoffte Kapriolen schlagen kann, so wie sich umgekehrt friedlicher Charakter, Sanftmut oder Menschenbezogenheit vererben. Auch die als so verträglich gerühmten, über Jahrhunderte in enger Beziehung mit ihren

Besitzern lebenden Araber, Kaltblüter und diverse Ponyrassen lassen sich nicht unterbuttern. Generell zeigen dominante Pferde (wie ihre menschlichen Pendants) die Tendenz, alles, was sie mit Beschlag belegen, in „mein" und „dein" fein säuberlich zu trennen - egal, ob es nun Futter, Wasser oder der vierbeinige Hofstaat ist. Und versuchen obendrein, sich von jedem Kuchen den größten Happen abzuschneiden.

Wer sich in gemischten Gruppen durchsetzt, lässt sich nie ganz genau vorhersagen. Normalerweise rangieren Wallache über Stuten, andererseits kommt es bei dem Kräftemessen weniger auf Gewicht und Größe an, als auf Erfahrung, Temperament und Selbstvertrauen. Oft genug zeigen physisch schwächere, aber reaktionsschnelle und selbstbewusste Tiere Führungsqualitäten, von denen die gesamte Herde profitiert. Das kann bei Pferden unterschiedlicher Rassen auch ein Kleinpferd, Pony oder eine Stute sein. Als Verhaltensforscher Dr. Michael Schäfer beobachtete, wie eine seiner Sorraiastuten samt Anhang einem frisch auf die Koppel gebrachten Hengst richtig Zunder gab, kommentierte er den Vorgang trocken: „Hätte eine Anführerin von Women´s Lib das Geschehen verfolgen können, es hätte ihr das Herz im Leibe lachen müssen. Vermutlich laufen also auch in Einhufersozietäten patriarchalische und matriarchalische Verhaltensweisen nebeneinander her und überlagern oder ergänzen sich oft gegenseitig, wie wir das aus menschlichen Bereichen kennen." Ein Matriarchat, das auch von den Dülmener Wildpferdedamen im Merfelder Bruch so selbstbewusst vertreten wird, dass die jährlich in die Herde eingebrachten Hengste Mühe haben sich durchzusetzen, um ihre Erzeugerpflichten zu erfüllen.
Ganz Genaues weiß man also nicht; hier ist Fingerspitzengefühl gefragt. Denn vom Individualabstand und der Verträglichkeit der Tiere hängt es ab, wie viel Abschlag prozentual real vertretbar ist und die Entscheidung, ob ein Pferd besser in einer Klein- oder der Groß-WG aufgehoben ist.

WG sucht Mitbewohner

Sorgfältig planen

„Wer eine Zeit lang seine Pferde im eigenen Stall betreut hat, der weiß, wie viel Arbeit und Verantwortung ihm der Pensionsstall zuvor abgenommen hat - gegen gutes Geld natürlich. Füttern, Tränken, Putzen, Beschlagen, Herausholen der Pferde, Säubern des Auslaufs, Entmistung - alles das muss mit dem geringstmöglichen Aufwand zu erledigen sein, damit das Leben mit Pferden eine Lust bleibt und nicht zur Last wird."

ZUSAMMENSTELLUNG AUS DEM ST. GEORG SONDERHEFT „STALL UND WEIDE"

2 x 1 = 1. Die Rechnung geht auf, legt man zwei Einzelplätze zusammen und stellt ein Paar Pferde hinein. Es ist die denkbar kleinste Gruppeneinheit und das klassische Einsteigermodell für Selbstversorger. Die kamen schon vor Jahren drauf, dass die Versorgung von Pferden am Haus erheblich leichter fällt, wenn sie sich ohne menschliches Kindermädchen amüsieren. Was nicht zuletzt schlicht daran lag, dass auf Rest- und Bauernhöfen häufig enorm viel Platz vorhanden war: 400 m² Auslauf für zwei Pferde oder mehr, zuzüglich Weiden, waren und sind bis heute keine Seltenheit. Eine Größenordnung, die sich, wird Wert auf penible Sauberkeit gelegt, neben Fütterung, Zäuneflicken und sonstigen Arbeiten anders kaum bewältigen lässt, denn bei diesem Pensum wird die Zeit zum Reiten knapp. Außerdem bleibt es meist nicht bei zwei Pferden. Sei es, weil die Rentner ihren Lebensabend mit Familienanschluss selbstverständlich weiterhin genießen oder weil die Versuchung überwiegt. „Pferdehaltungen haben die Tendenz, sich nach Jahren der Erfahrung durch Hinzukauf weiterer Vierbeiner zu vergrößern", weiß Ingolf Bender. Eine weithin bekannte Einsicht. Denn was mit zwei Kumpanen, die sich lieben, funktioniert, klappt auch mit vier, sechs, acht und zehn Pferden. Bis zu dieser Größenordnung, wird in der Fachliteratur empfohlen, sollte möglichst auf eine gerade Bestandszahl geachtet werden, damit kein Tier abseits bleibt. In größeren Beständen ist die Paarbildung nicht ganz so relevant, weil die Chance, dass sich ungerade Freundschaften anbandeln, höher ist.

Blitzsauber: Zusammen gelegte Außenboxen mit vorgelagertem Paddock. Foto: Kleine-Hegermann

Mit Familienanschluss: Zum Rasenmähen in die Einfahrt abkommandiert, überlegt die Stute, wie sie vom Parkplatz auf die Terrasse kommt. Oder, noch besser, in den Gemüsegarten.
Foto: Schreiner

Die wichtigste Regel in Gruppenhaltungen:
Es müssen genügend Fluchtmöglichkeiten vorhanden sein

Freilich ist ausreichend Platz für ein friedliches Zusammenleben unter Pferden nicht der einzige Sicherheitsaspekt. Die wichtigste Regel jeder Gruppenhaltung lautet: Genügend Fluchtmöglichkeiten schaffen. Denn wenn ein rangniederes Pferd einem Ranghöheren nicht ausweicht, weil es in der Klemme steckt und nicht weiß wohin, ist das, laut Pferdeknigge, glatter Widerstand. Und darauf steht die Prügelstrafe. Demzufolge reicht es schon beim Zusammenlegen von zwei Boxen nicht aus, nur beide Türen zum gemeinsamen Auslauf zu öffnen; es muss auch die Trennwand raus. Wird zugunsten von noch mehr Freiraum die Türfront obendrein entfernt, sofern sie zur wetterabgewandten Seite liegt, hat man einen Offenstall: Drei Seiten geschlossen, eine Seite offen. Und weil bei dieser Form der Bauausführung die Wärmedämmung weniger relevant ist, erfreuen sich einfache Schuppen in Gruppenhaltungen auch so großer Beliebtheit. Denn hier kann ein Teil des Geldes eingespart werden, dass in größeren Ausläufen bei einer vernünftigen Bodenbefestigung wieder draufgeht.

Heikel in Gruppenhaltungen sind immer Sackgassen, spitze Winkel, Gebäude mit nur einem Zugang oder nicht einsehbare lange, schmale Schneisen, die ein querstehender unleidlicher Zeitgenosse blockieren könnte. Versucht ein Tier dem Druck von hinten zu entgehen und ist seitlich und nach vorn der Weg ebenfalls versperrt, ist das die unfallträchtigste Situation, die es in Gruppenhaltungen überhaupt gibt. Und je mehr Pferde eine gemeinsame Anlage bewohnen, umso größer wird die Herausforderung, das Areal so zu strukturieren, dass jederzeit ein freier Notausgang vorhanden ist. Der Grund, warum von Herdengrößen über 20 Tieren meistens abgeraten wird.

Unbedingt vermeiden

„Vor allem müssen Sackgassen und tote Winkel vermieden werden, damit unterlegenen Tieren ein Fluchtweg verbleibt. Barrieren zwingen die Pferde zu langen Wegen, in größeren Räumen (Auslauf oder Liegefläche) erleichtern Raumteiler das Ausweichen rangniedrigerer Tiere.

GERLINDE HOFFMANN,
AUS „ORIENTIERUNGSHILFEN
REITANLAGEN UND STALLBAU"

Oben links, im Schatten, befindet sich der Liegestall, Futter gibt es unten und dazwischen liegt ein Laufweg. So hält Verhaltensforscherin Dr. Margit H. Zeitler-Feicht ihre Haflinger in Bewegung.
Foto: Zeitler-Feicht

Liegestall mit zwei Eingängen: Tränke an die Grenze des Auslaufs ausgelagert; Raufutterbereich unter dem Dachüberstand am Stall. Eine Alternative zum Festbinden bei den Kraftfuttermahlzeiten sind umgehängte Futtereimer (linke Abb.).

Offenstall ohne Türfront: Laufweg zwischen den Funktionsbereichen durch ein Mittelgatter verlängert; Tränke am Liegebereich; Fresszone mit Rollraufe; dahinter liegendes Raufutter- und Einstreulager (rechte Abb.).

Perfekt: 3 Eingänge sorgen für Frieden in größeren Beständen.
Foto: Hit-Aktivstall

Clever: Die Windschutzwand vor diesem Eingang schafft zusätzliche Ausweichmöglichkeiten.
Foto: Borchardt

Bewährt hat sich neben mehreren Ein- und Ausgängen in geschlossenen Ställen praktisch alles, um das ein Pferd herumlaufen kann. Das können frei stehende Raufen sein, Fluchtbalken, Stützpfeiler oder in den Auslauf integrierte Bäume. Bei beliebten Gehölzen müssen die Stämme zwar vor Verbiss geschützt werden, sonst würden sie nicht lange überleben, dafür machen sich ausladende Baumkronen im Sommer als zusätzliche Schattenplätze nützlich. Und weil deren Laub obendrein noch mundet, werden die Blätter, wie sie fallen, im Herbst von den Pferden mit Begeisterung gefressen.

Denn auch das gehört zu einem guten Herdenmanagement: Dafür zu sorgen, dass jedes Tier ein kommodes Plätzchen zum Relaxen findet, ohne angefeindet oder ständig aufgeschreckt zu werden, sonst trauen sich rangniedrige Pferde kaum noch hinzulegen. Unter diesem Blickwinkel sind bei vielen Tieren mehrere kleine geschützte Liegeflächen ohnehin vorteilhafter als ein gemeinsamer Liegestall, aber zur Not schaffen auch frei stehende Trennwände als Raumteiler einen Sichtschutz, hinter die sich das Tier verziehen kann. Das Non-Plus-Ultra sind natürlich frei stehende Gebäude, deren Außenwände von den Pferden als stille Rückzugswinkel geschätzt werden, und das umso lieber unter einen breiten Dachüberstand.

Außerdem ist darauf zu achten, dass es an stark frequentierten Bereichen, wie Tränken oder Raufen nicht zu eng wird. Das wäre der Fall bei nur einer Tränke in einer vielköpfigen Herde, wenn generell weniger Fressplätze als Pferde vorhanden sind oder ein ranghohes Tier gleich mehrere Futterstellen auf einmal besetzen kann. Mit dem Erfolg, dass dieses Ross glücklich kaut und der Rest gierig in der Warteschlange lauert. Was naturgemäß dem Herdenfrieden ähnlich abträglich ist wie der morgendliche Ansturm einer Großfamilie auf das einzig verfügbare Klo.

Ringelpietz ohne Anfassen: Um freistehende Gebäude können rangniedrige Pferde herumlaufen. Außerdem finden sie meist einen ruhigen Dösplatz.
Foto: Schreiner

FROSTSICHERE TRÄNKEN

Ob Einzel- oder Gruppenauslaufhaltung: Im Winter frieren Tränken liebend gerne ein. Erst das Ventil in der Schale, sodass kein Wasser nachfließen kann, und dann die Leitungen. Um Tränken vor Frost zu schützen, gibt es verschiedene Möglichkeiten: Zirkulations-Heiz-Pumpen, die das Trinkwasser leicht angewärmt permanent umwälzen; Begleitheizkabel für Leitungen bzw. Heizstäbe oder -ringe für die Tränkebecken. Wer an den Einkauf neuer Tränken denkt, sollte von Anfang an auf gut isolierte oder beheizbare Tränksysteme und auf leichte Reinigung der Tränkebecken achten.

Von Pferden deutlich bevorzugt werden Schwimmertränken, mit permanentem Wasserstand im Becken. Sie entsprechen dem Saugverhalten des Pferdes beim Trinken, wie in natürlichen Gewässern, am ehesten. Eine Sonderform für Ausläufe oder Weiden sind Balltränken, die das Wasser erst freigeben, wenn das Pferd den Ball hinunterdrückt. Das sieht zwar ulkig aus, hat aber den Vorteil, dass das Wasser sauber bleibt und nicht veralgen kann. Wenn man den Pferden zeigt, wie sie funktionieren, gewöhnen sich die meisten schnell daran. Wo Zuleitungen fehlen, haben sich mobile Tränkwagen mit Anhänger bewährt, die ursprünglich für die Wasserversorgung auf Weiden konstruiert wurden. Tränkwagen gibt es als Druckzungen- oder Schwimmertränken; sie haben ein Fassungsvermögen von 160 bis 8.000 Liter.

*Links heizbare Schwimmertränken, rechts eine gut isolierte Balltränke. Zum Saufen drücken die Pferde den Ball zur Seite.
Fotos: Neddens*

Es gilt also einiges bei der Konzeption zu beachten. Dafür kann sich der Erfolg der Mühe aber sehen lassen. Je mehr Einzelplätze in eine Gruppen-Auslaufhaltung integriert werden können, umso größer wird der Bewegungsspielraum des einzelnen Tieres, weil der Flächenbedarf ja proportional mit der Anzahl der Pferde wächst. Je größer die Gesamtfläche ist, umso weiter lassen sich die Funktionsbereiche Fressen, Trinken und Schlafen auseinander ziehen. Es greifen sämtliche aus der Einzelhaltung mit Auslauf bekannten Vorzüge, aber mit verstärktem Bewegungsanreiz. Denn setzt sich ein ranghohes Pferd in Bewegung, müssen alle anderen, je nachdem, wo sie sich befinden, ebenfalls den Standort wechseln, um den diktierten Individualabstand einhalten zu können. Das führt zu einer regelrechten Kettenreaktion und ist einer der Gründe, warum in Gruppenhaltungen grundsätzlich mehr Bewegung ist als in Einzelhaltung.

Doch damit sind die Vorzüge größerer Gruppenhaltungen nicht erschöpft. Endlich gibt es genügend Platz, um mit der Bodenbeschaffenheit zu spielen: Befestigte, leicht zu reinigende Flächen um Raufen, Tränken oder vor den Ställen, die den Hufmechanismus aktivieren, im Wechsel mit einer weicheren, gelenk- und sehnenfreundlichen Tretschicht im Laufbereich, die zum Spielen animiert. Ein Spieltrieb, der bei Pferden in langjähriger Boxenhaltung oft verkümmert ist und in Gesellschaft wieder auflebt, sobald es Freunde gefunden hat.

Die dekorativ gefasste Tränke auf Hof Kinzigtal dient gleichzeitig als Raumteiler. Foto: Hit-Aktivstall

Beliebt bei Wallachen ist Umeinanderkreisen mit spielerischem Schnappen nach Kopf, Hals oder Vorderbeinen, das der andere abzuwehren hat, während Stuten eher eine flotte Laufrunde bevorzugen. Mit etwas Glück sieht man an knackigkalten Tagen in Offenställen sogar sämtliche Dressurlektionen, angefangen vom Rollback bis zur Kapriole oder anstandsfreie Pirouetten. Und das sogar bei Pferden, denen man weder das Temperament noch die Körperbeherrschung zutraut. Bis zu 30 Spielvorgänge pro Tag mit bis zu fünf verschiedenen Sozialpartnern konnte Annette Hackbarth bei besonders rührigen, meist auch ranghöheren Pferden in einer spielfreundlich angelegten Offenstallanlage beobachten, belegt eine Diplomarbeit von 1998 an der Fachhochschule Weihenstephan. Da bleibt keine Zeit für schlechte Laune und Stereotypien. Verhaltensforscher glauben, dass der ausgeprägte Spieltrieb möglicherweise in Zusammenhang mit einem hohen Serotoninspiegel steht, dem Glückshormon schlechthin.

Mit einem kurzen Blick ist solche Lebensfreude freilich selten auszumachen, weil die über den Tag verteilten Phasen meist nur wenige Minuten dauern, ehe sich die Pferde Wichtigerem zuwenden. Etwas futtern, zum Beispiel, oder einem genüsslichen Nickerchen im Auslauf, gut bewacht von den Kollegen - bei rangniedrigen Pferden der beste Beweis, dass sie voll in die Herde integriert sind. Alles zusammen löst körperliche wie seelische Verspannungen, unterstützt den Abtransport von Schlacken und die Regeneration der Zellen optimal. Und je kreativer die Gruppenausläufe gestaltet werden, umso sichtlich wohler fühlen sich die Pferde und nutzen ihre Möglichkeiten aus.

Spielen rund um die Uhr. Die sanfte Neigung der Laufwege bewältigt jedes Pferd; steilere Hänge lassen sich mit langen, flachen Stufen befestigen. Foto: Hit-Aktivstall

SEROTONIN - DAS GLÜCKSHORMON

Serotonin ist ein Neurotransmitter, der Erregungsreize und Informationen über den synaptischen Spalt leitet, der Verbindungsstelle zwischen zwei Gehirnzellen. Tummeln sich viele Serotoninmoleküle im limbischen System, der Gefühlszentrale des Gehirns, sind Menschen glücklicher, ausgeglichener und vitaler, wissen Forscher schon seit Jahren. In der Humanmedizin wird Serotonin zur Bekämpfung von Depressionen eingesetzt; nachgewiesen ist außerdem seine Wirksamkeit gegen Panikattacken. Es scheint an verschiedenen Rezeptoren anzudocken und je nach Ausgangslage überschießende Aktivitäten zu hemmen und schwache zu verstärken. Dass das Glückshormon auch selbstbewusster macht, zeigten Untersuchungen an Rand-Äffchen im Zoo von San Diego. Das Blut von Alpha-Tieren wies einen fast doppelt so hohen Serotoninspiegel auf wie das Blut rangniedriger Affen; umgekehrt stiegen rangniedere Tiere in der Hierarchie auf, als ihr Serotoninspiegel künstlich erhöht wurde. Bei Pferden wurden entsprechende Versuche erfolgversprechend bei der Minderung von Bewegungsstereotypien eingesetzt.

Der Organismus bildet Serotonin aus der Aminosäure Triptophan, das besonders in Gras und hochwertigem Raufutter enthalten ist. Andererseits steigert aber auch viel Bewegung in frischer Luft und das natürliche Lichtspektrum die Serotoninbiosynthese. Weil sozial voll integrierte Offenstallpferde ihre Bedürfnisse nach Bewegung, vielstündigem Kauen und Sozialkontakten ungehindert ausleben können, dürfte alles zusammen der Grund für ihre ausgeprägte Ausgeglichenheit sein.

In kreativ gestalteten Gruppenausläufen schöpfen die Pferde alle Möglichkeiten aus

Was unter dieser Herausforderung erfindungsreichen Hobby- oder hauptberuflichen Architekten alles einfällt, ist beachtlich. Getrennte Areale werden durch beidseits eingezäunte Laufwege verbunden, um die Strecken zu verlängern, Höhenunterschiede rutschsicher mit Gummimatten befestigt oder in langen flachen Stufen entschärft, die jedes halbwegs gesunde Pferd so selbstverständlich wie problemlos meistert. Was dann zusätzlich die Hinterhand trainiert, weil das Pferd bei jedem Rauf- und Runterlaufen die Hinterbeine untersetzen muss. Angst vor Überforderung braucht man nicht zu haben, weil die Pferde schon von sich aus aufhören, wenn sie müde werden. Lediglich bei akuter Lahmheit oder stark gehandikapten Arthrosepferden sollte vorsorglich der Tierarzt konsultiert werden.

Sehr beliebt sind auch Scheuermatten, -pfähle oder -bürsten aus dem Agrarhandel für die Körperpflege. Und seit sich Luxus-Milchkühe neuerdings an rotierenden Bürsten erfreuen dürfen, die über Kontaktflächen gestartet werden, ist es nur eine Frage der Zeit, bis auch Rösser ihre vollautomatische Schrubbanlage kriegen. Wem das immer noch nicht reicht, der legt einen zusätzlichen Sandplatz zum Wälzen an. Ob der ausschließlich als solcher dann genutzt wird, hängt allerdings von den Gegebenheiten ab. Ist der restliche Auslaufboden überwiegend hart, funktionieren die Tiere den Wälzplatz ungeniert zur öffentlichen Pinkelstätte um, wie ein Test auf Gut Wildschwaige ergab. Was Hanns Ullstein aber wenig stört, weil so die Einstreu im Liegestall länger trocken bleibt.

Scheuerbürsten werden gerne und eifrig genutzt. Weil sich die Pferde beim Kratzen kräftig anlehnen und ausrutschen könnten, muss der Boden darunter rutschfest sein. Foto: Neddens

Gefragt sind Leittiere mit Führungsqualitäten und ein Betreuer, der alle Pferde kennt

Optimale Rahmenbedingungen genügen jedoch nicht, meint Kirstin Zoller: „Erstens braucht die Herde ein Leittier mit Führungsqualitäten, das über ein gesundes und ausgeprägtes Sozialverhalten und „faire" Verhaltensweisen verfügt. Das ist wichtig, weil sich untergeordnete Tiere an ihren Bossen orientieren. Meistens finden sich solche Pferde unter etwas älteren, lebenserfahrenen Tieren, die schon Herdenerfahrung mitbringen. Zweitens muss es einen festen, für den Offenstall verantwortlichen Betreuer geben. Den guten alten Futtermeister, der heute in Pensionspferdebetrieben vielfach in Vergessenheit geraten ist. Er muss die Herde als Ganzes und jedes einzelne Pferd innerhalb der Herde genau kennen: seine Körpersprache, Eigenheiten, Stärken, Schwächen, Gewohnheiten, sein Verhalten gegenüber anderen Herdenmitgliedern oder Menschen und seine Position in der Herdenhierarchie."

Tipp

Wenn sich ranghohe Pferde in einem stabilen Herdengefüge mit sozial gut integrierten Tieren plötzlich betont rücksichtsvoll einem anderen Pferd gegenüber verhalten, ist etwas im Busch. Gewiefte Gruppenhalter schwören auf diese Krankheitsfrüherkennung und beobachten das Tier aufmerksamer oder checken es durch. Meistens werden sie pfündig.

Winterfreuden: Die Laufspuren zeigen,
wie intensiv die Pferde ihr Areal nutzen.
Fotos: Hit-Aktivstall

Beides ist vor allem
deshalb unverzicht-
bar, weil der Brävste
nicht in Frieden leben
kann, wenn es dem
Nachbarn nicht ge-
fällt. Kritisch wird es
in großen Herdenver-

Achtung, Unfallgefahr

*Einzelne Pferde in Gruppen-
ausläufen nie angebunden ohne
Aufsicht stehen lassen, sonst sind
sie Sanktionen hilflos ausgesetzt.
Ranghohe Tiere können nicht
unterscheiden, dass ein rangniedrigeres Pferd nur deshalb
nicht ausweicht, weil es
festgebunden ist.*

bänden beispielsweise, wenn Häuptlinge von Kleingruppen auf die Idee verfallen, Her-
zogtümer einzurichten und obendrein auf Autonomität bestehen. Meist, weil sich ein
Wallach zum Beschützer seiner rossenden Dulcinea berufen fühlt und wie Don Quichotte Hengstallüren zeigt. Heikel wird es auch, wenn ein ranghoher Tyrann (das kann auch
eine Stute sein) sich ein Lieblingsopfer ohne stärkeren Beschützer ausguckt und nach
Strich und Faden schikaniert. Oder zwei annähernd gleichstarke Erzfeinde aufeinander
prallen, die sich, wann und wo es eben geht, die Meinung geigen. Wie fulminant ein solches Schlachtfeld aufgerollt werden kann, erlebten die Rekener mit einer Hannoveraner-
und einer Isländerstute, die in ihrer Wut sogar Zäune übersprangen, um sich zu fetzen.
Wodurch ein derart ausgeprägter Hass entsteht, ist schwer zu sagen. Manchmal sind es
weit zurückliegende negative Erfahrungen, die mit Typ oder Fellfarbe eines Pferdes
hochgespült werden, und manchmal können sich zwei Tiere schlicht nicht riechen.
Dabei können die Vierbeiner in einer anderen Gruppierung ganz verträglich sein, nur
miteinander geht es eben nicht. So wie es einem selbst mit manchen Zeitgenossen auch
nicht anders geht.

Nüchtern, aber funktionell.
Foto: Hit-Aktivstall

Um Platznöte zu kompensieren, ist in Pensionspferdebetrieben möglichst große Flexibilität gefordert

Hier hilft nur eine radikale Trennung, damit die ganze, bis dahin mühsam aufgebaute Harmonie nicht zum Teufel geht. Selbstversorger und kleinere Stallgemeinschaften mit genügend Platzreserven beheben solche Stürme mit einem Wimpernschlag. Ställe und Ausläufe werden kurzerhand geteilt, und Ruhe ist. Wenn es gar nicht anders geht, wird eben ausgebaut. Das kostet zwar ärgerliches Geld, das heute kaum noch locker in der Portokasse sitzt, schont aber Nerven der Besitzer und Pferdeknochen gleichermaßen. Von so großzügigen Räumlichkeiten können die meisten Pensionspferdebetriebe jedoch nur träumen. Um Platznöte zu kompensieren, ist deshalb möglichst große Flexibilität gefordert. Das gilt umso mehr, je höher der Pferdebestand in Relation zur Fläche ist.

Zu jeder durchdachten Gruppenhaltung gehört zunächst die bereits erwähnte Einzelboxe. Sie dient wahlweise zur Eingewöhnung oder als Krankenboxe, aber auch dazu, um ein Pferd nach der Arbeit vernünftig versorgen zu können. Speziell im Winterhalbjahr wird man vom Reiten verschwitzte oder abgewaschene Pferde nicht einfach in die Herde zurück entlassen. Vorzugsweise werden die Tiere deshalb für eine kurze Zeit in die Notbox eingestellt. In modernen Pensionspferdebetrieben mit größeren Gruppenhaltungen sind manchmal auch separate Trockenställe für mehrere Tiere zu finden, unabhängig vom Solarium.

Empfehlenswert ist auch die Anlage, wo es einzurichten ist, von Anfang so zu konzipieren, dass bei Bedarf ein kleinerer, voll funktionsfähiger Liegestallbereich mit Auslauf abgeteilt werden kann. Hier finden dann die Kleinherzöge nebst Begleitung, Don Quichottes mit ihrer Dulcinea, ruhebedürftige Senioren oder aus anderen Gründen zeitweilig oder langfristig ausquartierte Kleingruppen Platz. Durch solche Maßnahmen können Pensionspferdehalter sehr viel individueller auf einen Wechsel im Pferdebestand oder die Wünsche ihrer Einsteller eingehen. Auch wenn etliche der aufgezählten Vorzüge, im Vergleich zur Stammherde, entfallen, bleibt immer noch ein pferdefreundlicher Kompromiss. Eine andere Möglichkeit besteht darin, benachbarte Einzelplätze mit mobilen Elementen auszurüsten, die sich mit wenigen Handgriffen in Zweier- oder Viererställe verwandeln lassen.

Verträumt im Séparée: Interessantes Detail an diesem Offenstall ist das begrünte Dach. Foto: Slawik

Denn auf die Option der Einzelhaltung kann auch bei bester Absicht oft nicht verzichtet werden. Ein triftiger Grund dafür wäre beispielsweise, wenn ein altgedientes Boxenpferd keinen vorhandenen Sozialpartner akzeptiert und sich in Einzelhaltung plus Auslauf sichtlich wohler fühlt oder Pferde mit gestörtem Sozialverhalten zu einem unkalkulierbaren Risiko werden, weil sie ständig überreagieren. Das kommt häufiger bei Tieren vor, die ohne ausreichende Sozialerfahrungen in den ersten Lebensjahren aufwuchsen. „Derart aufgezogene Pferde", kennt Dr. Margit Zeitler-Feicht das Problem, „haben Angst vor anderen Pferden, da sie das Ausdrucksverhalten ihrer Artgenossen nicht ausreichend einschätzen können. Aus dieser Angst heraus reagieren sie oft bzw. der Situation nicht angemessen, das heißt, sie schlagen oder beißen bei der geringsten Gelegenheit. Andere zeigen das gegenteilige Verhalten, sie stehen abseits und sind ständig auf der Hut vor den anderen Gruppenmitgliedern. Solche Pferde sind für die Gruppenhaltung meist nicht geeignet, da dieses Leben für sie Stress bedeutet und entweder ihr Verletzungsrisiko oder das der anderen Pferde überproportional hoch ist."

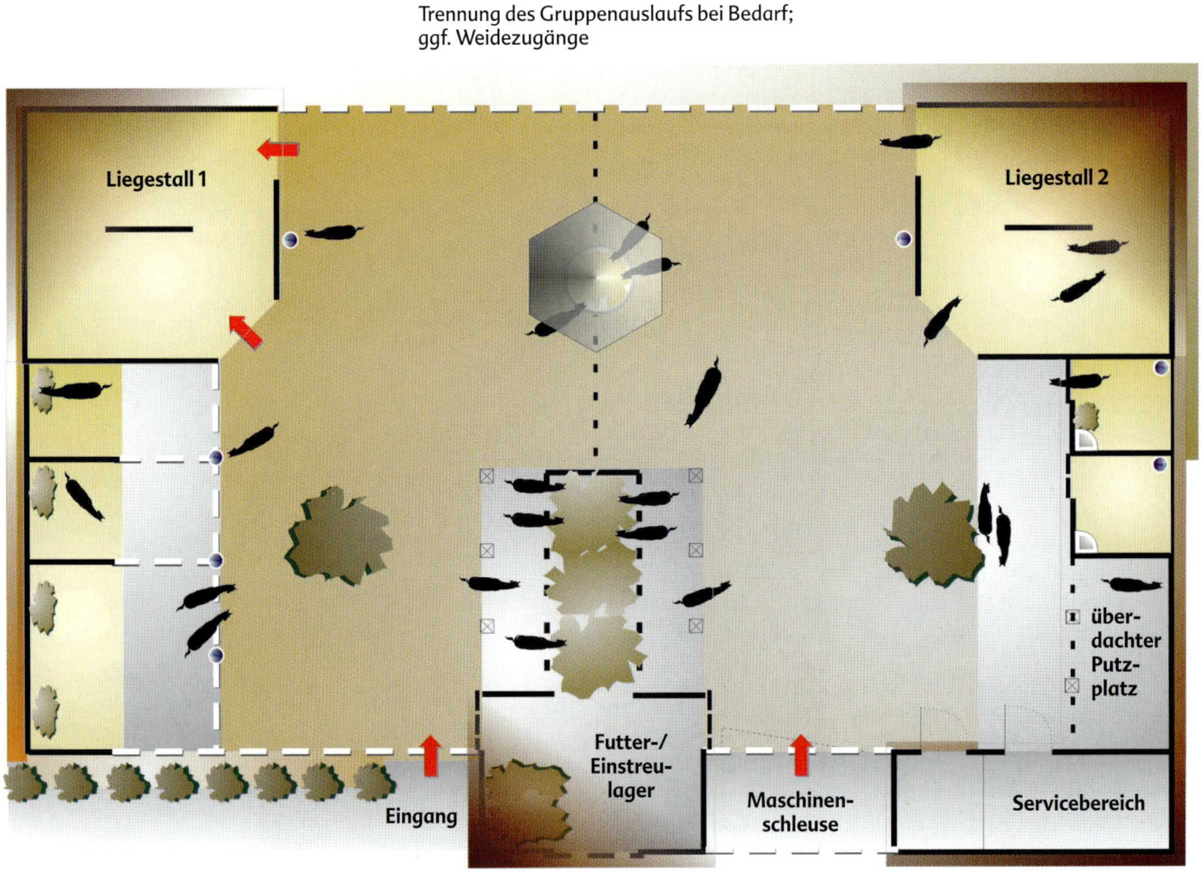

Trennung des Gruppenauslaufs bei Bedarf;
ggf. Weidezugänge

Variable Offenstallanlage: 2 Liegeställe mit Fluchtbalken; Einstreu- und Futterlager mit befahrbarer offener Futterstraße; zusätzliche Maschinenschleuse. Links mit mobilen Elementen gestaltete Offenstall-Einzelplätze; rechts 2 geschlossene Kranken- oder Abschwitzboxen; daneben ein überdachter Putzplatz und Service-Räume. Durch die Anordnung der Funktionsbereiche lässt sich der große Gruppenauslauf bei Bedarf problemlos in zwei annähernd gleich große, voll funktionsfähige Anlagen unterteilen.

In diesem Dilemma schließt sich dann der Kreis: Wenn Gruppenhaltung in die Einzelhaltung mündet, weil ein Pferd durch nicht artgerechte Aufzucht soziale Defizite zeigt, die sich nicht mehr korrigieren lassen. Doch mit dieser Feststellung ist das Kapitel Gruppenhaltung nicht beendet, denn offen blieb: Wie füttert man in der Herde, ohne dass sich die Damen und Herren Equiden in die Wolle geraten und jedes Tier die ihm zugedachte Ration erhält?

WAS TUN MIT EINEM SCHLAMMSCHWEIN?

Pferde und Kinder haben eins gemeinsam: Sie ferkeln mit Vorliebe im Dreck. Zwar glänzen bei trockenem Wetter Offenstallpferde oft nicht weniger als ihre Stallkollegen, bei feuchtem Wetter und im Winterhalbjahr sieht es dagegen anders aus. Sind Ausläufe nicht pingelig befestigt und haben Pferde vom Frühjahr bis zum Herbst außerdem noch Weidegang, machen sie schnell jedem Schlammschwein Konkurrenz. Trotzdem ist ihre Pflege viel einfacher als die von Boxenpferden. Denn während bei Boxenpferden täglich gründlich Putzen Pflicht ist, gilt das bei Offenstallpferden als Todsünde schlechthin. „Je weniger geputzt wird", weiß Kirstin Zoller, „desto mehr reinigt sich das Fell von selbst". Die Klimaanlage Fell funktioniert nur, wenn die natürliche Fettschicht erhalten bleibt. Staub, Sand und sauberer, nicht durch Kot verunreinigter Matsch schützt und isoliert, so kurios das klingt. Täglich kontrolliert und ausgeräumt werden lediglich die Hufe. Geputzt wird nur, wenn es notwendig ist, und das heißt vor und nach dem Reiten. Wichtig sind hauptsächlich Gurt- und Sattellage sowie Bereiche unter dem Lederzeug, damit Dreckpartikel nicht scheuern können.

- **Trockener Dreck:** Muskulöse Partien werden mit dem Federstriegel aufgeraut und abgebürstet. Bei empfindlichen knochigen Stellen kommt die Wurzelbürste, ebenfalls sehr vorsichtig, zum Einsatz. Noch verbleibende Farbabweichungen, bei Schimmeln zum Beispiel, werden mit einem feuchten Schwamm und eventuell Kernseife gereinigt, wenn das Pferd in voller Schönheit strahlen soll.

- **Nasser Dreck:** Wird mit weichem Wasserstrahl oder Brause in Fellrichtung abgespült. Bei Winterhaar ganz wichtig: Nicht mit zu viel Wasserdruck, Hand oder Bürste nachhelfen, sonst wird der Schlamm tiefer eingearbeitet. Nach der Spülung das Fell in Wuchsrichtung glatt streichen und das Pferd satteln.

Keine Angst vor nassen Sattellagen; auch bei Distanzritten werden Pferde bei jedem Vet-Check abgewaschen oder geduscht. Wichtig ist nur, dass keine harten Krümel reiben und das Fell in Wuchsrichtung glatt liegt. Nach dem Reiten werden verschwitzte Pferde, wie gewohnt, abgewartet. Steht kein Solarium zur Verfügung, könnte man zwar theoretisch Offenstallpferde, die sehr viel robuster als ihre Stallkollegen sind, auch quatschnass in die Freiheit entlassen, ohne dass sie sich erkälten, aber in der Praxis wird auf diese Abhärtung fast ausnahmslos verzichtet. „Wir haben bei Isländern im Winterfell gute Erfahrungen gemacht", erzählt Anke Schwörer-Haag, „sie bei Kälte nach dem Reiten etwa zwei Stunden mit einer Abschwitzdecke angebunden stehen zu lassen; außerhalb des Gruppenauslaufs selbstverständlich." Ob das Pferd trocken ist oder nicht, zeigt die Fühlprobe direkt auf der Haut. Ist das Unterhaar abgetrocknet, kann das Pferd abgedeckt und losgebunden werden, auch wenn das Oberhaar noch feucht glänzt. Machen Sie sich allerdings darauf gefasst, dass es prompt ein frisches Schlammbad nimmt, sofern die Gelegenheit dazu besteht. Weil Ferkeln einfach Spaß macht.

*Farbwechsel:
Weil Pferde gerne im Matsch suhlen,
sehen sie bei nasser Witterung oft kurios
aus. Mit der richtigen Putztechnik ist das
kein Problem. Auch wenn das Reitpferd
manchmal rosa schimmert, die Wälz-
orgien entspannen die Tiere kolossal.
Foto: Krämer*

Beim Fressen hört die Freundschaft auf

Viele Pferde fressen viel frisches und auch trocknes Futter. Wer viele Pferde zu versorgen hat, kommt deshalb bei manueller Fütterung oft kaum mit der Arbeit nach. Bei verträglichen Pferden mit annähernd gleichem Futterbedarf ist Raufutter noch das geringere Problem. Je nach Gruppengröße werden ein oder mehrere Raufen mit gutem Futterstroh oder einem gehaltvolleren Gemisch gefüllt und fertig. Wichtig bei Einzelraufen ist, dass sie groß genug sind, damit Fress-Säcke rangniedrigere Pferde nicht über die Raufe hinweg verbeißen und so einschüchtern können, dass sie sich in ihrer Gegenwart gar nicht mehr an den Fressplatz trauen. Bei handelsüblichen Rund- und Viereckraufen mit einem Durchmesser von 2,30-2,50 m, die auch Rund- oder Großballen schlucken, kapiert dagegen auch der größte Giftnickel schnell, dass außer einem Rundlauf nichts zu holen ist, weil sich der lästige Futterkonkurrent einfach auf der anderen Seite wieder anstellt.

Eine weitere Möglichkeit ist das Anlegen einer Fressgasse, die entweder durch halbhohe Palisaden Marke Eigenbau oder Fressgitter vom Laufbereich abgetrennt werden. Damit die oft größeren Individualabstände neben ranghohen Tieren eingehalten werden können, müssen solche Futterstraßen aber entweder sehr lang angelegt oder getrennt angeordnet werden. In größeren Beständen haben sich überdachte Futterplätze mit beidseitigen Fressgittern und einem Mittelgang bewährt, die von einem externen Ausgang bequem maschinell mit Raufutter befüllt werden können.

Seite an Seite bedienen sich die Isländer im Gangpferdegestüt Aegidienberg verträglich an der hier nicht überdachten Futterstraße.
Foto: Kleine-Hegermann

Von verschiedenen Standorten fressen können, setzt Neidhammel außer Gefecht.
Foto: Borchardt

Etwas aufwändiger ist die individuelle Zuteilung des begehrten Kraft- oder Mineralfutters, das die Führungsriege vorzugsweise für sich alleine reservieren möchte. In Gestüten wurden früher deshalb die Mutterstuten im gemeinsamen Laufstall mit gebührendem Abstand voneinander an einer Futterrinne festgebunden. Theoretisch ist das heute zwar auch noch denkbar, aber in der Praxis wird es kaum gemacht.

Preiswert und bewährt ist der tragbare Henkelmann

Die preiswerteste Alternative zum Festbinden ist der tragbare Henkelmann. Dahinter steht das Prinzip der alten Futtersäcke, nur mit Eimer. Senkt das Pferd zum Fressen seinen Kopf, landet der Kübel auf dem Boden, und es kann bequem auch die letzten Brösel auslecken. Macht ein Stärkerer Randale - der

zumindest vorne ungefährlich ist, weil er durch den umgehängten Trog nicht beißen kann, selbst wenn er wollte — sucht sich das Pferd samt Henkelmann ein neues Plätzchen und mümmelt in aller Seelenruhe weiter. „Die simple Methode funktioniert bei uns seit Jahrzehnten bestens", erzählt Jochen Schumacher. „Die Eimer sind leicht, billig, verringern im Vergleich zu Futterständern nicht die Auslauffläche, man kann das Fressen individuell in Ruhe vorbereiten, die Eimer beim Einsammeln ineinander stapeln und hat sie nach dem Füttern auch schnell durchgespült. Und weil unsere Pferde aus Sicherheitsgründen im Auslauf keine Halfter tragen, entfällt das aufwändige Aufhalftern, Fest- und Losbinden."

Zu beachten ist bei dieser Form der Fütterung lediglich die Reihenfolge. Das ranghöchste Pferd bekommt als Erster den vollen Eimer um-

Tragbarer Henkelmann mit Plastikkette: Praktisch, preiswert, bewährt
Foto: Neddens

gehängt, und absteigend in der Reihenfolge werden die anderen bewirtet; so wie es dem Vortritt im natürlichen Herdenleben entspricht. Beim Abnehmen ist es genau umgekehrt: Das rangniedrigste Pferd wird zuerst vom Eimer befreit und der Ranghöchste zuletzt; auch hier muss die Hierarchie beachtet werden. Außerdem hat sich, entgegen älteren Empfehlungen, eine leichte Plastikkette besser als ein Strick zum Umhängen bewährt. Die Auflagefläche ist breiter und beim täglichen Säubern der Futtereimer verpappt die Kette nicht so schnell oder wird in einem Aufwasch mit gereinigt.

Durchgesetzt haben sich in Gruppenhaltungen überwiegend Futterständer

Futterständer:
Breite: ca. 70-80 cm
Tiefe: Inklusive Futterkopf 3,0-3,50 m, je nach Rasse. Die Trennwände müssen das Pferd sowohl vorne im Kopfbereich wie hinten über die volle Länge vor Bissen um die Ecke schützen.
Höhe: 2,0-2,20 m hoch, damit Beiß-Attacken über die Abgrenzung hinweg ausgeschlossen sind.

Ausführung der Trennwände:
Entweder durchgängig Planken, Gitter oder halbhoch geschlossen. Oberhalb Widerristhöhe unbedingt sichtdurchlässig; erfahrungsgemäß fressen besonders rangniedrigere Pferde ruhiger, wenn sie sich durch ein kurzes Kopfheben einen Überblick verschaffen können. Lediglich im Kopfbereich ist, je nach Ausführung, ein Sichtschutz sinnvoll, um den Futterneid zu verringern.
Foto: Prohn

Durchgesetzt haben sich in moderner Gruppenhaltung jedoch überwiegend Futterständer. Sie gehen zwar zu Lasten der Auslauffläche, brauchen aber längst nicht so viel Platz wie eine offene Futterstraße, garantieren jedem Pferd einen eigenen Fressplatz und sind für Kraft- und Raufutter geeignet. Da sie unmittelbar zum Futterlager angeordnet werden, lassen sich die Pferde ebenfalls recht schnell versorgen. Je nach Ausstattung werden Raufe und Trog über- oder nebeneinander angeordnet oder feste Raufe und Eimerfütterung werden miteinander kombiniert. Außerdem fühlen sich rangniedrige Pferde vor Übergriffen in Futterständern so geschützt, dass sie die auch zwischen den Mahlzeiten gerne zum Dösen aufsuchen, denn selbst der größte Grantler kann auf einen wohlgezielten Tritt vor die Brust verzichten. Der in diesem Fall sogar legal wäre, weil das Auskeilen zum Abwehrverhalten zählt. Ein weiterer Vorteil ist, dass jeder Reiter selbst in großen Beständen immer einen überdachten Platz hat, in dem er seinen Vierbeiner nach dem Reiten kurzzeitig separieren kann. Und wenn Raufutter die Wartezeit versüßt, haben die Rösser nichts dagegen einzuwenden.

Kompaktanlage für 4 Pferde mit Futterständern, einschließlich Arbeitsraum, Futter- und Einstreulager; Tränke an Koppelzaun ausgelagert.

Vorausgesetzt, die Fress-Ständer wurden entsprechend konstruiert. Sie dürfen nur so breit sein, dass ein einzelnes Pferd hineinpasst, müssen das Tier in voller Höhe wie in der Länge vor Beißattacken schützen und sollten wenigstens im oberen Teil sichtdurchlässig sein, um eine Orientierung zu erlauben. Erfahrungen haben gezeigt, dass rangniedrige Tiere sonst aus Unsicherheit den Stand häufig verlassen, sehr unruhig oder zu wenig fressen. Das ungezwungene gerade Rückwärtstreten, dass Pferde in Fress-Ständern obendrein trainieren, lernen sie auch ohne dieses Handikap.
So viel zu manueller Fütterung. Der Trend geht jedoch definitiv zur Abruf-Fütterung, denn das spart Zeit, Arbeit und ist das hochkarätigste Aushängeschild, das es in einer modernen Gruppenhaltung gibt.

Hightech im Stall

Mehr noch als in Einzelhaltung ermuntert Hightech in Gruppenhaltung die Pferde bei der artgerechten Futtersuche. Es begann recht simpel mit Zeitschaltuhren und Jalousien, die rauf- und runterfuhren, um Vorratsfütterung für Raufutter möglichst einfach zu limitieren. Als Nächstes kamen transpondergesteuerte Einzelfutterplätze in Fress-Ständern an die Reihe, welche die Fütterung bei leicht- und

schwerfuttrigen Pferden in einer Herdengemeinschaft erlaubten. Ein Microchip in einem runden Knopf wurde am Halfter befestigt oder in die Mähne eingeflochten. Auf ein entsprechendes Funksignal senkte sich entweder eine im Kopfbereich des Standes installierte Schranke und gab Raufutter frei, oder es fuhr ein Trog mit einem Häppchen Kraftfutter heraus. Beides jedoch nur, wenn das Pferd seinen eigenen Futterstand betrat. Versuchte es sich das Fressguthaben eines schwächeren Kollegen anzueignen, blieben die Schotten dicht, und es guckte in die Röhre. Schlauberger kapierten fix, wo und wann sie Futter kriegten, die etwas Langsameren musste man über mehrere Tage in ihren Fress-Stand führen. Letztendlich begriffen aber alle Pferde das System, das als Kombi-Abrufstation bis heute in ähnlicher Form vertrieben wird.

Nur mit dem Unterschied, dass die Microchips rasant geschrumpft sind und den Pferden inzwischen meist mittels Kanüle in den Halsmuskel implantiert werden. Das ist sicherer, weil der Chip nicht verloren gehen kann und ein Halfter, an dem das Tier hängen bleiben könnte, überflüssig wird. Eine weit höhere Gefährdung als jede Strahlung, wie die Unfallstatistik zeigt. Seit Pferde für den Equidenpass gechipt werden können, wird darüber auch kaum noch diskutiert. Besser als ein Knopf im Ohr, wie bei einem Steifftier, ist es allemal. Außerdem gewöhnen sich die Pferde durch die schnelleren Prozessoren leichter an das Procedere der computergesteuerten Abruffütterung. Die sieht bei der neuesten Computergeneration freilich um einiges raffinierter aus. Nicht nur Liegebereich und Tränke, auch Rau- und Kraftfutterstationen werden räumlich voneinander getrennt; teils in offen zugänglichen Ständern, teils in geschlossenen Futterräumen. In Letzteren wird das Pferd bereits am Eingang überprüft, und nur wenn sein Futterkonto es erlaubt und außerdem ein Fressplatz frei ist, wird die Eingangstür entriegelt.

Bewegungsställe

„Ein wichtiger Bestandteil dieses Haltungs-Systems ist die Computer-Abruf-Fütterung. Die meisten Schäden beim Pferd treten nun mal im Bewegungsapparat und im Verdauungstrakt auf - einmal, weil sich das Pferd zu wenig bewegt und zum anderen, weil es meist nicht „pferdegemäß" ernährt wird. Wer hat auch die Möglichkeit, sein Pferd vier bis sechs Stunden am Tag zu bewegen, und wer kann es weit über 20-mal am Tag mit kleinen Futterportionen versorgen, so wie die Pferde sich eben in der Natur ernähren?"

HANNS ULLSTEIN JUN.,
AUS „NATÜRLICHE PFERDEHALTUNG"

Innovativ: Im Rennpferdestall Shirley in Schottland wurden die Eingewöhnungsboxen zwischen die Futterständer integriert. Der Großballen an der Raufutterstation links liegt auf einem zum Fressgitter abschüssigen Futtertisch.

Raufuttersorten werden nicht nach Menge, sondern über Kauzeiten dosiert

Dabei wird Raufutter nicht über Menge, sondern über Kauzeiten und Fressintervalle dosiert. Langsame Fresser bekommen mehr Zeit zugestanden, Schlingpflanzen entsprechend weniger. Bei nur einer Raufuttersorte wird lediglich Betreten und Verlassen registriert und die darin verbrachte Zeit vom Zeitguthaben abgezogen. Das funktioniert, weil keine Tränke in der Nähe ist, und die Tiere durstig freiwillig das Feld räumen. Nehmen sie nur ein paar Bissen, werden sie am Futterstand nach kurzer Zeit erneut pfündig oder dürfen den Futterraum betreten. Schlägt sich ein Pferd den Ranzen voll, muss es eben länger warten. Bei verschiedenen Raufuttersorten wird die Zutrittsberechtigung obendrein individuell geregelt. Darf ein Tier kein Heu bekommen, bleiben die Heuplätze für dieses Pferd gesperrt, und es kann sich nur an freien Silagestationen bedienen oder an einer der stets zugänglichen Strohraufen im Auslauf.

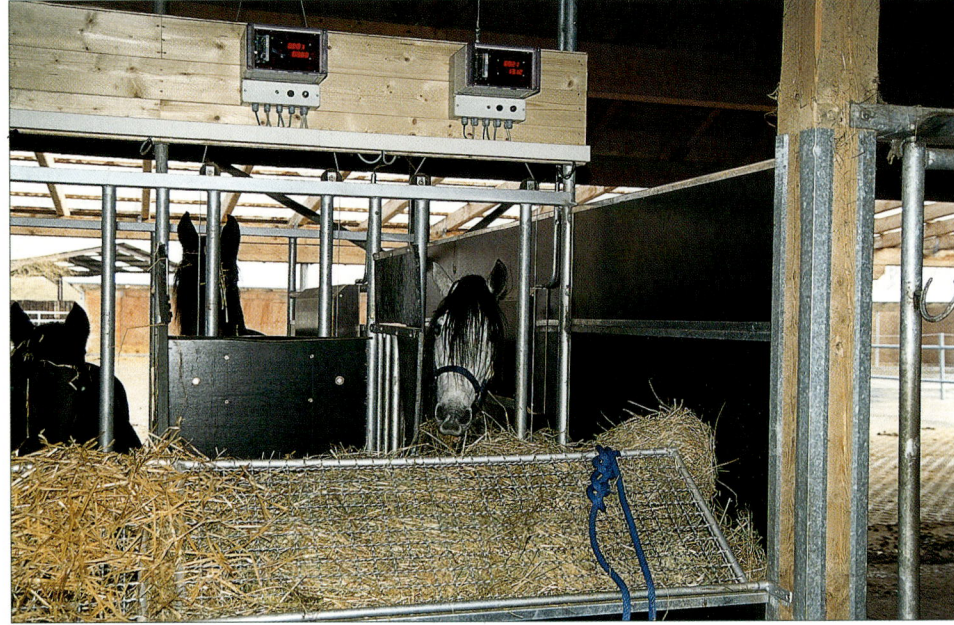

Der Zugang zu geschlossenen Raufutterställen wird nur freigegeben, wenn tatsächlich ein Fressstand mit dem für dieses Pferd freigegebenen Raufutter verfügbar ist.
Foto: Slawik

Kraftfutter gibt es an einem zentralen Futterstand

Kraft- und Mineralfutter dagegen gibt es an einer zentralen Futtereinheit für alle Pferde, die bogenförmig mit Ein- und Ausgang konstruiert ist. Bei Betreten des Standes wird das Pferd vom Prozessor identifiziert und nicht nur seine Futtermischung und die Menge überprüft, sondern auch, wann das Tier zum letzten Mal gefressen hat. Wurde es geritten und konnte sein Quantum nicht vollständig verputzen, werden die Zutrittseinheiten automatisch verkürzt, bis sein Futterkontingent wieder ausgeglichen ist. Das lässt die Pferde ständig testen und damit auch mehr bewegen. Lediglich ein Problem ließ am Anfang die Köpfe rauchen. Wie lassen sich ranghohe Rösser überreden, aus dem Stand herauszutreten, statt dort die Wartezeit dösend zu verbringen?

SIEGE WERDEN IM STALL ERRUNGEN

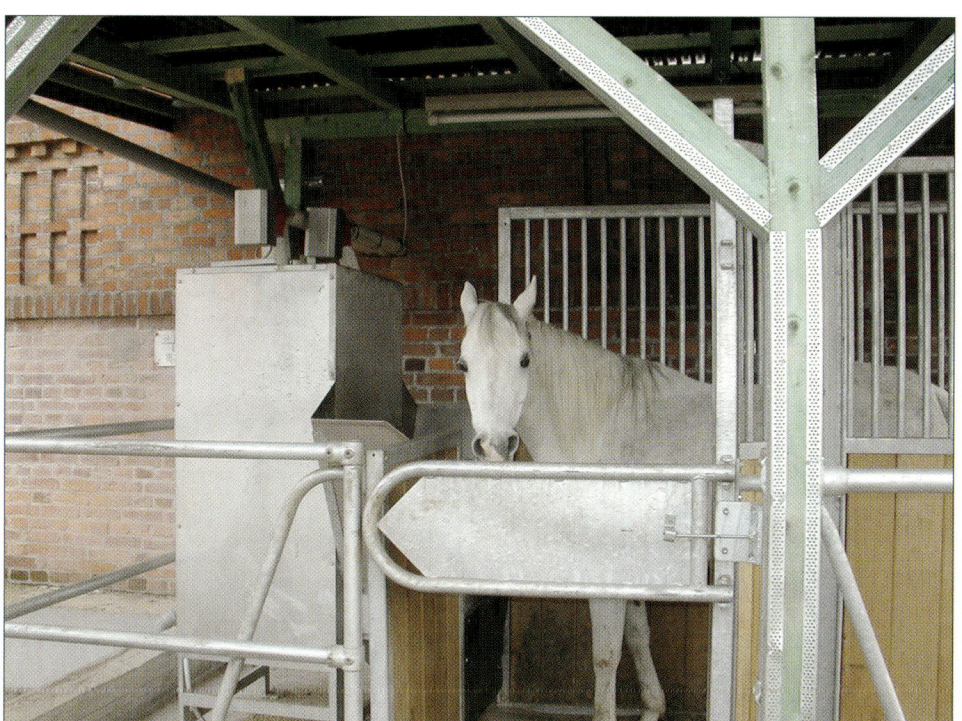

Die zentrale Kraftfutter-Station versorgt jedes Pferd der Herde individuell nach der berechneten Menge. Es können verschiedene Futtermischungen einprogrammiert werden.
Foto: Hit-Aktivstall

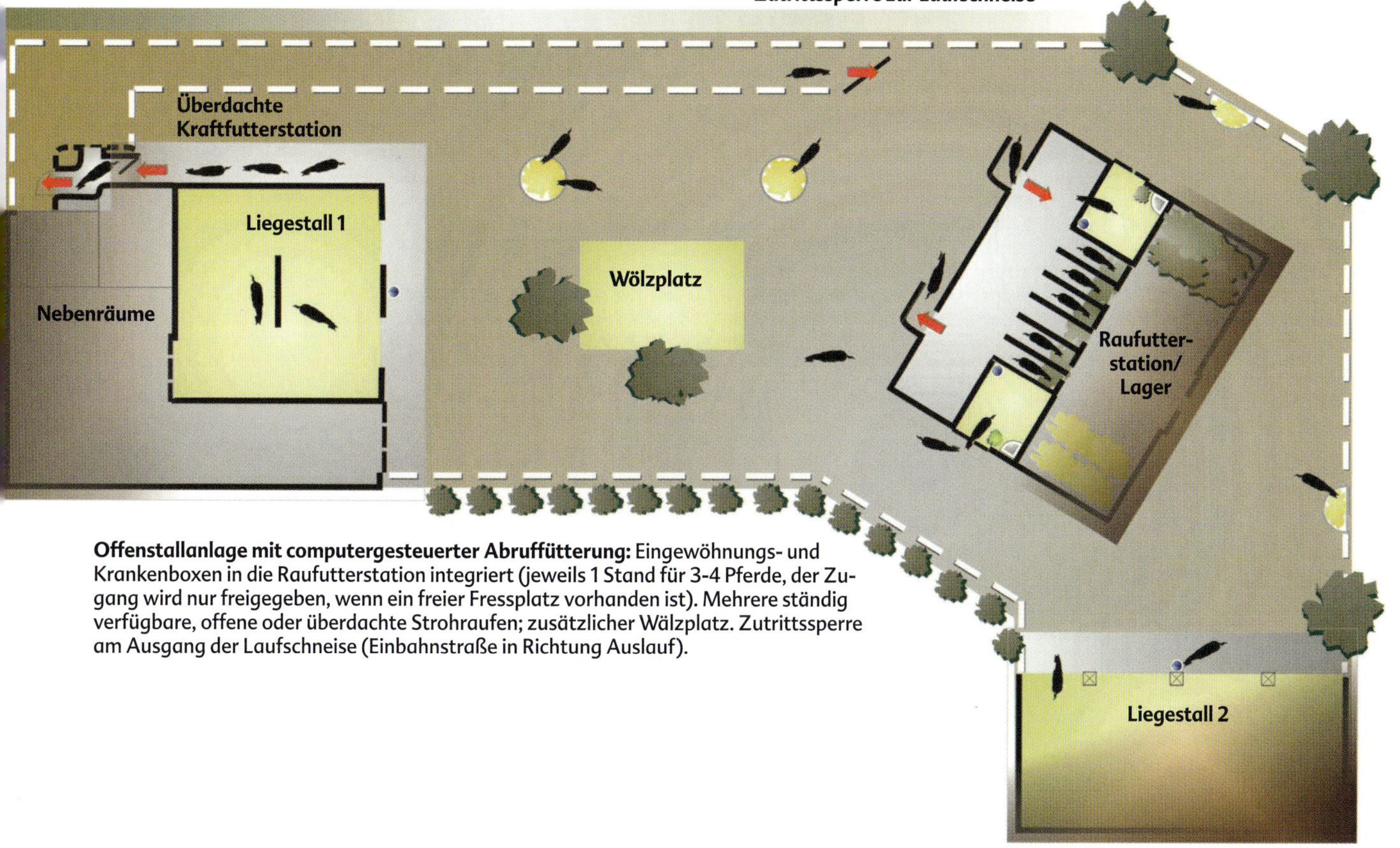

Zutrittssperre zur Laufschneise

Überdachte Kraftfutterstation

Liegestall 1

Nebenräume

Wölzplatz

Raufutter- station/ Lager

Liegestall 2

Offenstallanlage mit computergesteuerter Abruffütterung: Eingewöhnungs- und Krankenboxen in die Raufutterstation integriert (jeweils 1 Stand für 3-4 Pferde, der Zugang wird nur freigegeben, wenn ein freier Fressplatz vorhanden ist). Mehrere ständig verfügbare, offene oder überdachte Strohraufen; zusätzlicher Wälzplatz. Zutrittssperre am Ausgang der Laufschneise (Einbahnstraße in Richtung Auslauf).

Zuerst wurden zeitlich gesteuerte Treibhilfen installiert, die Trödlern nach einer akustischen Vorwarnung wie ein Weidezaun einen leichten Schlag versetzten. Das hatten die Schlawiner aber sehr schnell spitz. Verließen brav umgehend den Stand, witschten um die Ecke, vertrieben anstehende Pferde in der Warteschlange und blockierten dafür den Eingang. Seit der Ausgang vorzugsweise

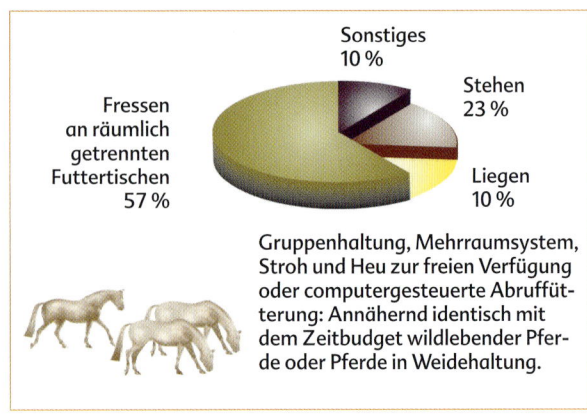

Sonstiges 10 %

Stehen 23 %

Fressen an räumlich getrennten Futtertischen 57 %

Liegen 10 %

Gruppenhaltung, Mehrraumsystem, Stroh und Heu zur freien Verfügung oder computergesteuerte Abruffütterung: Annähernd identisch mit dem Zeitbudget wildlebender Pferde oder Pferde in Weidehaltung.

durch eine längere Einbahnstraße führt, die nur durch den Stand betreten werden kann, ist das Problem in den meisten Fällen behoben. Vor allem, wenn der Weg in Richtung Raufutterraum führt und den Fresser auf andere Gedanken bringt. Bei durchdachter Planung sind Treibhilfen heute weitgehend überflüssig.

Der Haken bei der Geschichte: Das Know-how hat seinen Preis und lohnt sich erst ab ungefähr zehn Pferden, obwohl die Preise in den letzten Jahren drastisch gefallen sind. Trotzdem greifen immer mehr Pferdebesitzer bereitwillig in die Tasche, weil sich individueller und artgerechter Pferde rund um die Uhr gar nicht versorgen lassen. Schließlich muss auch der beste Pferdepfleger in 24 Stunden schlafen, und etwas Freizeit braucht der arme Mensch ja auch. Erleichtert wird die Investition durch die Gewissheit, dass eine solche Offenstallanlage aus Sicht des Pferdes nahezu perfekt ist. Nahezu. Das Einzige, was fehlt, um das Wellness-Center abzurunden, wären gepflegte Weiden. Sie sind das Sahnehäubchen obendrauf. Und weil penible Sauberkeit von Ställen, Ausläufen und Weiden sehr aufwändig ist, wird auch in diesem Bereich immer mehr auf maschinelle Unterstützung gesetzt.

Viele Pferde machen viel Mist. Mit dem Mistsammler kein Problem. Pfiffig: Der vor Verbiss geschützte Baum im Auslauf vor dem Sandtableau. Fotos: Gestüt Sternberghof

TECHNIK MACHT DAS LEBEN LEICHTER

Doris und Reini Sperber
Paso-Fino-Gestüt Sternberghof

„Bei uns steht artgerechte Haltung absolut im Vordergrund. So verrückt sich das anhört, ich überlege ständig, was sich noch verbessern oder mit weniger Arbeit ebenso gut lösen lässt. Kernstück unserer Anlage ist die computergesteuerte Kraft- und Raufütterung bei den Stuten, die vor einigen Jahren installiert wurde und sich blendend bewährt hat. Vorher waren immer einige zu dick und andere zu dünn; heute stehen die Stuten so im Futter, wie wir es uns wünschen.

Foto: Stüwer

Auch bei der Reinigung von Ställen und Ausläufen machen wir uns das Leben nicht schwerer als notwendig. So verwenden wir neben einem normalen Trecker als Zugmaschine auch einen Kompaktlader. Der ist so wendig, dass er sich buchstäblich um die eigene Achse drehen kann und in jede Ecke reinkommt; in Verbindung mit einem Mistblitz bei der Säuberung von Ausläufen ungeheuer praktisch. Weil das maschinelle Einsammeln von Stroh und Pferdeäpfeln aber nur auf planen Böden flott und gründlich funktioniert, sind die Ausläufe komplett mit Paddockgittern ausgelegt.

Zum Mähen von Grünfutter setzen wir einen Hoftrac mit Ballonreifen, Ladewagen und Mähwerk ein; für die restliche Weidepflege dagegen einen Grashopper, der auch mit unseren fränkischen, hängigen Weiden fertig wird. Er dient zum Vertikutieren der Grasnarbe oder zum Mulchen, mäht in einem Arbeitsgang überständiges Gras, sammelt Kotbollen auf und häckselt und vermischt alles so gründlich, dass wir es nur noch auf dem Komposthaufen abzukippen brauchen. Per Hand würde diese Arbeit Stunden dauern. Ist der Kompost reif, wird er mit dem Miststreuer beim Ausbringen auf die Weiden erneut verwirbelt und verteilt, und der Kreislauf beginnt von vorne. Und was sich in der Anschaffung nicht lohnt, wie Heuwender, leihen wir über den Maschinenring. Klar, das alles kostet auf den ersten Blick eine Menge Geld, aber über Jahre und auf die Arbeitszeiten umgerechnet, meinen wir, zahlt es sich aus. Außerdem kommen wir so auch noch zum Reiten und wir wissen, unseren Pferden geht es gut."

Weidelust und Weidefrust

Pferde gehören auf die Weide. Vorausgesetzt, sie ist gepflegt und pferdesicher eingezäunt.

Foto: Neddens

Erbarmen, die Vandalen kommen

Sie heißen Weidelgras, Wiesenlieschgras, Wiesenschwingel, Rotschwingel oder Wiesenrispe. Und was Laien einfach grün ist, weckt bei Pferden blanke Gier. Pferde können ohne Hafer oder Müsli leben, ohne Grün- und Raufutter dagegen nicht. „Der Zustand der Weiden und Wiesen bzw. die Qualität des zugekauften Heus sind in jedem Gestüt eine der wichtigsten Voraussetzungen für Zucht und Aufzucht gesunder und leistungsfähiger Pferde", schreibt Dr. Wilhelm Uppenborn. Gesund ist die Selbstversorgung auf der Weide aber auch für Reitpferde, vor allem wenn schmackhafte Kräuter auf ihr zu finden sind, bekanntlich die Apotheke der Natur.

Wie viel Frischkost den Vierbeinern zugestanden wird, ist unterschiedlich. Die Palette reicht von einer Stunde täglich bei durchtrainierten Cracks, um sie ohne Weidebauch bei Laune zu halten, bis zum ganztägigen bzw. nächtlichen Grasen oder genereller Weidehaltung vom Frühjahr bis zum Herbst. Letzteres durchaus kein neumodischer Trend der Robustpferdehalter, denn das war früher in ländlichen Gebieten für Arbeitspferde, wo es eben möglich war, normal. „Zu einer optimalen Pferdehaltung gehört immer auch die Weide", fordert Dr. Michael Düe, und Gerlinde Hoffmann, ebenfalls von der Deutschen Reiterlichen Vereinigung, stößt ins gleiche Horn: „Die Haltung von Pferden und Ponys auf der Weide entspricht am ehesten den Ansprüchen an eine verhaltensgerechte Unterbringung und artgemäße Ernährung. Jeder Pferdehalter sollte daher bemüht sein, seinen Pferden zumindest hin und wieder Weidegang zu ermöglichen und zwar am besten zusammen mit anderen Pferden".

Witterungsschutz und Trinkwasser müssen gesichert sein

Praktisch aus arbeitstechnischer Sicht ist die Pferdelust am Grasen vor allem dann, wenn die Weiden unmittelbar an Stall und Auslauf grenzen oder über Treibwege erreichbar sind. Nicht allein, weil sich Herausbringen und Hereinholen der Tiere auf Öffnen und Schließen der Weidetore beschränkt, sondern weil das Pferd jederzeit eine Schutzmög-

Natürliche Pferdehaltung

„Die natürliche und anzustrebende Haltungsform für alle robusten Pferderassen ist die ganzjährige Haltung im Freien: vom Frühjahr bis zum Herbst auf der Weide und im Winter im großzügigen Auslauf. Zum Schutz vor Witterungseinflüssen und Insekten steht bei dieser Art der Haltung ein Offenstall zur Verfügung. Die Robusthaltung hat gegenüber der Stallhaltung viele Vorteile: Sie ist weniger arbeits- und kostenintensiv. Die Weide dient gleichzeitig zur Nahrungsaufnahme und bietet die artgerechte Umgebung für das Lauf- und Herdentier Pferd, wodurch das natürliche Verhältnis des Pferdes zu seiner Umwelt erhalten wird."

Andrea-Katharina Rostock/Walter Feldmann, aus „Islandpferde Reitlehre"

Weidehaltung vom Frühjahr bis zum Herbst ist bei Robustpferdehaltern ein Muss
Foto: Neddens

Rarität: Imposanter Baumriese als Schattenplatz und Wetterschutz.
Foto: Reitzentrum Reken

Ganztägig auf Weiden gehaltene Pferde brauchen Wasser; die Feuchtigkeit im Gras reicht nicht aus.
Foto: Neddens

lichkeit und freien Zugang zur Tränke hat. Beides muss auf externen Weiden ausgeglichen werden. „Pferde benötigen je nach Größe, Kondition und Witterung mindestens 20 bis 60 l Wasser pro Tag. Diese Trinkwasserversorgung mit frischem, hygienisch einwandfreiem Wasser muss sichergestellt sein, wenn die Pferde tageweise oder mehrtägig auf der Weide sind", erklärt Gerlinde Hoffmann. „Ebenso sollte Pferden, die einen oder mehrere Tage auf der Weide verbringen, ein Witterungsschutz zur Verfügung gestellt werden.

WIESEN & WEIDEN

Wiesen sind Grünlandflächen, die nur der Futtergewinnung dienen; Weiden sind eingezäuntes Grünland, das zum Grasen wie als Mähweide genutzt werden kann. Soll das Grünland den Erhaltungsbedarf und das Winterfutter abdecken, wird durchschnittlich 0,5 bis 1 Hektar pro Pferd gerechnet, abhängig von der Bodenqualität und dem Ertrag. Dient die Koppel lediglich dem stundenweisen Grasen, ist der Flächenbedarf geringer. Unterschieden wird in der Weidewirtschaft nach

- **Standweiden:** Eine einzelne, nicht unterteilte Grasfläche. Für Verbiss- und Trittschäden besonders anfällig, als reine Pferdeweide ungeeignet.
- **Umtriebs- oder Wechselweiden:** Aufteilung der Weidefläche in Koppeln. Nach Möglichkeit sollten pro Pferdegruppe vier Koppeln zur Verfügung stehen; optimal wären 7-8 Koppeln, die maximal eine Woche beweidet werden. Andererseits sollten die Flächen immer noch so groß bleiben, dass sich die Pferde ausweichen können und wenigstens einen kurzen Galopp erlauben. Der Grund, warum Koppeln möglichst rechteckig angelegt werden sollten.
- **Portionsweiden:** Intensivste Form der Weidenutzung aus der Rinderwirtschaft, setzt sich in der Pferdehaltung immer mehr durch. Zwischen einer äußeren festen Einzäunung wird ein mobiler Weidezaun täglich ein Stück weiter gesetzt, bis eine Koppel gleichmäßig abgegrast ist. Erst dann wird umgetrieben.

Weidefrust: Nebenan ein grüner Rasenteppich und auf dem eigenen Grünland kakeliger Geilwuchs

Freilich wird die Weidelust, trotz kostspieliger Einzäunung und anderer Investitionen oft von Jahr zu Jahr geringer, bis sie in Weidefrust umschlägt. Nebenan ein dichter grüner Rasenteppich und auf dem eigenen Grünland kakeliger Geilwuchs neben kahl gefressenen Placken, Trampelpfade oder fesseltiefe Pampe, hauptsächlich um die Tränke oder vor dem Tor. Eine Rotte Wildschweine kann kaum ärger hausen als Pferde auf einer Weide, die ihnen vom Frühjahr bis zum Herbst offen steht.

Das liegt zum einen daran, dass Pferde feste Wechsel bevorzugen und die scharfkantigen oder beschlagenen Hufe beim Spielen und Laufen schnell Löcher in die Pflanzendecke reißen, die umso tiefer sind, je weicher und schwerer der Boden ist. Mit ein Grund, warum tief liegende, nasse Weiden ohne Vorfluter, Ablaufgräben und Drainage für Pferdehaltung komplett ungeeignet sind. Denn hat die Grasnarbe keine Zeit, sich von der Belastung zu erholen und wieder zuzuwachsen, verabschiedet sich das Gras. Außerdem sind Pferde wählerisch. Zuerst werden die saftigen jungen Triebe vernascht, dann bevorzugte Gräser und Kräuter bis auf die Wurzeln abgenagt, ehe weniger Delikates an die Reihe kommt. Verholztes Altgras und der dunkler wuchernde Geilwuchs über ihren Ausscheidungen wird nach Möglichkeit gar nicht oder als allerletzte Reserve angerührt. Ideale Bedingungen für Unkraut oder unerwünschte Pflanzen, um sich auszubreiten. Sie schwelgen in Licht und Luft und Nährstoffen und bleiben vom Verbiss verschont, während die Konkurrenz ausgeschaltet wird.

GRÄSER & KRÄUTER

Gräser werden in Süß- und Sauergräser sowie nach ihrer Aufwuchsform in Ober- oder Untergräser klassifiziert. Für Pferdeweiden eignen sich möglichst trittfeste Süßgräser früh, mittel und spät blühender Sorten. Idealerweise beträgt der Grasanteil auf Zuchtweiden 70-80 %, Leguminosen (kleeartige Pflanzen) und gern gefressene Kräuter je 10-15 %. Weil Kleearten eiweißreicher als Gräser sind und sich Weißklee auf kurz verbissenen, wenig gedüngten Weiden meist ohnehin einstellt, wird bei Ansaat für Reitpferdekoppeln auf den Kleeanteil verzichtet. Gern gefressene Kräuter sind Kümmel, Wiesensalbei, Schafgarbe, Spitzwegerich, Wiesenknopf oder Wegwarte. Verzichten können Pferde auf Ginster, Hauhechel oder Krauser Ampfer. Giftig sind Sumpfdotterblume, Wiesenschaumkraut, Sumpfschachtelhalm, Herbstzeitlose oder Adlerfarn.

Tipp: Teure Kräutermischungen lassen sich auf intensiv genutzten Weiden kaum halten, weil sie von den Pferden ratzeputz verbissen werden; als „separate Belohnungskoppel" oder auf einem ungenutzten Grünstreifen für das Grasen an der Hand eingesät, hält die Freude länger. Viel Wissenswertes über Gift- und Heilpflanzen finden Sie im Pferdegesundheitsbuch, von Dr. Beatrice Dülffer-Schneitzer.

Bedauerlich

„Es ist eine bedauerliche, aber nicht wegzuleugnende Tatsache, dass Weiden, die von Pferden beweidet werden, besonderer Maßnahmen bedürfen, um auf längere Sicht eine gute Grasnarbe zu behalten. Zu kleine Weiden sind auf jeden Fall in Kürze durch die Pferde ruiniert. Sie bleiben „Sorgenkinder". Um sie notdürftig am Leben zu erhalten, bedürfen sie bester Pflege, einschließlich Kompostdüngung. Bei Überwiegen der Anzahl an Pferden und nicht geregeltem gemischtem Weidebetrieb ist dringend anzuraten, zweimal wöchentlich den Kot aus der Weide abzusammeln! Das Heu von unsauberen, nicht vom Kot gereinigten Koppeln kann man nicht an Pferde verfüttern, ohne sie mit einer Fülle von Parasiten zu infizieren."

ZUSAMMENSTELLUNG NACH JUTTA VON GRONE, AUS „DIE PFERDEWEIDE"

Typisches Bild einer verbissenen Weide
Foto: Neddens

Nur mit gutem Weidemanagement ist die Qualität von Pferdeweiden zu erhalten

Um die vierbeinigen Vandalen in ihrem Schaffensdrang zu bremsen, werden Weiden deshalb in Koppeln unterteilt und wechselweise freigegeben. Die wichtigste Sicherheitsmaßnahme, damit sich wertvolle Gräser regenerieren und aussäen können, und eine geschlossene Bodendecke erhalten bleibt. Ein Teil steht den Pferden zur Verfügung, ein Teil hat Weidepause, und turnusmäßig sollte jedes Jahr eine andere Koppel für Pferde komplett gesperrt und als Mähweide genutzt werden. Außerdem wird die Weidezeit begrenzt. Stehen genügend Koppeln zur Verfügung, ziehen die Rösser auf Umtriebsweiden maximal alle sieben Tage um; fehlt der Platz, wird das Gras mittels Wanderzaun von Tag zu Tag streifenweise freigegeben. Damit erreicht man, dass es gleichmäßig abgefressen wird, die Vierbeiner ihre schlanke Linie halten und nicht aus Jux wertvolles Grün zertrampeln.

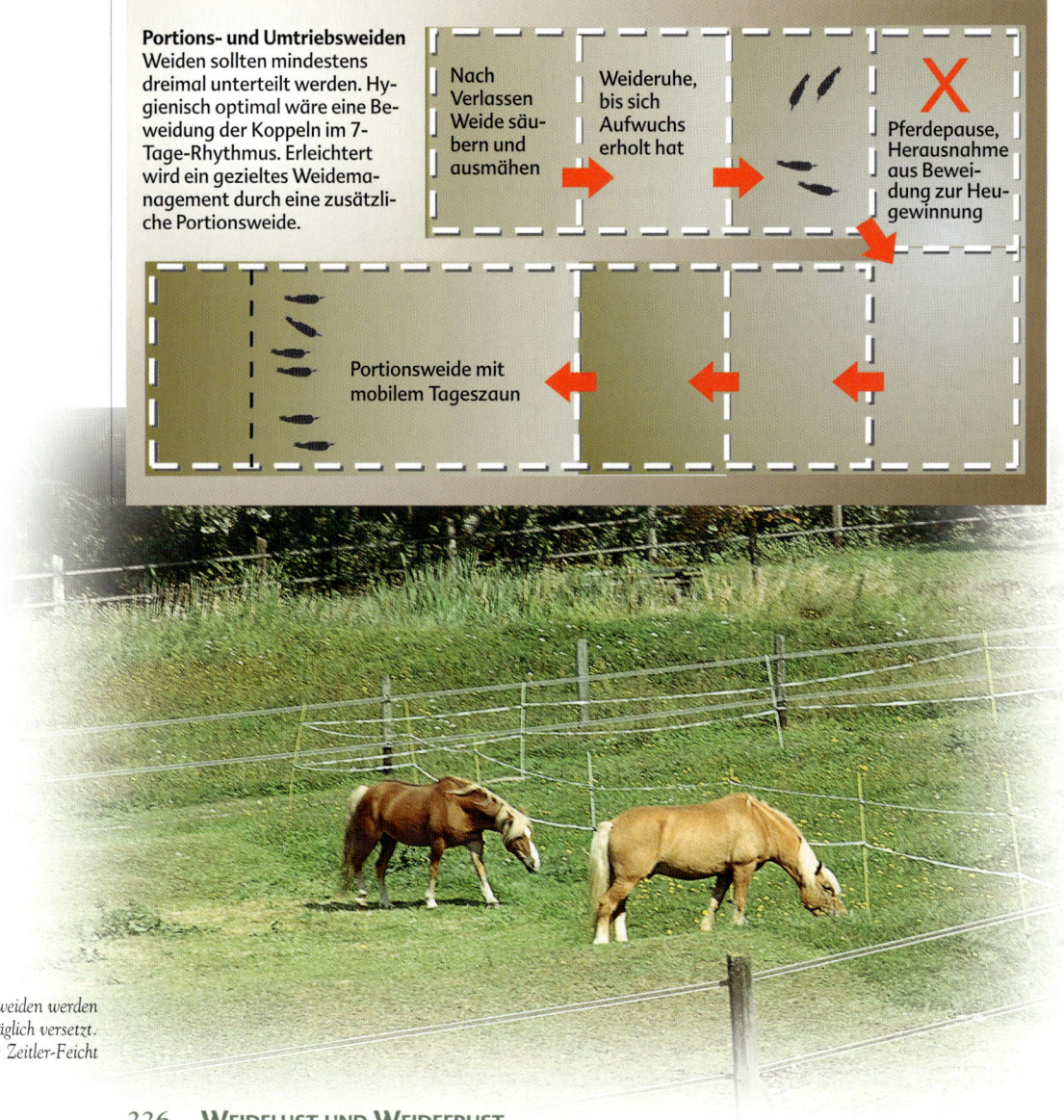

Portions- und Umtriebsweiden
Weiden sollten mindestens dreimal unterteilt werden. Hygienisch optimal wäre eine Beweidung der Koppeln im 7-Tage-Rhythmus. Erleichtert wird ein gezieltes Weidemanagement durch eine zusätzliche Portionsweide.

Nach Verlassen Weide säubern und ausmähen

Weideruhe, bis sich Aufwuchs erholt hat

Pferdepause, Herausnahme aus Beweidung zur Heugewinnung

Portionsweide mit mobilem Tageszaun

Auf Portionsweiden werden mobile Zäune täglich versetzt.
Foto: Zeitler-Feicht

Aber das reicht noch nicht aus. Zwar ist Weidehaltung in Relation zur gleichen Anzahl Pferde tatsächlich weniger aufwändig als Stallhaltung, aber wer Wert auf gepflegte Weiden legt, ist von Februar bis Oktober, manchmal auch November trotzdem gut beschäftigt. Weiden wollen abgeschleppt, gewalzt, gedüngt, Geilstellen ausgemäht, Unkräuter bekämpft und Schadstellen durch Nachsaat ausgebessert werden. Außerdem muss der Pferdekot von der Weide runter. Entweder zeitaufwändig in Gemeinschaftsarbeit von Hand oder mit maschineller Unterstützung. Möglichst täglich, spätestens aber alle drei bis vier Tage ist die Apfellese fällig, sonst ist eine massive Verwurmung, trotz der obligatorischen Wurmkur vor dem Austrieb, in unseren Breitengraden garantiert. Und Heu von stark kontaminierten Weiden kann man an Pferde auch nicht mehr verfüttern, ohne sie mit einer Fülle von Parasiten zu infizieren.

Um das alles pünktlich in den Griff zu kriegen, braucht es eine gute Weidewirtschaft. Doch genau daran hapert es, moniert Agrarwirt Otfried Lengwenat. „Trotz seiner Bedeutung ist das Weidemanagement auf vielen Pferdebetrieben eher schlecht. Darauf angesprochen hört man von den Betriebsleitern - Von Weideführung habe ich leider wenig Ahnung." Zwar gibt es Fachliteratur und Kurse, auch helfen die Berater landwirtschaftlicher Untersuchungsämter weiter, aber das Problem dabei ist: Gutes Weidemanagement lernt niemand über Nacht, der nicht als Bauer von Haus aus damit aufgewachsen ist. Und bis man als frisch gebackener Hobbylandwirt alle Fehler, die sich so verbrechen lassen, endlich allesamt verbrochen hat und die Erleuchtung dämmert, haben Disteln, Brennnesseln und Bärenklau, breitblättriger Wegerich oder Hahnenfuß meist die Oberhand gewonnen. Ist alles Fressbare verdrängt, hilft manchmal nur noch ein Totalumbruch und Neueinsaat. Und dann ist die einst so schöne Weide hin, warnt Dr. Wilhelm Uppenborn. „Darum sollte man keinen Aufwand scheuen, vorhandenes Grünland zu erhalten und es laufend zu verbessern. Je älter eine Weide wird, desto wertvoller wird sie. Es dauert Jahre, bis Bodenzustand und Pflanzengesellschaft nach einem Umbruch wieder die biologischen und physikalischen Verhältnisse eines echten Grünlandes zurückgewonnen haben."

Moderne Weidepflege: Vertikutiert auf den Sternberg'schen Weiden die Grasnarbe, schneidet überständiges Gras, sammelt Kotbollen auf und vermischt alles so gründlich, dass es nur noch auf dem Komposthaufen abgekippt zu werden braucht. Maschinelle Weidepflege kostet Geld, spart dafür aber viel Zeit. Ein reines Rechenexempel. Foto: Gestüt Sternberghof

Landwirte haben das Equipment für die rationelle Weidepflege

Das wissen die Bauern, und das weiß Ingolf Bender. Für den Haltungsexperten ein triftiges Argument, warum einige Landwirte aus diesen Bedenken heraus Pachtverträge mit Pferdehaltern verweigern. Um das nicht unberechtigte Misstrauen zu entkräften, brauchen Betroffene entweder ein geballtes Maß an Fachwissen, das Kreuzverhöre wie Stammtischrunden übersteht - oder man zieht den Landwirt listig auf seine Seite. Was sich für Weideanfänger ohnehin empfiehlt, selbst wenn kein Pachtland zur Debatte steht. Sei es, um einen vernünftigen Weideplan zu erstellen oder um sich zu informieren, wer anstehende Arbeiten übernehmen kann. Denn die örtlichen Bauern kennen ihren

Achtung Hufrehe

„Frisches Gras macht Pferde glücklich, zu viel davon auf einmal jedoch leider krank. Besonders im Frühjahr gilt: Langsam anweiden. Mit 10 Minuten Grasen an der Hand starten, den ersten Koppelgang auf eine halbe bis eine Stunde begrenzen und Weidezeiten allmählich steigern. Bei für Hufrehe anfälligen Pferden muss das Grasen auf zu üppigen, gehaltvollen Weiden zum Schutz der Tiere limitiert werden, so gerne man ihnen das Vergnügen gönnen möchte. Aber das ist kein Argument, den Weidegang komplett zu streichen.“

Jochen Schumacher

Boden. Sie wissen, wo welche Gräser gut gedeihen, können Gift- von Nutzpflanzen unterscheiden, für sie ist Heugewinnung, Bodenproben nehmen und gezieltes Düngen Alltag - und sie haben das Equipment für die rationelle Weidepflege, die ja auch nicht so ganz billig ist. Diese Unterstützung gibt es zwar nicht umsonst, aber den Maschinenring muss man schließlich auch bezahlen und billiger als eine ruinierte Weide zu sanieren ist es allemal.

Mit etwas Glück findet man nicht nur einen Ansprechpartner und Lieferanten für Futter oder Stroh, sondern auch einen ökologisch angehauchten Lehrmeister in der Nähe. Der besonders wertvoll ist, wenn er mit Pferden ebenfalls vertraut ist, nicht gleich mit der Chemokeule auf jedes Unkraut draufhaut oder sich mit Fragen bombardieren lässt. Zum Beispiel über fachgerechtes Kompostieren, ja ebenfalls eine Wissenschaft für sich. Betreibt, bei ganz viel Dusel, dieser Mensch obendrein noch Viehwirtschaft, lässt sich vielleicht sogar über Querbeweidung reden. Die weit mehr ist als ein bäuerliches Attribut.

Querbeweidung mit Rindern oder Schafen hatte selbst in Vollblutgestüten Tradition

Um die Qualität der Pferdeweiden langfristig zu sichern, wurden früher nämlich selbst in Vollblutgestüten zusätzlich Rinder- oder Schafherden gehalten. Auch wenn das wirtschaftlich in größerem Stil heute kaum umzusetzen ist, kann die Querbeweidung in Einzelfällen immer noch interessant sein, obwohl der Pferdezaun zusätzlich gesichert werden muss, um Kuh oder Schaf da zu halten, wo sie hingehören. Erstens wird die Artenvielfalt auf den Weiden unterstützt, weil Rinder und Pferde unterschiedliche Pflanzen bevorzugen. Zweitens können sich Wurmeier und -larven von Pferdeparasiten im Verdauungstrakt von Wiederkäuern, wie auch umgekehrt, nicht entwickeln, sodass die Kontaminierung der Weiden verringert wird. Und drittens ist Rinder- oder Schafdung neben Kompost der Naturdünger, der pferdemüde Weiden wieder aufleben lässt. Davon abgesehen ist älteres Grünland aus landwirtschaftlichen Betrieben meist für Intensivhaltung von Milchvieh ausgelegt und vom Nährwert bestenfalls für Zuchtstuten geeignet; für Reitpferde sind solche Weiden oft viel zu üppig. Dürfen Rinder den ersten Aufwuchs fressen, lässt sich die Weidezeit auf großen Koppeln mühelos verlängern, ohne dass leichtfuttrige Pferde total verfetten oder als Quittung dieser Völlerei Hufrehe bekommen. Dankbar für die abgespeckte Kost sind aber auch Ekzemer, wenn die kargen, extensiv bewirtschafteten Weiden, die sie bräuchten, fehlen.

Es spricht also einiges für den Deal mit einem Landwirt. Nicht zuletzt auch deshalb, weil dieser vieles darf, was reinen Pferdehaltern laut Gesetz verboten wird, selbst wenn es sich um Pensionspferdebetriebe handelt. Wie das Arrondieren brachliegender Wiesen im Außenbereich mit festen Zäunen, der Bau von Weideunterständen oder das Aufstellen fahrbarer Weidehütten, die im Außenbereich nämlich durchaus nicht so genehmigungsfrei sind, wie es oft vollmundig angepriesen wird. Manchmal, wenn auch nicht immer, lässt sich so durch die Zusammenarbeit mit einem Landwirt paragraphentreuen Bürokraten ein Schnippchen schlagen. Bleibt die Frage, lohnt sich der Aufwand mit den Weiden überhaupt? „Ja" ist Elmar Pollmann-Schweckhorst überzeugt. Der Züchter und

Springreiter sieht eine der größten Gefahren im Reitsport ohnehin darin, dass immer mehr Menschen in einer künstlichen Welt das Gefühl dafür verlieren, was Tiere wirklich brauchen, wie sie fühlen. „Ja", sagt auch Jochen Schumacher, „Pferde sind ehemalige Steppentiere, und die Weide ist ihr artgemäßer Lebensraum." Vorausgesetzt natürlich, sie ist pferdesicher eingezäunt. Damit steht und fällt der Weidegang.

Was kann das Pferd dafür?

„Ein Pferd kann doch nichts dafür, dass es so wertvoll ist. Soll ich ihm deshalb das Grasen streichen? Wir haben durch den Weidegang noch keine Nachteile erfahren."

ELMAR POLLMANN-SCHWECKHORST

PFLEGETIPPS VOM FACHMANN

Dipl.-Ing. agr. Otfried Lengwenat
Haltungsexperte für Pferdefütterung, -pferdegesundheit,
Weideführung und Gestütsmanagement

▪ Wintermonate und das zeitige Frühjahr nutzen, um die Weide optimal auf die Vegetationszeit vorzubereiten. Nach dem Weideabtrieb: Vorfluter räumen und Drainage kontrollieren, um den Wasserabfluss zu gewährleisten. Feste Einzäunungen kontrollieren, gegebenenfalls reparieren.

▪ **Walzen:** Sobald der Boden nach dem letzten Frost abgetrocknet ist und keine Fahrschäden entstehen. Durch Frost kann die Grasnarbe hochfrieren, dadurch wird die Wasserführung im Boden unterbrochen. Der Bodenschluss wird durch Walzen wieder hergestellt (nicht auf schweren, schlecht belüfteten Böden).

▪ **Schleppen:** Noch vor Vegetationsbeginn, um Bodenunebenheiten durch Fahr- und Trittschäden oder Maulwurfshügel einzuebnen (Maulwurfshügel müssen abgetrocknet sein, sonst verschmiert die Grasnarbe).

Ohne Bodenproben ist kein gezieltes Düngen möglich. Foto: ifp-Lengwenat

▪ **Düngen:** Eine Weide kann nur optimal versorgt werden, wenn man weiß, welche Nährstoffe fehlen. Aufschluss darüber geben Bodenproben; ca. 40 Einstiche pro Hektar diagonal über die Fläche entnehmen. Die Einzelproben werden gemischt und ein Teil der Sammelprobe in einer dafür vorgesehenen Tüte zur LUFA (Landwirtschaftliche Untersuchungs- und Forschungsanstalt) geschickt.

▪ **Hygiene:** Alle Pferde vor dem Austrieb auf die Weide entwurmen, damit die Weide nicht sofort mit Wurmeiern verseucht wird; Entwurmungspläne einhalten. Parallel zur Weidepflege sollten Stall und Ausläufe gereinigt und desinfiziert werden. Auf reinen Pferdekoppeln sollte der Kot spätestens alle 3-4 Tage abgelesen werden (Feldhäcksler mit Ladewagen sammeln mit dem Mähgut auch die Kothaufen ein). Vorsicht beim Einsatz von Kalkstickstoff, um Unkrautsamen und Wurmlarven abzutöten; durchläuft eine giftige Cyanamidphase, darf nur im zeitigen Frühjahr ausgebracht werden.

▪ **Weidedauer:** Es gilt der Grundsatz kurze Fresszeit, lange Weideruhe. Erst zwei bis vier Tage nach dem Verbiss beginnt der neue Aufwuchs. Am Anfang der Vegetationszeit muss mit einer Ruhezeit von 21-24 Tagen, gegen Ende mit 45-50 Tagen gerechnet werden. Damit die Ruhezeit gewährleistet ist, wird eine genügend große Anzahl von Koppeln benötigt. Im Herbst nicht zu lange weiden lassen; zum Überwintern braucht das Gras mindestens 6 cm.

▪ **Aus- und Nachmähen:** Möglichst nach jedem Umtrieb, unbedingt vor Aussamen des Unkrauts. Kurzes Mähgut kann als Mulch auf der Weide liegen bleiben; längerer Aufwuchs muss entfernt werden. Damit sich die Grasnarbe schneller erholt, nie tiefer als 6-8 cm schneiden. Ungenutzte Weiden, die nicht der Heu- oder Silageerwerbung dienen, sollten bei einem Aufwuchs über 30-35 cm ebenfalls gemäht werden.

▪ **Nach- und Übersäen:** Nachsaat auf kahlen Stellen mehrmals während der Weidesaison von Hand. Bei großflächiger Übersaat Reparaturgut zusammen mit Kompost oder Dünger ausbringen. Dadurch werden Lücken in der Grasnarbe kontinuierlich geschlossen und die Gefahr der Verunkrautung verringert. Verfilzte Grasnarben mit Fräsdrillen und Zahnrillenfräsmaschinen auflockern.

Zaungesichert

„The horse is over the fence gejumpt und hat deinen Benz gerammt", kalauerte Blödelbarde Ulrich Roski in einem seiner alten Songs. Der Wortwitz bleibt freilich im Halse stecken, wenn Pferde tatsächlich über oder durch den Zaun gehen. Wie oft Veterinäre Tiere nach Kollisionen mit Fahrzeugen einschläfern oder Riss- und Schnittwunden durch fahrlässige Einzäunungen wieder zusammenflicken müssen ist alles andere als lustig. Von der abgelehnten Schadensregulierung ganz zu schweigen. Um Unfälle weitgehend auszuschließen, werden deshalb an Pferdezäune bestimmte Anforderungen gestellt: Sie müssen stabil, gut sichtbar, hoch genug und möglichst ausbruchsicher sein.

Sauber eingezäunt: Stabile Pfosten; breite, straff gespannte Bänder, mit zusätzlichem Strom führenden Draht gesichert und Hecke im Hintergrund.
Foto: Neddens

Zur Auswahl stehen verschiedene Systeme. Wofür man sich entscheidet, wird sowohl vom Geldbeutel wie vom Standort diktiert. So werden an stark befahrenen Straßen verständlicherweise stabilere und höhere Einzäunungen errichtet als bei der Unterteilung von Umtriebs- oder Portionsweiden innerhalb einer festen Einfriedung. Der Klassiker unter den Pferdezäunen ist Holz. Gediegen, bewährt, aber leider mit dem Nachteil behaftet, dass die Lebensdauer begrenzt ist. Zwar gibt es Harthölzer, die 25 Jahre oder länger halten, nur reißt die Edelversion ein so dickes Loch in die Tasche, dass viele Käufer, vor die horrende Geldausgabe gestellt, heute lieber zu Kunststoff-Vollsystemen greifen. Die sind zwar noch teurer als Holzzäune, haben aber den Vorteil, nahezu wartungsfrei zu sein, abgesehen vom begehrten Südstaatenflair, den die blendend weißen Schönheiten suggerieren. Ebenfalls bewährt, aber erheblich preiswerter sind Einzäunungen aus Gummi- oder PVC-Bändern oder Elektrozäune.

Generell abzulehnen sind Einzäunungen aus Stacheldraht. Er reißt verheerende, schlecht heilende Wunden und kann Pferden das Augenlicht kosten, wenn sie beim Durchgrasen auf der anderen Zaunseite erschreckt den Kopf zurückziehen. In einigen Bundesländern ist Stacheldraht auf Pferdeweiden verboten. Brutal gefährlich sind auch

Ein Satz, und die Drähte knallten einfach durch: Die Eskapade endete ohne Verletzung in der nächsten Koppel. Glück gehabt.
Fotos: Neddens

Knotengitterzäune für Schafe, weil der Pferdehuf zwar durch das Drahtgeflecht passt, aber nicht anstandslos zurückgezogen werden kann. Eine typische Verletzung von Knotengitterzäunen ist das Aufreißen des Fesselbereichs bis auf die Knochen und durchgetrennte Sehnen, wenn das Pferd in Panik versucht, sich zu befreien. Bei Mischbeweidung mit Pferden müssen solche Einzäunungen unbedingt zusätzlich gesichert werden. Heikel sind auch dünne, glatte, schlecht sichtbare Stahldrähte als alleinige Einzäunung. Sie eignen sich mehr zur Absicherung von Schwachstellen in gut eingewachsene Hecken.

Solche lebenden Zäune, früher häufiger zu sehen, dienen nicht nur als Wetterschutz in windgepeitschten Ecken. Sie werden als natürliche Hindernisse von Pferden auch meist besser respektiert als künstliche Zäune, ebenso wie Bachläufe, Gräben* oder Böschungen. Selbstredend werden für Hecken ausschließlich ungiftige Gewächse gewählt, und sie müssen vor Verbiss geschützt werden, sonst haben sie keine Chance, jemals groß zu werden. „Lebende Zäune sind das Optimum einer Einzäunung", schwärmt Jens Marten, „da sie außer der Hütefunktion auch noch für Windschutz und Schatten sorgen und Lebensraum für Vögel und Kleinsäuger bieten."

Schlichtweg schön ist der aufwändige Naturschutz selbstverständlich auch. Ein Aspekt, der auf den ersten Blick eher nebensächlich scheint, es aber gar nicht ist. Denn in unserer zunehmend unmenschlicheren Gesellschaft ist eine durch und durch pferdefreundliche wie auch den Schönheitssinn ansprechende Reitanlage eine fast notwendige Oase. „Wir sollten nicht nur durch und von der Natur leben - auch mit ihr", meint Elmar Pollmann-Schweckhorst. „Denn die Natur auszubeuten und auszunutzen hat barbarische Züge. Unsere Gesellschaft gibt immer wenigeren die Möglichkeit, Natur zu erfahren und dadurch die Einbindung des Menschen in sie zu erleben. Und wo anders als im Pferdesport kann man an seiner Persönlichkeit arbeiten und gleichzeitig der Schönheit der Natur zur Entwicklung verhelfen?"

Deckhengste sind auch nur Pferde: Regelmäßiger Weidegang, in Pferdeäpfeln „Post" lesen, hengsttypisch darüber urinieren, wälzen, grasen - das Resultat ist ein ausgeglichenes Pferd. Trotz Hoden und hohem Testosteronspiegel. Fotos: Krämer

* Sind Gräben allerdings so tief, dass unglücklich gestürzte Pferde darin ertrinken könnten — wie bereits mehrfach passiert, müssen sie natürlich vorsorglich gesichert werden.

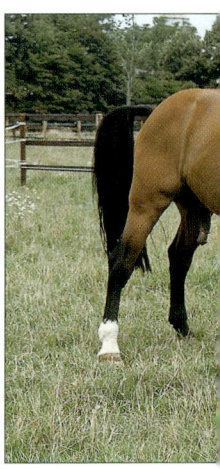

PFERDEZÄUNE

■ **Allgemeines:** Faustregel Höhe: Widerristhöhe des größten Pferdes, abzüglich ca. 10 %. Zaunpfähle: Aus Holz, Beton, Kunststoff oder Metall, zu 1/3 im Boden versenkt; die Differenz muss zur Zaunhöhe hinzugerechnet werden. Pfahlabstand von 2,50-3,50 m, je nach Material und Standort (in windigen Lagen Pfosten enger setzen). Eck- und Torpfosten müssen besonders stabil sein; ggf. mit seitlichen Streben abstützen. Querbespannung: In Abständen von 40-50 cm mindestens zwei- bis dreireihig. Normalerweise werden Bespannung und Querlatten innen angebracht, damit Befestigungsschrauben oder -Nägel nicht so leicht herausgedrückt werden können. Tore: stabil, leichtgängig und mit einer Hand zu bedienen; der Abstand zum Pfosten muss so eng sein, dass sich keine Fessel einfädeln und darin verfangen kann.

■ **Holzzäune:** Pfosten aus Hartholz oder imprägniertem mittelharten Holz; (12-14 cm; Pfahlabstand 3-3,5 m. Querlatten: Rund- und Halbrundhölzer, (mindestens 12 cm, Planken 4 cm. Eine zusätzliche Absicherung mit Elektroband schützt vor Verbiss und Scheuern.

■ **Kunststoff, Vollsystem:** Pfosten dürfen nicht zu instabil sein; Abstand maximal 2,5 m; Hohlprofile unbedingt mit dem dazugehörigen Deckel verschließen. Darauf achten, dass die Kunststoffplanken bei Bruch nicht splittern; auf UV- und Frostbeständigkeit Herstellergarantie geben lassen.

■ **Gummi-/PVC-Bänder:** Breite 10-14 cm breit. Weil die Bänder maschinell straff gespannt werden müssen, werden sie ausnahmsweise außen befestigt. Durch die immense Zugkraft auf Eck- und Torpfosten ist eine besonders hohe Standsicherheit erforderlich; seitliche Abstützung empfehlenswert.

■ **Elektrozäune:** Gewebte Kunststoffbänder mit eingeflochtenen hoch leitfähigen Drähten, 4-6 cm breit. Dünne Elektro-Litzen und -seile sind mehr für Inneneinzäunungen, als zusätzliche Sicherung oder für mobile Weidezäune geeignet. Darauf achten, dass Litzen und Seile nicht durchhängen; Verletzungsgefahr bei Verheddern. Alle Systeme werden mittels Isolatoren befestigt. Auf UV-Beständigkeit und hohe Leitfähigkeit achten. Hütespannung durchgängig mindestens 2.000 Volt notwendig; für große Weiden werden deshalb entsprechend starke und gut geerdete Weidezaungeräte benötigt, damit die Spannung nicht abgeleitet wird.

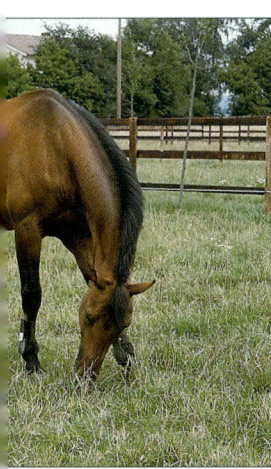

Lust auf Veränderung?

**Der Gesetzgeber macht es Pferdebesitzern schwer.
Vor dem Umbau steht der Weg durch die Instanzen.**

Foto: Hit-Aktivstall

234

Mit dem Gesetz im Clinch

So sieht es also mit der zeitgemäßen Pferdehaltung aus. Back to the roots, ohne sich das Leben unnötig zu erschweren. Am Anfang steht eine zündende Idee. Man geht nichtsahnend durch den Stall, guckt sich die Pferde an, und plötzlich macht es klick. Man könnte ja eigentlich...! Manchmal sind es Kleinigkeiten, manchmal wird gleich der ganze Stall saniert. Mal ist es die Einzelhaltung, mal die Gruppenhaltung, die dran glauben muss. Und ist man damit fertig, spuken schon wieder neue Ideen im Hinterkopf: Der Parkplatz, der sich verlegen ließe, um zusätzlichen Auslauf zu gewinnen, oder verwildertes Gestrüpp, das genau dort wuchert, wo sich ein Treibweg zu den Weiden anböte. Wer einmal damit angefangen hat, lässt sich erfahrungsgemäß nicht eher bremsen, bis er das Maximum für seine Pferde aus einer Anlage herausgeholt hat. Und wenn es Jahre dauert. Denn im Gegensatz zu anderen Bereichen ist das, was sonst verpönt ist, hier

ausdrücklich erwünscht: Abgucken. Je häufiger man seine Nase in gute Ställe steckt (mit Erlaubnis des Eigentümers natürlich), umso sicherer wird der Blick fürs Detail geschärft. Alle heutigen, zu Paradeställen umgebauten Anlagen, egal, ob Hightech oder schlicht, haben einmal anders ausgesehen. Auch jene Betriebe, die den Ausbau primär unter marktwirtschaftlichen Gesichtspunkten in Angriff nahmen. „Dem Pferd", meint Ingolf Bender, „ist es egal, aus welchen Motiven seine Haltung optimiert wird - nicht nur Idealismus, sondern auch förderlicher Eigennutz als Ersatz edler Motive ist durchaus willkommen."

Bevor man jedoch die Ärmel aufkrempelt und sich unbedacht in Geldausgaben stürzt, gilt es die rechtlichen Bestimmungen abzuklären. Denn artgerechte Pferdehaltung hin oder her: Nicht alles, was den Pferden nutzt, wird vom Gesetzgeber sanktioniert. Auf schwarz Gemauscheltes stehen hohe Strafen, es muss abgerissen werden, und damit war der ganze Aufwand für die Katz. Abschrecken lassen sollte man sich von den Behördengängen freilich auch nicht.

Vorher: Artgerechter Auslauf, aber vom Stall getrennt.
Nachher: Eine pferdegerechte Rundumlösung.
Fotos: Hit-Aktivstall

LÄSTIG, ABER UNVERMEIDBAR

Egal, ob eine Scheune in einen Offenstall umgewandelt werden soll, ob man den Stall erweitern, umbauen oder ein Schutzdach im Auslauf errichten möchte - ohne Genehmigung läuft fast nichts. Zu beachten sind nicht nur die Bebauungspläne im Innen- oder Außenbereich oder mögliche Sonderregelungen in Naturschutz- oder Landschaftsschutzgebieten, sondern auch bauordnungsrechtliche Vorschriften, wie Brandsicherheit, Grenzabstände, Tierschutz oder äußere Gestaltung.

Was erlaubt ist und was nicht oder welche Unterlagen beizubringen sind, erfährt man in einem mündlichen Gespräch bei der zuständigen Behörde des Gemeinde- oder Kreisbauamtes. Verlief das Beratungsgespräch positiv, folgt als Nächstes ein Antrag auf Bauvorbescheid. Fällt auch der bejahend aus, wird ein formeller Bauantrag gestellt. Je nach Größe des Projekts muss ein Fachmann hinzugezogen werden. Erfahrene Fachleute stellen entweder Firmen, die moderne Stalltechnik vertreiben, man findet sie über die zuständige Architektenkammer oder fragt in ansprechenden Ställen nach, wer das Projekt geleitet hat. Tipp: Auch bei kleineren Baumaßnahmen in Eigenregie die Bepflanzung nicht vergessen (ungiftige Bäume und Sträucher natürlich); das signalisiert Landschafts- und Naturschutzbehörden eine Berücksichtigung allgemeiner Interessen und wird gern gesehen.

Wasserscheu? Pech gehabt, Pferd. Steh heißt Steh: Ob der Schwamm auf dem Hintern oder in der Sattellage liegt und auch beim ungeliebten Abspritzen. Freiwilliger Gehorsam beginnt nicht erst beim Reiten.
Fotos: Schreiner

Was Sie sonst noch tun können

Sorgen Sie dafür, dass es Ihrem Pferd gut geht. Schützen Sie es wie ein Kind, ohne es unnötig in Watte zu packen. Achten Sie auf einen ausreichenden Impfschutz, auf die notwendige medizinische Versorgung oder darauf, dass die Ausrüstung weder zwickt noch drückt. Rückenschmerzen können nicht nur die Ursache für chronische Lahmheiten sein, sondern auch für Arbeitsverweigerung oder massive Widersetzlichkeit. Wie übrigens jeder andere dauerhafte Schmerz. Reiten Sie das Pferd sensibel und behandeln Sie es fair. Ohne Vertrauen des Pferdes zu seinem Reiter gibt es weder Losgelassenheit noch Harmonie. Und erziehen Sie Ihr Pferd zu einem angenehmen Zeitgenossen.

Dazu gehört, dass es die Hufe manierlich gibt, ohne sie eigenmächtig wegzuzerren oder gar zu schlagen. Es sollte ohne Gehampel und Gezappel auch unangebunden so lange ruhig stehen bleiben, wie es stehen bleiben soll - egal, ob beim Putzen, beim Abspritzen, beim Aufsteigen oder weil Sie beim Reiten aus irgendeinem Grund absteigen müssen. Wenn einem das Pferd im Gelände abhaut, nur weil man versucht, ihm einen Stein aus dem Huf zu pulen, ist das ziemlich peinlich. Es muss sich ruhig führen lassen und darf den Menschen dabei weder rempeln, geschweige über den Haufen rennen.

Eine Grunderziehung, an der es heute vielfach hapert, weil die Pferde nicht gelernt haben, ihren Reiter auch am Boden als Ranghöheren zu respektieren. Entsprechend rüpelhaft benehmen sie sich oft. Sei es, weil sie total verhätschelt werden oder weil die Besitzer so inkonsequent mit den Tieren umgehen, dass sie sich immer mehr Frechheiten herausnehmen. Dass es so nicht geht, wusste man früher bei der Kavallerie, das weiß man bis heute in jeder Gebrauchsreiterei der Welt und ist der Grund, warum Bodenarbeit zunehmend beliebter wird. Ein Pferd, das gelernt hat, auch am Boden klare Regeln einzuhalten, ist verlässlicher, weil es dazu erzogen wird, sich an den Menschen geistig anzulehnen. So wie es dem Herdenboss vertraut; nach Pferdeverständnis die wichtigste Basis für freiwilligen Gehorsam. Man merkt es daran, dass die Pferde auch in kritischen oder ungewohnten Situationen leichter zu beruhigen sind. Und angenehmer ist der Umgang mit ihnen auch.

Gehört zum erweiterten Schutz des Pferdes: Perfekt sitzendes Sattelzeug. Foto: Schreiner

ALVERMANN, K.: **Pferdestärken.** Kosmos Verlag, 1990

BARTZ, J.: **Hilfe, mein Pferd hustet!** Kosmos Verlag, 1996

BELLINGHAUSEN, W.: **Pferdekrankheiten.** Ulmer Verlag, 1994

BENDER I.: **Praxishandbuch Pferdehaltung.** Kosmos Verlag, 1999

BUNDESMINISTERIUM FÜR ERNÄHRUNG, LANDWIRTSCHAFT UND FORSTEN: **Leitlinien zur Beurteilung von Pferdehaltungen unter Tierschutzgesichtspunkten.** Bonn o.A.

BUNDESMINISTERIUM FÜR ERNÄHRUNG, LANDWIRTSCHAFT UND FORSTEN (HRSG.): **Neue Haltungsformen für Pferde unter alten Dächern.** Bonn 1995

CRONAU P.F.: **Pferdesport wohin?** BLV Verlag, 1995

DEUTSCHE REITERLICHE VEREINIGUNG (HRSG.):
Anreiten und Ausbilden von jungen Pferden. Warendorf 2003
Betriebswirtschaftslehre — Modernes Management für Pferdebetriebe und Reitvereine. FN*verlag*, 2002
Pferdehaltung in Gruppen — Referate. FN*verlag*, 1989
Richtlinien für Reiten und Fahren Bd. 4: Haltung, Fütterung, Gesundheit und Zucht. FN*verlag*, 2003
Die Deutsche Reitlehre — Der Reiter. FN*verlag*, 2000
Die Deutsche Reitlehre — Das Pferd. FN*verlag*, 2002
Orientierungshilfen Reitanlagen und Stallbau. FN*verlag*, 2001

DÜLFFER-SCHNEITZER, B.: **Pferde-Gesundheitsbuch.** FN*verlag*, 2003

FALLER, ADOLF: **Der Körper des Menschen.** Georg Thieme Verlag, 1976

FORBIS, J.: **Das klassische arabische Pferd.** Parey Verlag, 1980

GLENK, W./ NEU, S.: **Enzyme — Die Bausteine des Lebens.** Wilhelm Heyne Verlag, 1990

GLYN, R./ BRUNS, U.: **Das große Buch der Pferderassen.** Müller Rüschlikon Verlag, 1971

V. GRONE, J.: **Die Pferdeweide.** Müller Rüschlikon Verlag, 1977

Handbuch Pferd. BLV Verlag (Hrsg.), 1995

HERTSCH B.: **Anatomie des Pferdes.** FN*verlag*, 2003

ISENBART, H-H.: **Das Königreich des Pferdes.** Bucher Verlag, 1985

KAHLE, W./ LEONHARDT, H./ PLATZER, W.: **Taschenatlas der Anatomie für Studium und Praxis, Band 2.** Georg Thieme Verlag, 1976

KILEY-WORTHINTON, M.: **Pferdepsyche - Pferdeverhalten.** Müller-Rüschlikon Verlag, 1989

KLEVEN H.: **Physiotherapie für Pferde,** FN*verlag*, 2001

KRÄMER, M.: **Pferde erfolgreich motivieren.** Kosmos Verlag, 1998

KREWERTH, R. A./ RENSING, D.: **Wo die wilden Pferde leben.** Schnellsche Buchhandlung, 1986

LEBELT, D.: **Problemverhalten beim Pferd.** Enke Verlag, 1998

V. LEEUWEN J.B.F. (HRSG.): **Das Pferd im zwanzigsten Jahrhundert — 100 Jahre Pferdesport in 100 Interviews.** Verlag Premium Press, NL, 1999

LENGWENAT, O.: **Grünland — Basis der Pferdefütterung.** Artikelsammlung **Was braucht mein Pferd.** Artikelsammlung

LOEFFLER, K.: **Anatomie und Physiologie der Haustiere.** Ulmer Verlag, 1994

MARTEN, J./ SALEWSKI, A.: **Handbuch der modernen Pferdehaltung.** Kosmos Verlag, 1989

MEYER, H.: **Pferdefütterung.** Verlag Paul Parey, 1992

MÖRIKE, K./ BETZ, E., UNTER MITARBEIT VON MERGENTHALER, W.: **Biologie des Menschen.** Quelle & Meyer, 1976

MOSIMANN, W./ KOHLER, T.: **Zytologie, Histologie und mikroskopische Anatomie der Haussäugetiere.** Parey Verlag, 1990

MSD SHARP & DOHME (HRSG.): **Manual der Diagnostik und Therapie.** Urban & Schwarzenberg Verlag, 1984

PICK, M.: **Neues Handbuch der Pferdekrankheiten.** Kosmos Verlag, 1988

PIRKELMANN (HRSG.): **Pferdehaltung.** Ulmer Verlag, 1991

PISCHINGER, A.: **Das System der Grundregulation.** Haug Verlag, 1975

POLLMANN-SCHWECKHORST E.: **Springpferde-Ausbildung heute.** FNverlag, 2002

POURTAVAF A./ MEYER H.: **Die Brücke zwischen Mensch und Pferd.** FN*verlag*, 2001

RIEGEL R.J./ HAKOLA S.E.: **Bild-Text-Atlas zur Anatomie und Klinik des Pferdes.** Schlütersche GmbH & Co. KG, 1999

ROSTOCK, A.-K./ FELDMANN, W.: **Islandpferde Reitlehre.** Feldmann/Rostock, Bonn, 2002

ROTH-LECKEBUSCH, P.: **Westernpferde.** Cadmos Verlag, 1996

SCHÄFER M.: **Die Sprache des Pferdes.** Kosmos Verlag, 1993

SCHÄFER, M.: **Handbuch Pferdebeurteilung.** Kosmos Verlag, 2000

SILVER, CAROLINE: **Pferderassen der Welt.** BLV Verlag, 1981

SOLOMON, W.: **Naturheilkunde für Pferde.** ECON Verlag, 1986

SPRINGORUM, B.: **Hinweise zum Konditionstraining der Militarypferde.** FN*verlag*, 1999

ST. GEORG-SPECIAL: **Stall und Weide.** Jahr Top Special Verlag, 2003

STRUNZ, U.: **forever young.** Gräfe und Unzer Verlag, 1999

Auf die detaillierte Auflistung von Fachartikeln und Buchauszügen wurde aus Platzgründen verzichtet; auf Wunsch kann der Quellennachweis jedoch zur Verfügung gestellt werden. Weil sich Internet-Adressen häufig ändern und inhaltlich laufend aktualisiert werden, wurden sie ebenfalls nicht angeführt; bei Bedarf empfiehlt sich eine Suche unter dem jeweiligen Stichwort. Wer gezielt Hinweise zur Endokrinologie sucht, kann sich mit seiner Anfrage an Tierhochschulen wenden; allgemeine Informationen findet man schneller in der Humanmedizin (z.B. Fachliteratur oder die Gesellschaft für Endokrinologie). Beim Umweg Humanmedizin muss allerdings berücksichtigt werden, dass es im Einzelfall gravierende Unterschiede zur Endokrinologie des Pferdes gibt, und weiterführende Recherchen notwendig sind.

ULLSTEIN, H. JUN.: **Natürliche Pferdehaltung.** Müller Rüschlikon Verlag, 1996

UPPENBORN, W.: **Pferdezucht und Pferdehaltung.** Bintz-Verlag, Offenbach/Main, 1982

WACKENHUT K.S.: **,Untersuchung zur Haltung von Hochleistungspferden.** München, 1994

WISSDORF H./ GERHARDS H./ HUSKAMP B./ DEEGEN.E.: **Praxisorientierte Anatomie und Propädeutik des Pferdes.** Verlag M & H, Schaper-Alfeld, Hannover, 2002

ZEITLER-FEICHT, M.H./ BUSCHMANN, S.: **Zur Tierschutzrelevanz der dauerhaften Anbindehaltung von Pferden.** Wissenschaftszentrum Weihenstephan/TU München, 1998

ZEITLER-FEICHT, M.H.: **Handbuch Pferdeverhalten.** Ulmer Verlag, 2001

ZIMBARDO, PHILIP G.: **Psychologie**, Springer Verlag, 1995

ZOLLER K.: **Hätte ich´s nur gewusst.** Martin Thiel, Schieder 1999

Wissenschaftliche Publikationen im FN*verlag*

BRUNS E. (HRSG.): **Int. Fachtagung zur Zucht und Haltung von Sportpferden**, Göttinger Pferdetage 99, **FN***verlag*, 1999

HERTSCH, B. (HRSG.):
Int. Symposium Strahlbeinlahmheiten, Dortmund 93, **FN***verlag*, 1994
Int. Symposium Gelenkerkrankungen beim Pferd, Dortmund 94, **FN***verlag*, 1996
Int. Symposium Diagnostik beim Pferd, Bad Homburg 97, **FN***verlag*, 1997

DEUTSCHE REITERLICHE VEREINIGUNG (HRSG.): **Aktuelle Aspekte der Ethologie in der Pferdehaltung. FN***verlag*,1981

HERTSCH, B.: **Arteriographische Untersuchungen an den Extremitäten beim Pferd. FN***verlag*, 1983

GUTACHTERLICHE STELLUNGNAHME MEYER H.: **Schmerz, Heißbrand und Transponder. FN***verlag* 1997

FINKLER-SCHADE CH.: **Felduntersuchung während der Weideperiode zur Ernährung von Fohlenstuten und Saugfohlen sowie zum Wachstumsverlauf der Fohlen. FN***verlag*, 1999

HACKLÄNDER R.: **Praxisorientierte Untersuchungen zur Fütterung und zum Wachstum von Warmblutfohlen nach dem Absetzen während der Stallhaltung. FN***verlag*, 1998

V. VELSEN-ZERWECK A.: **Integrierte Zuchtwertschätzung für Zuchtpferde. FN***verlag*, 1999

KISSENBECK S.: **Einfluss eines Trainings auf den Glykogengehalt und den Glykogenverbrauch im M. gluteaeus medius von Pferden. FN***verlag*, 1999

SCHÄFER B.: **Reaktionen physiologischer Leistungskriterien auf zusätzliches Ausdauertraining während der reiterlichen Ausbildung von Sportpferden. FN***verlag*, 2000

WEILER H.: **Insertionsdesmopathien beim Pferd. FN***verlag*, 2001

DOHMS T.: **Einfluss von genetischen und umweltbedingten Faktoren auf die Fruchtbarkeit von Stuten und Hengsten. FN***verlag* 2003

Weitere Literaturempfehlungen aus dem FN*verlag*, Warendorf

BRÜCKNER, S. (HRSG.): **Hippo-logisch! — Interdisziplinäre Studien rund um das Thema Pferd.** Warendorf 2004

BÜRGER, U./ ZIETZSCHMANN, O.: **Der Reiter formt das Pferd.** 2. Auflage 2004 der Reprint-Ausgabe von 1939

DEUTSCHE REITERLICHE VEREINIGUNG (HRSG.): **Richtlinien für Reiten und Fahren.**
- **Band 1: Grundausbildung für Reiter und Pferd.** Warendorf 2003
- **Band 2: Ausbildung für Fortgeschrittene.** Warendorf 2003
- **Band 4: Haltung, Fütterung, Gesundheit und Zucht.** Warendorf 2003
- **Band 6: Longieren.** Warendorf 2003

LANGE, CH.. **Erlebniswelt Wanderreiten,** Warendorf 2004

DEUTSCHE REITERLICHE VEREINIGUNG (HRSG.): **Folienmappen Lehren und Lernen...**
- **... rund ums Pferd — Basismappe.** Warendorf 2002
- **... rund um die breitensportliche Geländeausbildung.** Warendorf 2004
- **... rund ums Westernreiten.** Warendorf 2004
- **... rund ums Longieren.** Warendorf 2004

MASCHALANI, G.: **Westernreiten Step by Step.** Warendorf 2001

PUTZ, M.: **Reiten mit Verstand und Gefühl.** Warendorf 2004

STEINBRECHT, G.: **Gymnasium des Pferdes.** Warendorf Neuauflage 2004

STRICK, M.: **Denk-Sport Reiten.** Warendorf 2004

ZETTL, W.: **Dressur in Harmonie.** Warendorf 2003

Videos und CD-ROMs zu dem Thema aus dem FN*verlag*, Warendorf

ARNOLD, D.: **Pferde-Fütterungsprogramm WINration.** CD-ROM, 2001

DEUTSCHE REITERLICHE VEREINIGUNG (HRSG.): **Faszination Geländereiten,** ca. 45 Min., VHS-System

DEUTSCHE REITERLICHE VEREINIGUNG (HRSG.)/ ISENBART, H.-H.: **Faszination Pferd,** ca. 45 Min., VHS-System

Webseiten mit Informationen zum Pferdesport:
www.pferd-aktuell.de

Literatur aus dem FN*verlag* **Warendorf, Bücher/ Videos/ DVDs/ CDs erhältlich über den Buch- und Reitsportfachhandel oder direkt beim FN***verlag***, Postfach 11 03 63, 48205 Warendorf, Tel. 02581/6362-154/-254, Fax: 02581/6362-212, www.fnverlag.de E-Mail: vertrieb-fnverlag@fn-dokr.de**

Stichwortverzeichnis

Personenregister

Adressenliste

Der Verlag und die Autorin bedanken sich für die Unterstützung bei diesem Projekt besonders herzlich bei:

Dipl. Ing. Thorsten Hinrichs u. Ulrike Schipplick
HIT Hinrichs Innovation + Technik GmbH
Dorfstr. 1
25795 Weddingstedt

Prof. Dr. Hans-Otto Hoppen
Stiftung Tierärztliche Hochschule Hannover
Bischofsholer Damm 15
30173 Hannover

Dipl.-Ing. agr. Otfried Lengwenat
Ingenieurbüro f. Pferdemanagement
Zum Ritterbusch 4
31319 Sehnde

Dipl. Ing. Ferdinand J. Leve
Planungsgruppe Leve
Dr.-Rau-Allee 97
48231 Warendorf

Jochen Schumacher u. Anna Eschner
Reitzentrum Reken
Frankenstr. 37
48734 Reken

Anke Schwörer-Haag
Islandpferdegestüt Schloss Neubrunn
Schlossgasse 10
73453 Abtsgemünd

Doris u. Reini Sperber
Paso Fino Gestüt Sternberghof
Kottenheim 84
91478 Markt Nordheim

Ilse Kolkhuis Tanke
Merial GmbH
Am Söldnermoos 6
85399 Hallbergmoos

PhD. Dr. Monica Venner
Klinik für Pferde
Stiftung Tierärztliche Hochschule Hannover
Bischofsholer Damm 15
30173 Hannover

Prof. Dr. Klaus Zeeb
Zeebtierfilme
Mettackerweg 22
79111 Freiburg

Dr. Margit H. Zeitler-Feicht
Department für Tierwissenschaften
Wissenschaftszentrum Weihenstephan
Technische Universität München
Alte Akademie 12
85350 Freising-Weihenstephan

Susanne Machan
EquiTerr/Ritter GmbH
Professionelle Reitplatz- und Paddockbefestigung mit System
Kaufbeurer Straße 55
86830 Schwabmünchen

EIN DANKESCHÖN

Die Idee dazu spukte im Hinterkopf, seit ich die Gesetzmäßigkeiten zur Arbeitsmotivation des Pferdes in ein verständliches Schema zu ordnen versuchte; ein Thema, zu dem es lange Zeit praktisch keine zusammenhängende Literatur gab. Heraus kam ein modifizierter Leistungsregelkreis, der in „Pferde erfolgreich motivieren" meines Wissens erstmals ansatzweise veröffentlicht wurde. Der hier vorliegende Teil war ursprünglich als Fortsetzung geplant. Seinerzeit zu meinem Bedauern auf Eis gelegt, gab mir der Aufschub Gelegenheit das gesamte Manuskript umzukrempeln und (wieder einmal) von vorne zu beginnen. Diesmal allerdings unter Berücksichtigung hormoneller Zusammenhänge — was mir vermutlich diverse graue Haare einbrachte.

Mein Dank gilt **Herrn Prof. Dr. Hans-Otto Hoppen**, der mein Halbwissen über Hormone lichtete und dessen Diktiergerät für Monate gen Süden verschwand, als meines beim Interview schlapp machte. Ich hoffe, Schinken und Wein haben geschmeckt. **Herr Prof. Dr. Klaus Zeeb** und **Dr. Margit Zeitler-Feicht** waren so lieb, die Texte ihrer Fachbereiche zu korrigieren. **Dr. Heike Lukow**, unsere Tierärztin auf Ibiza, beantwortete nicht nur die unmöglichsten Fragen zu den unmöglichsten Zeiten, sondern stellte mir auch ihre Fachbibliothek zur Verfügung. Wertvolle Unterstützung fand ich (wie immer) bei **Jochen Schumacher** und **Anna Eschner** sowie **Kirstin Zoller. Ulrich Neddens**, der fast ebenso gut kocht wie fotografiert, und **Sabine Kämper** machten die Fotoauswahl in Wuppertal zu einem kulinarischen Vergnügen, ebenso wie **Monika und Lutz Schmand**.

Besonders bedanken möchte ich mich natürlich auch bei allen Firmen und Privatpersonen, die uns unentgeltlich Fotos und Grafiken zur Verfügung stellten. Eine unschätzbare Hilfe, wie sich kostenbewusste Leser sicher vorstellen können.

Nicht genug bedanken kann ich mich erneut bei **Helen Schreiner**, meiner Reiter- und Seelenfreundin, auf deren profundes Wissen als Heilpraktikerin wie Therapeutin Chinesischer Medizin ich zurückgreifen durfte. Darüber hinaus musste sie auch noch all das knipsen, was mir in letzter Sekunde einfiel. Ein Dank, den sich mein Mann mit seiner Geduld ebenfalls mehr als verdient hat; ihm hatte ich eigentlich eine Auszeit vom Schreiben versprochen.

Ibiza, Juni 2002 bis Juni 2004

Michael Putz

REITEN MIT
VERSTAND UND GEFÜHL

Dieses Buch zur klassischen Reitlehre kommentiert die Richtlinien Band 1 und 2 und macht unmissverständlich klar: Theorie ist nicht langweilig und grau, sondern interessant und unumgänglich für die erfolgreiche Umsetzung in die reiterliche Praxis.

Der Autor beweist mit diesem Buch, dass seriöse, überlegte und gefühlvolle Ausbildung gemäß der klassischen Reitlehre optimal pferdegerecht ist. Sein Hauptanliegen, die reelle Ausbildung von Pferd und Reiter zu erklären, erreicht er durch seine außergewöhnliche Fähigkeit, Probleme zu erkennen, sie zu analysieren und konkrete Problemlösungen gut verständlich und einleuchtend zu vermitteln. Das Ergebnis des Ausbildungsweges ist die Erhaltung der Gehfreude, der Leistungsbereitschaft und der „Persönlichkeit" des Pferdes und letztlich ein harmonisches Miteinander von Reiter und Pferd.

Das Buch ist für Ausbilder und Reiter der Klasse E bis S eine große Unterstützung, um das anspruchsvolle Ausbildungsziel „Durchlässigkeit" zu erreichen. Die erfolgreiche Umsetzung garantiert viel Freude an der täglichen Arbeit mit dem Pferd.

1. Auflage 2004
256 Seiten mit 120 farbigen Fotos und 60 Grafiken
Format: 190 x 250 mm, gb.
ISBN: 3-88542-358-8

1. Auflage 2003
328 Seiten mit ca. 200 farbigen Fotos und Abbildungen
Format 190 x 250 mm, gb.

ISBN: 3-88542-374-X

Dr. med. vet. Beatrice Dülffer-Schneitzer

PFERDEGESUNDHEITSBUCH
Mit einem Vorwort von Ingrid Klimke

Einzigartige Kombination aus Schulmedizin und alternative Heilmethoden
Dieses umfangreiche Nachschlagewerk bietet Informationen und für jedermann verständliches Hintergrundwissen zum Thema Pferdekrankheiten, Gesunderhaltung und Vorbeugung, übersichtlich geordnet nach Organsystemen. Dieses Buch beweist, dass Schulmedizin und alternative Heilmethoden keine Gegensätze darstellen, sondern sich wirkungsvoll miteinander verbinden lassen. Die hier vorgestellten alternativen Heilmethoden umfassen die Therapie mit Heilkräutern und Bachblüten sowie Akupressur und Physiotherapie. Wertvolle Tipps und Tricks rund um die Verbandstechnik und Erste Hilfe in Notfällen vervollständigen den Themenfächer „Pferdegesundheit".

Zuletzt befasst sich die Autorin dieses Buches sachlich, aber keinesfalls gefühllos mit dem Tod des Pferdes - einem Thema, dem sich kein Pferdebesitzer verschließen darf, da er zu jeder Zeit mit dem Abschied von seinem Pferd konfrontiert werden kann.